浙江省高职院校"十四五"重点立项建设教材

高等职业教育大数据工程技术系列教材

Hadoop 大数据平台
构建与应用

（第 2 版）
（微课版）

马荣飞　王昕雨　王传东　主　编

娄淑敏　汪哲丞　王义勇　副主编

電子工業出版社

Publishing House of Electronics Industry

北京·BEIJING

内 容 简 介

本书基于 Hadoop 大数据平台，讲解大数据平台的搭建与运维、数据的采集与存储、数据的处理、数据的分析、数据的可视化等完整的大数据应用案例，不仅全面、详细地讲述 Hadoop、MapReduce、HDFS、Hive、Spark 和 ZooKeeper 等技术的相关知识，还详细介绍 Hadoop 集群和 Hadoop HA 集群的部署等内容。

本书具有较强的实用性和可操作性，语言精练，通俗易懂，操作步骤描述详尽，并配有大量操作图例。

本书既可以作为高等职业院校大数据应用专业、软件技术专业、云计算技术与应用专业的大数据分析与软件开发等相关课程的教材，也可以作为从事大数据分析、云计算应用等系统开发与分析的技术人员的参考用书。

图书在版编目（CIP）数据

Hadoop 大数据平台构建与应用 ： 微课版 ／ 马荣飞，王昕雨，王传东主编. -- 2 版. -- 北京 ： 电子工业出版社，2024. 7. -- ISBN 978-7-121-48160-4

Ⅰ. TP274

中国国家版本馆 CIP 数据核字第 2024AG7763 号

责任编辑：徐建军

印　　刷：三河市鑫金马印装有限公司
装　　订：三河市鑫金马印装有限公司
出版发行：电子工业出版社
　　　　　北京市海淀区万寿路 173 信箱　　　　邮编：100036
开　　本：787×1 092　　1/16　　印张：16.25　　字数：396 千字
版　　次：2020 年 3 月第 1 版
　　　　　2024 年 7 月第 2 版
印　　次：2025 年 2 月第 2 次印刷
印　　数：1 000 册　　定价：55.00 元

凡所购买电子工业出版社图书有缺损问题，请向购买书店调换。若书店售缺，请与本社发行部联系，联系及邮购电话：（010）88254888，88258888。

质量投诉请发邮件至 zlts@phei.com.cn，盗版侵权举报请发邮件至 dbqq@phei.com.cn。

本书咨询联系方式：（010）88254570，xujj@phei.com.cn。

前言

　　大数据产业是国家战略性新兴产业。大数据在全社会受到广泛关注，应用越来越普遍，从手机信息推送到企业产品设计定型，从乘车出行到疾病预防，都在应用大数据。大数据应用技术专业在高职院校和应用型本科院校受到普遍重视和欢迎，设立该专业的院校越来越多，该专业已经成为信息技术专业最受推崇的专业之一。

　　Hadoop 作为当下流行的大数据平台技术，无疑是大数据技术专业必修的核心课程。这是一门实践性课程，学生必须通过上机操作才能完成课程任务，从而掌握该项技术。同时，由于 Hadoop 是一个开源软件体系，其生态涉及的软件较多，操作系统环境、软件自身配置、软件之间的联系等比较复杂，上机的软/硬件门槛较高，制约了一些学校的教学开展。因此，编者结合几年来从事大数据 Hadoop 教学的经验编写了本书。

　　本书是一本体现课岗融合的教材。目前，Hadoop 工程师是一种稀缺资源，人才需求会随着企业大数据应用的普及更加旺盛。Hadoop 的核心是 MapReduce 和 HDFS，但 MapReduce 编程有短板，无法实现在线的流式处理。随着 Spark 的发展与应用，Hadoop 将会在更多的数据管理中得到普及性应用，实际工作中对 Spark 工程师的需求将会日益增加。因此，本书加强了对 Spark 编程的介绍。

　　本书是一本兼顾课证融合的教材。针对一些著名企业大数据认证的知识要求，本书对上机实践各个环节的知识点做了补充和说明，使学生通过实践操作加强对知识点的理解和掌握。

　　本书是一本结合课赛融合的教材。目前，全国大数据比赛较多，编者也多有了解和参与，通过梳理各项大数据赛题对 Hadoop 技术的要求，编者在编写本书时，结合各种比赛的标准要求，对 Hadoop、MapReduce、HDFS、Hive、Spark 和 ZooKeeper 等技术的相关知识，以及 Hadoop 集群和 Hadoop HA 集群的部署等内容进行了详细的介绍。

　　编者以"模块化—项目—案例"为主线、以项目和案例为载体重新梳理和修改了各个项目的内容。全书可划分为两个大的部分，分别是伪分布式模式的部署、以虚拟机为节点的 Hadoop HA 集群的部署。其中，项目 1～8 组成第一个大的部分，包括 Ubuntu 系统的安装与使用、Hadoop 伪分布式模式部署、分布式文件系统 HDFS、HBase 伪分布式模式部署与使用、MapReduce 基础编程实践、Hive 伪分布式模式部署与使用、数据分析与 Hive 数据库操作、Spark 安装与基础编程等。项目 9 单独组成第二个大的部分，利用 4 个虚拟机节点实现 Hadoop HA 集群，包括 Hadoop HA 模式介绍、安装虚拟机系统项目实践、命名节点主机名称并设置 SSH 免密登录、安装 JDK 实践、安装与配置 ZooKeeper 实践、配置 Hadoop 完全分布式集群、部署 Hadoop HA 集群实践等。

在学习本书的内容之前，应具备 Linux 系统的基本操作知识，了解 Java 编程，掌握基本的 Python 编程技能，对数据库及 SQL 有基本的理解和应用能力。另外，如果了解或掌握网络配置就更好了。当然，即使对以上知识的掌握不尽如人意，也不会影响对本书内容的学习，因为这几乎是一本纯粹的实践教材。

在完成本书的全部实验任务后，在 VMware Workstation 中将会安装 5 个 Linux 虚拟机，建议预备硬盘空间在 150GB 左右，计算机内存不小于 8GB。

本书由马荣飞、王昕雨和王传东担任主编，由娄淑敏、汪哲丞和王义勇担任副主编。其中，马荣飞负责编写项目 7~9，王昕雨负责编写项目 1，王传东负责编写项目 5 和项目 6，娄淑敏负责编写项目 2，汪哲丞负责编写项目 3，王义勇负责编写项目 4，全书由马荣飞统稿。

为了便于读者学习，本书配有学习视频，读者扫描书中相应的二维码，便可以通过微课方式进行在线学习。编者还为本书配备了 PPT 课件、电子教案等教学资源，读者可以在华信教育资源网（www.hxedu.com.cn）注册后免费下载，或者登录智慧树平台搜索"Hadoop 平台构建"。如果读者有其他问题，则可以在网站留言板中留言或与电子工业出版社联系（E-mail：hxedu@phei.com.cn）。

由于编者的学识和水平有限，书中难免存在疏漏与不足之处，敬请广大读者给予批评指正。

编　者

目录

Ubuntu 系统的安装与使用

大数据时代已经到来，越来越多的行业面临着大量数据需要存储与分析的挑战。Hadoop 作为一个开源的分布式并行处理平台，以其高扩展、高效率、高可靠等优点，得到越来越广泛的应用。

1.1 大数据技术与 Hadoop 平台生态

1.1.1 大数据

大数据是什么？大数据其实就是海量资料，或者称为巨量资料，这些巨量资料来源于世界各地随时产生的数据。在大数据时代，任何微小的数据都可能产生不可思议的价值。大数据有 4 个特点，分别为 Volume（大量）、Variety（多样）、Velocity（高速）、Value（价值），一般称为"4V"。

（1）Volume（大量）。大数据的特征首先就体现为"大"。在 Map3 时代，一个 MB 级别的 Map3 就可以满足很多人的需求，然而随着时间的推移，存储单位从过去的 GB 级别发展到 TB 级别，乃至现在的 PB、EB 级别。随着信息技术的高速发展，数据开始爆发性增长。社交网络（如微博、Twitter、Facebook、微信等）、移动网络、各种智能工具和服务工具等，都成为数据的来源。例如，淘宝网近 4 亿的会员每天产生的商品交易数据约 20TB，Facebook 约 10 亿的用户每天产生的日志数据超过 300TB。如此大规模的数据迫切需要智能的算法、强大的数据处理平台和新的数据处理技术来统计、分析、预测和实时处理。

（2）Variety（多样）。广泛的数据来源决定了大数据形式的多样性。任何形式的数据都可以产生作用，目前应用最广泛的是推荐系统，如淘宝、网易云音乐、今日头条等平台都会通过对用户的日志数据进行分析，从而进一步推荐用户喜欢的内容。日志数据是结构化明显的数据，还有一些结构化不明显的数据，如图片、音频、视频等，这些数据的因果关系弱，就需要人工对其进行标注。

（3）Velocity（高速）。大数据的产生非常迅速，主要通过互联网传输。在日常生活中，每个人都离不开互联网，也就是说，每个人每天都在向大数据提供大量的资料。并且这些数据是需要及时处理的，因为花费大量资本去存储作用较小的历史数据是非常不划算的，对一个平台而言，也许保存的数据只有过去几天或一个月之内的数据，时间再远的数据就要及时清理，不然代价太大。基于这种情况，大数据对处理速度有非常严格的要求，服务器中大量的资源都用于处理和计算数据，很多平台都需要做到实时分析。数据无时无刻不在产生，谁的速度更快，谁就有优势。

（4）Value（价值）。价值是大数据的核心特征。在现实世界所产生的数据中，有价值的数据所占的比例很小。相比于传统的小数据，大数据最大的价值在于通过从大量不相关的各种类型的数据中，挖掘出对未来趋势与模式预测分析有价值的数据，并通过机器学习方法、人工智能方法或数据挖掘方法进行深度分析，发现新规律和新知识，并运用于农业、金融、医疗等各个领域，从而最终达到改善社会治理、提高生产效率、推进科学研究的目的。

在大数据时代，每个人都会享受到大数据所带来的便利。例如，足不出户就可以买到商品，有急事出门可以叫网约车，动动手指就可以了解天下事等。虽然大数据会产生个人隐私问题，但是总的来说，大数据还在不断改善我们的生活，让生活更加方便。

1.1.2　大数据关键技术

近年来，大数据技术已被应用到各行各业，带来了一场翻天覆地的变革。这让人们愈发认识到，比掌握庞大的数据信息更重要的是掌握对含有意义的数据进行专业化处理的技术。如果将大数据比作一种产业，则该产业盈利的关键点在于提高对数据的"加工"能力，通过"加工"实现数据的"增值"，这便是大数据关键技术发挥的作用。

大数据技术涵盖了数据采集、数据存储、处理、应用等多方面的技术，根据大数据的处理过程，可以将其分为数据采集与数据预处理、数据存储与管理、数据处理与分析、数据隐私与安全等环节。大数据技术的不同层面及其功能如表 1-1 所示。

表 1-1　大数据技术的不同层面及其功能

技术层面	功能
数据采集与数据预处理	利用 ETL 工具将分布的异构数据源中的数据（如关系数据、平面数据文件等）抽取到临时中间层后进行清洗、转换、集成，然后加载到数据仓库或数据集市中，成为联机分析处理、数据挖掘的基础；或者也可以把实时采集的数据作为流计算系统的输入，进行实时处理与分析
数据存储与管理	利用分布式文件系统、数据仓库、关系数据库、NoSQL 数据库、云数据库等，实现对结构化、半结构化和非结构化海量数据的存储与管理

续表

技术层面	功能
数据处理与分析	利用分布式并行编程模型和计算框架，结合机器学习和数据挖掘算法，实现对海量数据的处理与分析；对分析结果进行可视化呈现，帮助人们更好地理解数据、分析数据
数据隐私与安全	在从大数据中挖掘潜在的巨大商业价值和学术价值的同时，构建隐私数据保护体系和数据安全体系，有效地保护个人隐私和数据安全

大数据技术及其代表软件的种类繁多，不同技术都有其适用或不适用的场景，不同的企业应用根据场景不同，可选择不同的大数据计算模式，根据不同的计算模式选择相应的大数据计算产品，具体如表 1-2 所示。

表 1-2 大数据计算模式

大数据计算模式	解决问题	代表产品
批处理计算模式	针对大规模数据的批量处理	MapReduce、Spark 等
流式计算模式	针对流数据的实时计算	Storm、S4、Flume、Spark Streams、Puma、DStream、SuperMario、银河流数据处理平台等
图计算模式	针对大规模图结构数据的处理	Pregel、GraphX、Giraph、PowerGraph、Hama、GoldenOrb 等
查询分析计算模式	针对大规模数据的存储管理和查询分析	Dremel、Hive、Cassandra、Impala 等

批处理计算模式（简称批处理或批处理计算）主要操作大容量静态数据集，并在计算过程完成后返回结果。批处理计算模式非常适合需要访问全套记录才能完成的计算工作。例如，在计算总数和平均数时，必须将数据集作为一个整体进行处理，而不能将其视作多条记录的集合。这些操作要求在计算过程中数据维持自己的状态。

由于批处理计算模式在应对大量持久数据方面的表现极为出色，因此经常被用于对历史数据进行分析。大量数据的处理需要花费大量时间，因此批处理计算模式不适合对处理时间要求较高（即实时性要求高）的场合。

流式计算模式是一种高实时性的计算模式，需要对一定时间窗口内应用系统产生的新数据完成实时的计算处理，避免造成数据堆积和丢失。由于很多行业的大数据应用，如电信、电力、道路监控等行业应用及互联网行业的访问日志处理，都同时具有高流量的流式数据和大量积累的历史数据，因此在具备批处理计算模式的同时，系统还需要具备高实时性的流式计算能力。

社交网络、Web 链接关系图等都包含大量具有复杂关系的图数据，这些图数据的规模很大，常常达到数十亿的顶点和上万亿的边数。这样大的数据规模和非常复杂的数据关系，给图数据的存储管理和计算分析带来了很大的技术难题。用 MapReduce 计算模式处理这种具有复杂数据关系的图数据通常不能适应，为此，需要引入图计算模式。

查询分析计算模式可以像传统数据库一样提供 SQL 结构化查询功能，快速地得到相应的查询结果。具备查询分析计算模式的典型系统包括 Hadoop 下的 HBase 和 Hive、Facebook 公司开发的 Cassandra、Google 公司开发的 Dremel、Cloudera 公司开发的实时查询引擎 Impala；此外，为了实现更高性能的数据查询分析，还出现了不少基于内存的分布式数据存储管理和查询系统，如 Apache Spark 下的数据仓库 Shark、SAP 公司开发的 Hana、开源的 Redis 等。

1.1.3　大数据涉及的主要软件

本书涉及的大数据软件涵盖数据采集、数据存储与管理、数据处理与分析等环节，每个环节对应的软件如表 1-3 所示。

表 1-3　本书涉及的大数据软件

支持系统与大数据技术	大数据软件
虚拟机	VMware Workstation 10 或以上版本
Linux 系统	ubuntukylin-16.04、CentOS 7
Java 环境与开发	JDK、Eclipse
分布式服务框架	ZooKeeper
数据采集（拟增加部分）	Flume、Kafka、Sqoop
数据存储与管理	HDFS、HBase
数据处理与分析	MapReduce、Hive、Spark

1.1.4　Hadoop 平台技术的生态

Hadoop 是一个由 Apache 基金会开发的分布式系统基础架构。"Hadoop"这个名字不是一个缩写，而是一个虚构的名字。该项目的创建者 Doug Cutting 曾解释"Hadoop"的由来——这个名字是他的孩子给一个棕黄色的大象玩具的命名。

Hadoop 实现了一个分布式文件系统（Hadoop Distributed File System，HDFS）。HDFS 具有高容错性的特点，被设计用来部署在低成本的（Low-Cost）硬件上；而且它通过高吞吐量（High Throughput）来加速访问应用程序的数据，适用于那些具有超大数据集（Large Data Set）的应用程序。

Hadoop 的核心是 HDFS 和 MapReduce。HDFS 可以对海量的数据进行存储，MapReduce 可以对海量的数据进行计算。

1. Hadoop 的特点

- Hadoop 是一个能够对大量数据进行分布式处理的软件框架，它以一种可靠、高效、可伸缩的方式进行数据处理。
- Hadoop 是可靠的，因为它假设计算元素和存储会失败，所以需要维护多个工作数据副本，确保能够针对失败的节点重新进行分布式处理。
- Hadoop 是高效的，它以并行的方式工作，可加快处理速度。
- Hadoop 是可伸缩的，能够处理 PB 级数据。
- Hadoop 是开源的，由于成本比较低，因此任何人都可以使用。

2．Hadoop 生态系统概况

Hadoop 的核心是 HDFS 和 MapReduce，Hadoop 2.x 还包括 YARN。图 1-1 所示为 Hadoop 生态系统。

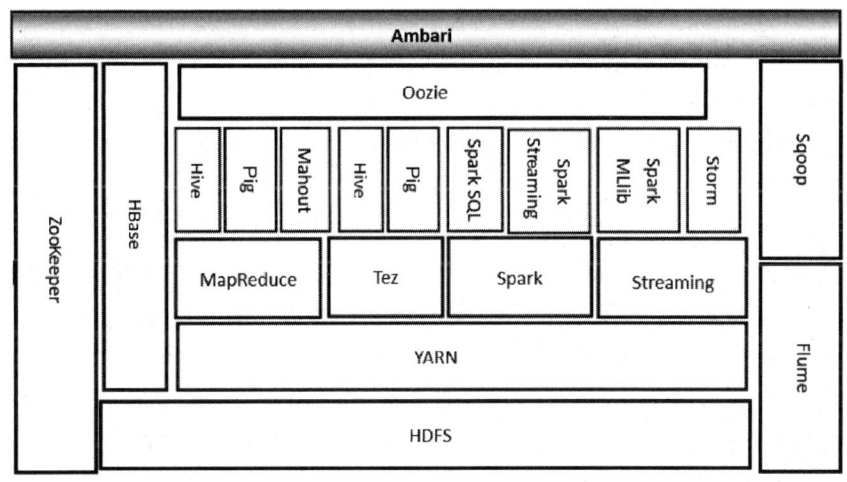

图 1-1　Hadoop 生态系统

1）HDFS（Hadoop 分布式文件系统）

HDFS 是 Hadoop 体系中进行数据存储与管理的基础。它是一个高度容错的系统，能检测和应对硬件故障，可以在低成本的通用硬件上运行。HDFS 简化了文件的一致性模型，通过流式数据访问提供高吞吐量应用程序数据访问功能，适用于带有大型数据集的应用程序。

2）YARN（集群资源管理系统）

YARN（Yet Another Resource Negotiator，另一种资源协调者）是一种新的 Hadoop 资源管理器，它是一个通用资源管理系统，可以为上层应用程序提供统一的资源管理和调度，它的引入为集群在利用率、资源统一管理和数据共享等方面带来了巨大好处。

3）MapReduce（分布式计算框架）

MapReduce 是一种计算模型，用于进行大规模数据集的并行运算。其中，Map 对数据集上的独立元素进行指定的操作，生成"键-值"（key-value）对形式的中间结果；Reduce 则对中间结果中相同"键"的所有"值"进行规约，以得到最终结果。MapReduce 这样的功能划分，非常适合在由大量计算机组成的分布式并行环境中进行数据处理。

4）Sqoop（数据库 ETL 工具）

Sqoop 是 SQL-to-Hadoop 的缩写，主要用于传统数据库和 Hadoop 之间传输数据，是一个数据同步工具。ETL 是英文 Extract-Transform-Load 的缩写，用来描述将数据从来源端经过抽取（Extract）、交互转换（Transform）、加载（Load）到目的端的过程。

5）Mahout（数据挖掘算法库）

Mahout 是一个机器学习的算法库，其主要目标是创建一些可扩展的机器学习领域经典算法的实现，旨在帮助开发人员更加方便、快捷地创建智能应用程序。

6）HBase（分布式列存数据库）

传统的关系数据库是面向行的数据库，而 HBase 则是一个针对结构化数据的可伸缩、高可靠、高性能、分布式和面向列的动态模式数据库。和传统的关系数据库不同，HBase 采用 BigTable 的数据模型——增强的稀疏排序映射表（Key/Value），其中，键由行关键字、列关键字和时间戳构成。HBase 提供了对大规模数据的随机、实时读写访问，同时，HBase 中保存的数据可以使用 MapReduce 来处理，它将数据存储和并行计算完美地结合在一起。

7）ZooKeeper（分布式协作服务）

ZooKeeper 主要解决分布式环境下的数据管理问题，包括统一命名、状态同步、集群管理、配置同步等。

8）Pig（基于 Hadoop 的数据流系统）

Pig 是一个基于 Hadoop 的数据分析工具，它定义了一种数据流语言——Pig Latin，可以将脚本转换为 MapReduce 任务在 Hadoop 上执行。通常用于离线数据分析。

9）Hive（基于 Hadoop 的数据仓库）

Hive 是数据仓库。Hive 定义了一种类似 SQL 的查询语言——HQL，Hive 可以将 HQL 语句转化为 MapReduce 任务在 Hadoop 上执行。Pig 通常用于离线分析。

10）Flume（日志收集工具）

Flume 是日志收集工具，它将数据从产生、传输、处理到最终写入目标的过程抽象为数据流，Flume 数据流提供对日志数据进行简单处理的能力，如过滤、格式转换等。此外，Flume 还具有将日志写到各种数据目标（可定制）的能力。

11）其他组件

Oozie 是一个作业协调工具，它可以把多个 MapReduce 作业组合到一个逻辑工作单元中，从而完成更大型的任务。

Spark 是基于内存的大数据计算框架，它拥有 Hadoop MapReduce 所具有的优点，但不同于基于硬盘的 MapReduce，其作业（Job）中间输出结果可以保存在内存中，从而在其计算过程中不再需要频繁地访问 HDFS，因此 Spark 能更好地适用于数据挖掘与机器学习等需要迭代的 MapReduce 的算法。在后面的项目中将对 Spark 进行更详细的叙述。

Tez 是一个针对 Hadoop 数据处理应用程序的新分布式执行框架。

Storm 为分布式实时计算提供了一组通用原语，可被用于"流处理"之中，实时处理消息并更新数据库。

Hadoop 可以运行在 Linux 系统、Windows 系统和一些类 UNIX 系统上，但 Hadoop 官方真正支持的作业平台只有 Linux 系统。这就导致在其他平台上运行 Hadoop 时，往往要安装很多其他的支持包来提供 Linux 系统的功能，以配合 Hadoop 的执行，会增加很多麻烦。因此，在 Linux 系统下安装与运行 Hadoop 成为首选。

Linux 系统的发行版本有很多种，但目前 Hadoop 的运行环境一般会选择 Ubuntu 系统或 CentOS 系统。

本节主要是 Hadoop 平台搭建的导读部分，对大数据的由来、大数据关键技术、大数据涉及的主要软件、Hadoop 平台技术的生态做了框架式的基本介绍。

1.2　Ubuntu 系统安装

本节介绍 Ubuntu 系统的安装方法，内容包括下载虚拟机软件、安装虚拟机、下载 Ubuntu 系统安装文件、Ubuntu 系统安装和完善、更新系统等。

1.2.1　安装 VMware Workstation

采用虚拟机安装方式，计算机至少要具备 4GB 以上的内存，否则运行速度会很慢。计算机的硬盘配置需要在 200GB 以上，多用户实验需要的内存和硬盘容量可能更多。

市场上的虚拟机软件有很多款，但应用比较广泛的主要是 VMware Workstation 和 VirtualBox。

VMware Workstation 的中文名称是"威睿工作站"，它是一款功能强大的桌面虚拟计算机软件，允许用户在单一的桌面上同时运行不同的操作系统。VMware Workstation 在虚拟网络、实时快照、拖曳共享文件夹等方面的特点使它成为一款比较好用的虚拟工具。

VirtualBox 属于轻量级的虚拟机平台，而且是开源的，完整安装包很小，功能相对精简，具备快照功能，但不具备文件拖曳功能。

本书使用 VMware Workstation（简称为 VMware）作为虚拟机平台。读者也可以使用其他虚拟机软件作为虚拟机平台。

1. 下载 VMware Workstation 安装包

从 VMware Workstation 的官网上下载 VMware Workstation 安装包，要求为 VMware Workstation 10.0 或更高版本（Windows 10 环境下建议使用 VMware Workstation 15.0 以上版本），同时要获得相应的密钥。VMware Workstation 属于商业软件，需要付费使用。

2. 安装 VMware Workstation 的详细步骤

（1）打开 VMware Workstation 安装包。

（2）软件安装向导自动打开，进入"欢迎使用 VMware Workstation 安装向导"界面，如图 1-2 所示，单击"下一步"按钮。

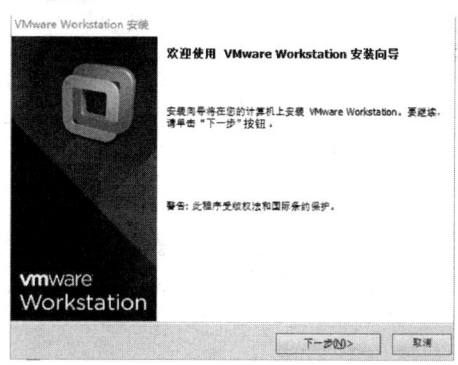

图 1-2　"欢迎使用 VMware Workstation 安装向导"界面

（3）进入"许可协议"界面，选中"我接受许可协议中的条款。"单选按钮，如图 1-3 所示，单击"下一步"按钮，进入"安装类型"界面，如图 1-4 所示，选择典型安装，单击"下一步"按钮。

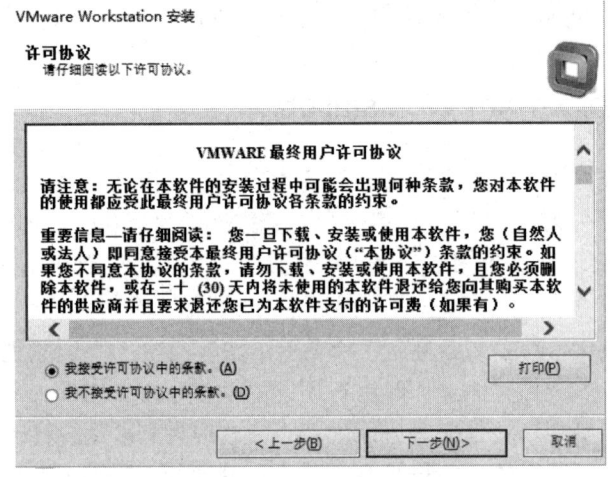

图 1-3 "许可协议"界面

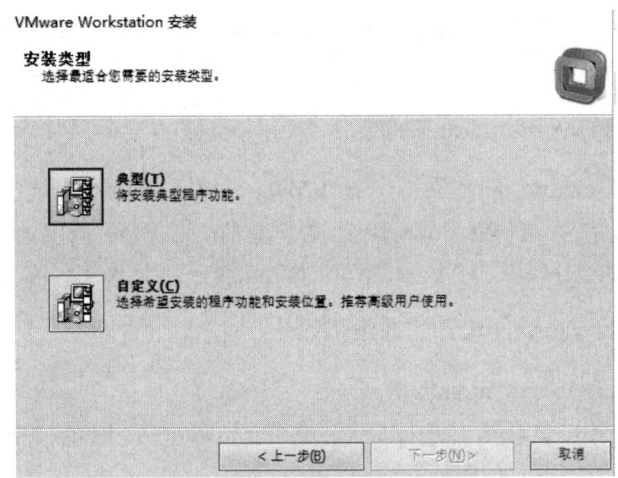

图 1-4 "安装类型"界面

（4）进入"目标文件夹"界面，设置安装路径，这里设置安装在 D 盘（安装路径尽量不要有中文），如图 1-5 所示，单击"下一步"按钮。需要注意的是，安装路径要先建立，然后才能选择。

（5）进入"软件更新"界面，如图 1-6 所示，设置完成后，单击"下一步"按钮，进入"用户体验改进计划"界面，如图 1-7 所示，设置完成后，单击"下一步"按钮。

（6）进入"快捷方式"界面，选择创建 VMware Workstation 的快捷方式的位置，如图 1-8 所示，单击"下一步"按钮。

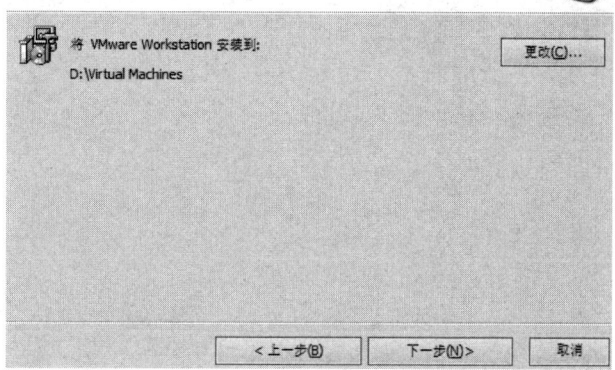

图 1-5 "目标文件夹"界面

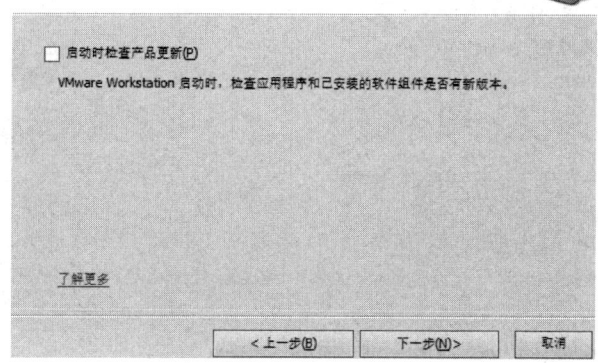

图 1-6 "软件更新"界面

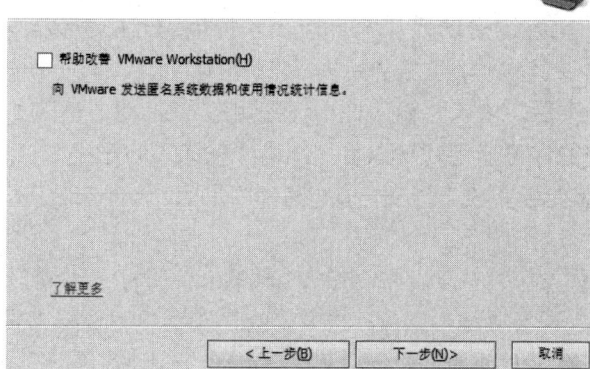

图 1-7 "用户体验改进计划"界面

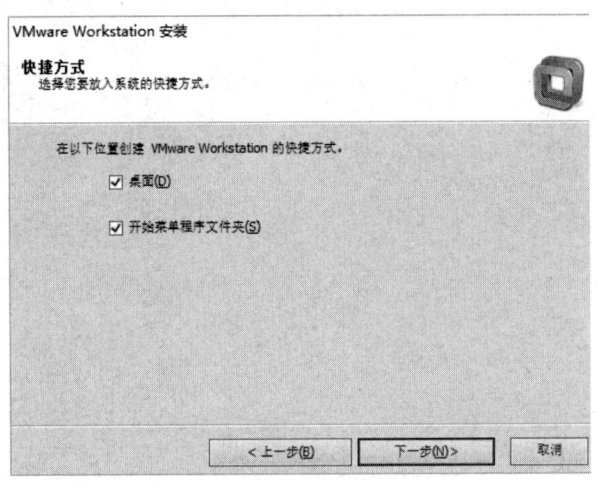

图1-8 "快捷方式"界面

（7）进入"已准备好执行请求的操作"界面，软件安装准备就绪，如图1-9所示，单击"继续"按钮。

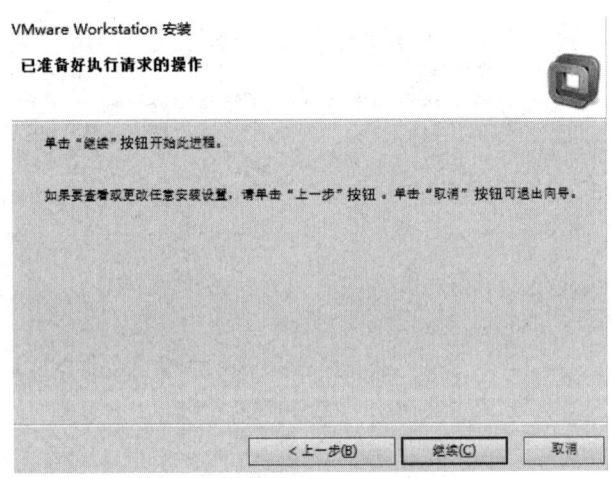

图1-9 "已准备好执行请求的操作"界面

（8）进入"正在执行请求的操作"界面，软件自动开始安装，不需要任何操作，如图1-10所示。

（9）软件安装结束后，进入"输入许可证密钥"界面，如图1-11所示，要求输入许可证密钥。将自己获得的许可证密钥输入后，单击"输入"按钮。

（10）进入"安装向导完成"界面，如图1-12所示，软件安装向导完成，单击"完成"按钮。

（11）系统桌面中会自动出现VMware Workstation图标，因为最好以管理员身份运行VMware Workstation，所以右击该图标，在弹出的快捷菜单中选择"属性"命令，在弹出的对话框中选择"兼容性"选项卡，勾选"以管理员身份运行此程序"复选框。

（12）此时，VMware Workstation已经可以正常使用了。打开VMware Workstation，界

面如图 1-13 所示。

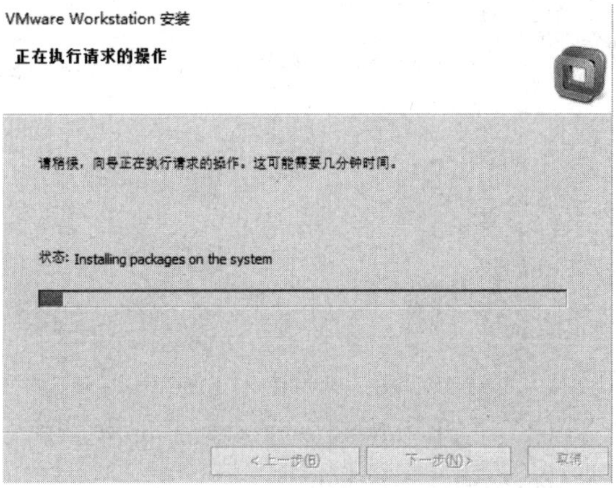

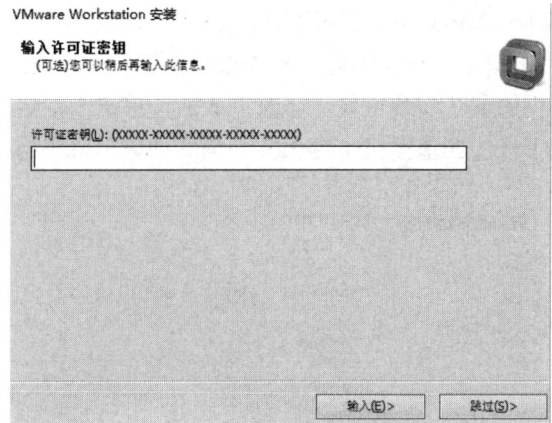

图 1-10 "正在执行请求的操作"界面

图 1-11 "输入许可证密钥"界面

图 1-12 "安装向导完成"界面

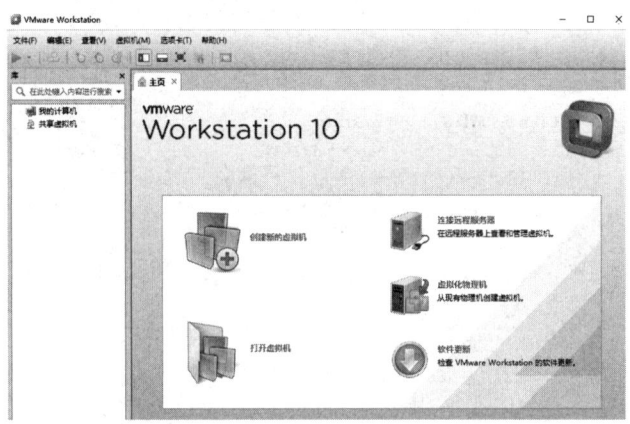

图 1-13　打开 VMware Workstation 后显示的界面

（13）修改 Ubuntu 虚拟机的默认安装位置。

本书将 Ubuntu 虚拟机的默认安装位置设定为 D:\Virtual Machines，如果想要对该位置进行修改，则可以在 VMware Workstation 的菜单栏中选择"编辑"|"首选项"命令，打开"首选项"对话框，如图 1-14 所示。在左侧列表框中选择"工作区"，在右侧的"虚拟机的默认位置"选区中修改虚拟机的默认安装位置，修改完成后，单击"确定"按钮。一旦确定了虚拟机的默认安装位置，下一步在虚拟机平台上安装的其他虚拟机将都会在该安装位置。

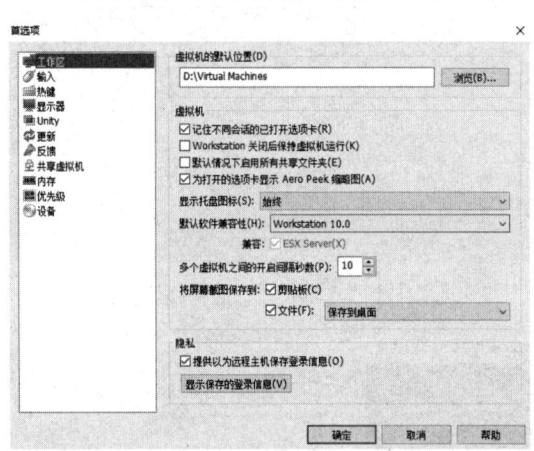

图 1-14　"首选项"对话框

本书使用的是 VMware Workstation 10.0（在 Windows 10 系统中，近来由于 Windows 系统补丁与 VMware Workstation 10.0 有发生冲突，因此最好升级到 VMware Workstation 15.0 以上版本），而 VMware Workstation 其他版本的安装过程可能不同，请按照官方要求完成。

1.2.2　在虚拟机中安装 Ubuntu 系统

1. 下载 Ubuntu 系统安装文件

本书采用的 Linux 系统发行版是 Ubuntu。为了更好地支持汉化，这里采用 Ubuntu Kylin

发行版，Ubuntu Kylin 是 Ubuntu 社区中面向中文用户的 Ubuntu 衍生版本，其中文名称是"优麒麟"。从 Ubuntu Kylin 13.04 版本开始，该项目已经成为 Ubuntu 官方认可的正式成员。

　　读者可以在 Ubuntu 官网上下载 Ubuntu Kylin。在下载时，注意区分 32 位版本和 64 位版本，可以右击系统桌面中的"此电脑"图标，在弹出的快捷菜单中选择"属性"命令，在打开的"设置"窗口中，查看所用计算机的系统类型，了解所用计算机的位数，以确定 Ubuntu 系统下载版本的位数。

　　本书安装的 Ubuntu 系统镜像文件为 ubuntukylin-16.04-desktop-amd64.iso。先将其存放在合适的目录下，以备安装时使用。

2. 在 VMware Workstation 上创建虚拟机

（1）打开 VMware Workstation，在如图 1-15 所示的界面中单击"创建新的虚拟机"按钮。

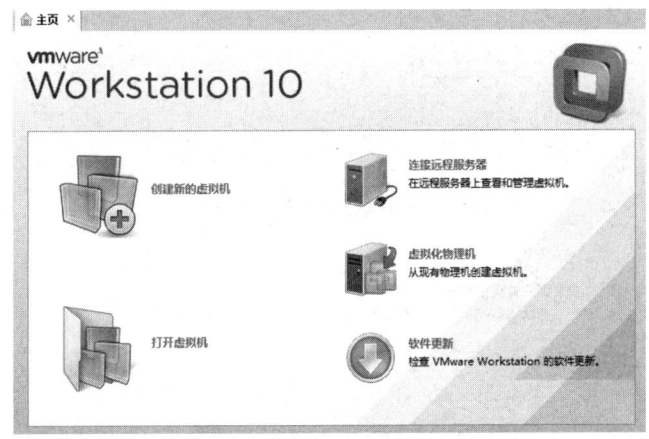

图 1-15　打开 VMware Workstation 后的界面

（2）打开"新建虚拟机向导"对话框，进入"欢迎使用新建虚拟机向导"界面，要求选择配置类型，这里选中"自定义(高级)"单选按钮，如图 1-16 所示，单击"下一步"按钮。

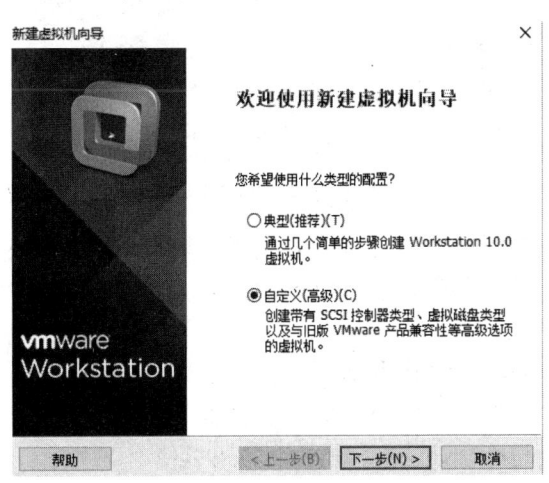

图 1-16　"欢迎使用新建虚拟机向导"界面

（3）进入"选择虚拟机硬件兼容性"界面，安装过程选项配置如图1-17所示，无须更改，直接单击"下一步"按钮，进入"安装客户机操作系统"界面，选中"稍后安装操作系统"单选按钮，如图1-18所示，单击"下一步"按钮。

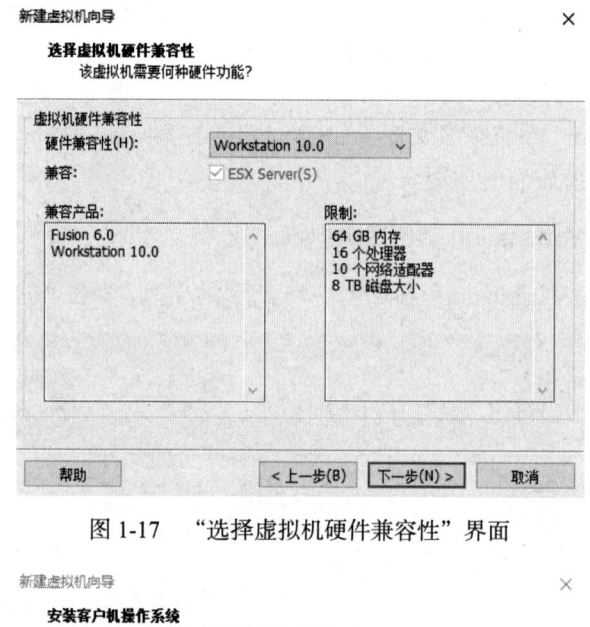

图1-17 "选择虚拟机硬件兼容性"界面

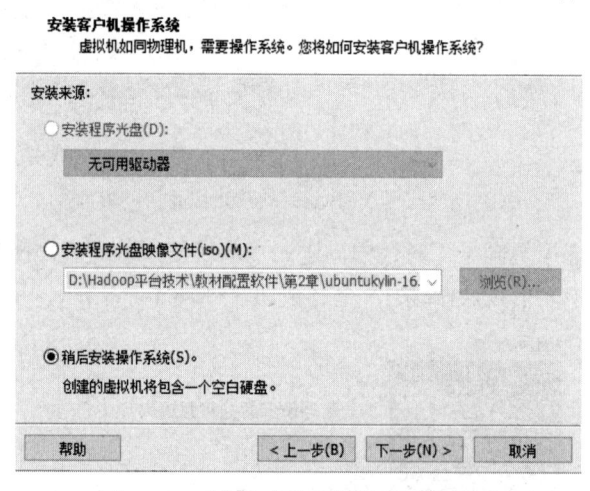

图1-18 "安装客户机操作系统"界面

（4）进入"选择客户机操作系统"界面，选择安装的操作系统类型，这里选中"Linux"单选按钮，在"版本"下拉列表中选择"Ubuntu 64位"选项，如图1-19所示，单击"下一步"按钮。

（5）进入"命名虚拟机"界面，设置虚拟机名称及虚拟机存储的位置，如图1-20所示。设置完成后，单击"下一步"按钮。虚拟机存储的位置即文件夹（D:\Virtual Machines\Ubuntu64）会自行创建。虚拟机的名称可以使用汉字命名，但虚拟机存储的位置即文件夹尽量不要使用汉字。

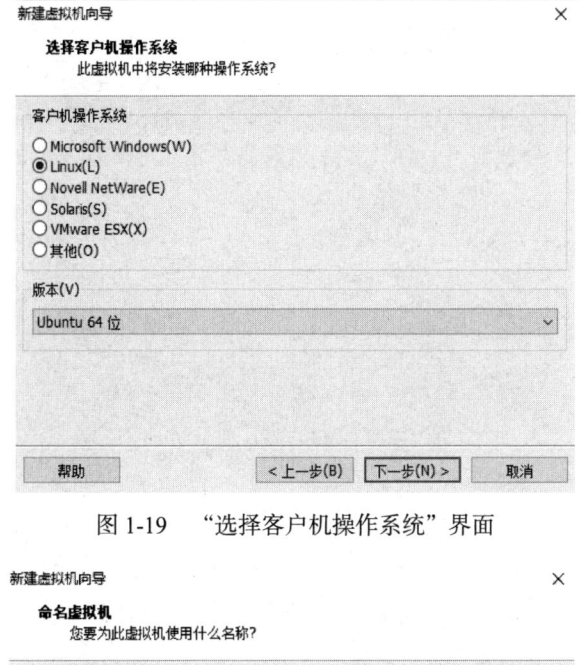

图 1-19 "选择客户机操作系统"界面

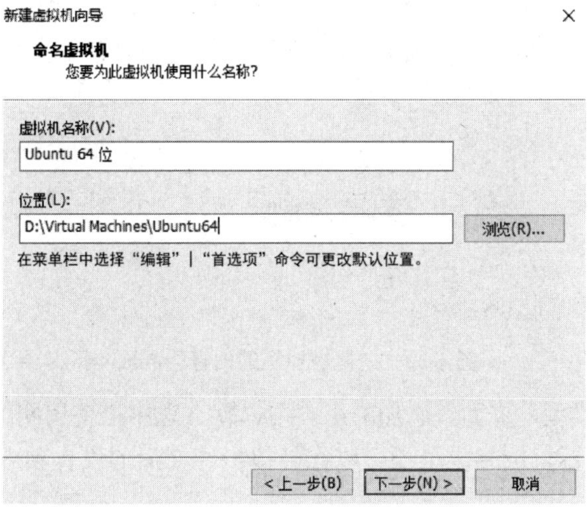

图 1-20 "命名虚拟机"界面

（6）进入"处理器配置"界面，如图 1-21 所示，设置处理器数量。处理器数量按照使用的计算机所具备的处理器数量作为上限进行设置，如果设置的处理器数量超出使用的计算机所具备的处理器数量，则会显示提示信息"开启虚拟机将会失败，原因是该虚拟机配置的虚拟机核心数量多于主机所支持的数量"；如果设置的处理器数量没有超出使用的计算机所具备的处理器数量，则不会显示提示信息。如果不清楚使用的计算机所具备的处理器数量，则默认为"1"即可。设置完成后，单击"下一步"按钮。

（7）进入"此虚拟机的内存"界面，如图 1-22 所示，设置虚拟机的内存大小。虚拟机的内存大小可以按照使用计算机的物理内存大小确定。如果计算机的内存为 8GB，则可以划分出 3GB 内存给虚拟机，这样运行速度会快很多。设置完成后，单击"下一步"按钮。

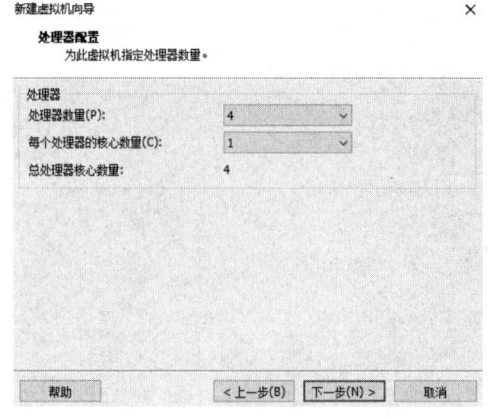

图 1-21 "处理器配置"界面

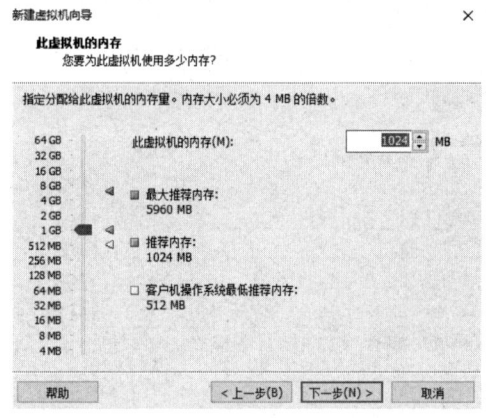

图 1-22 "此虚拟机的内存"界面

（8）进入"网络类型"界面，添加网络类型，默认选中"使用网络地址转换(NAT)"单选按钮，如图 1-23 所示。网络类型还可以在虚拟机建立后的设置项中修改。设置完成后，单击"下一步"按钮。

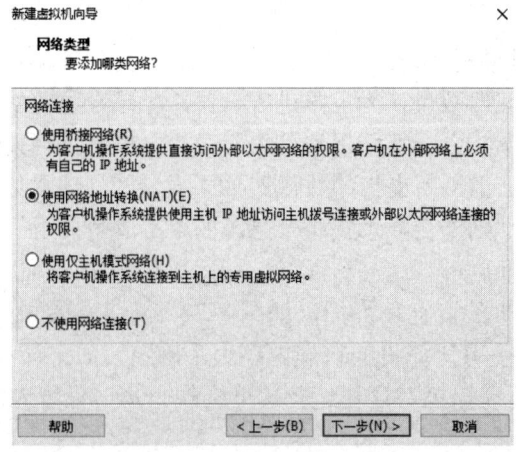

图 1-23 "网络类型"界面

（9）进入"选择 I/O 控制器类型"界面，选择 I/O 控制器类型，这里保持默认设置即可，如图 1-24 所示，单击"下一步"按钮，进入"选择磁盘类型"界面，选择磁盘类型，这里同样保持默认设置即可，如图 1-25 所示，单击"下一步"按钮。

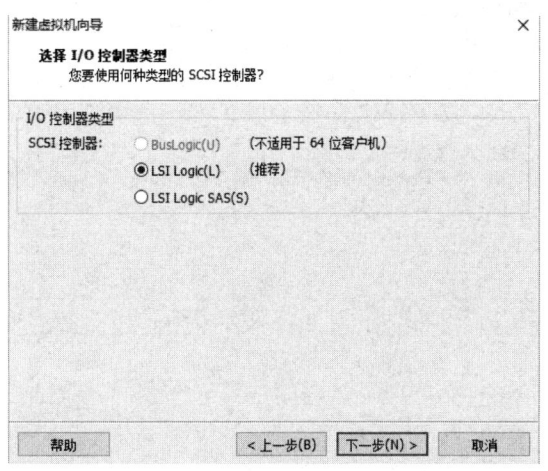

图 1-24 "选择 I/O 控制器类型"界面

图 1-25 "选择磁盘类型"界面

（10）进入"选择磁盘"界面，选中"创建新虚拟磁盘"单选按钮，如图 1-26 所示，单击"下一步"按钮，进入"指定磁盘容量"界面，如图 1-27 所示，根据需要调整最大磁盘大小。

本书安装常用的大数据软件（如 Hadoop、HBase、Hive 等）大概需要划分 20GB 的磁盘空间，但编者根据实际经验，建议磁盘容量大于 40GB，用于文件存储，因为在后面 MapReduce 编程章节中 MapReduce 运行较占用磁盘空间，当磁盘空间不够用时，NodeManager 进程会被强行终止，严重影响基于 MapReduce 的 JAR 包程序的正常运行。注意，要先选中"将虚拟磁盘存储为单个文件"单选按钮，再单击"下一步"按钮。

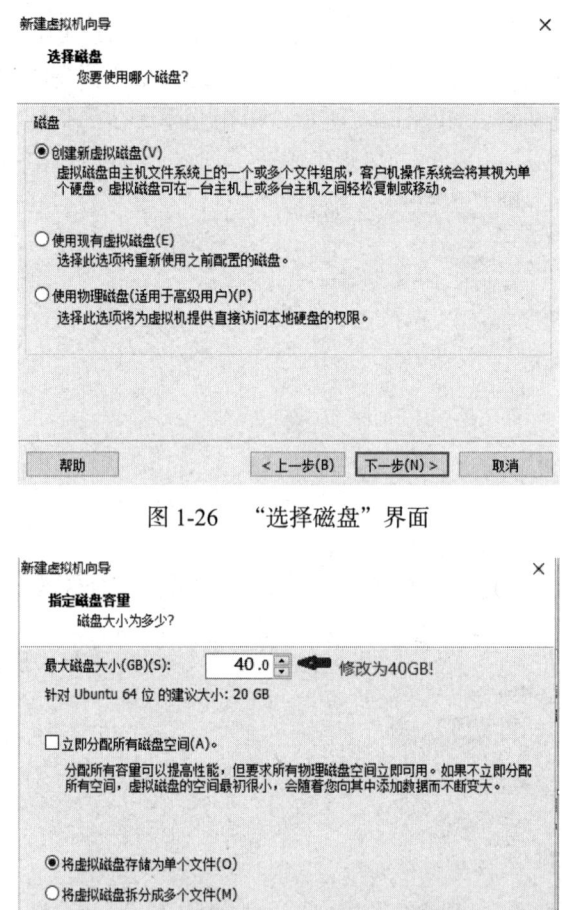

图 1-26　"选择磁盘"界面

图 1-27　"指定磁盘容量"界面

（11）进入"指定磁盘文件"界面，指定磁盘文件的名称。这个文件会存储到在图 1-20 所示界面中指定的文件夹内，这是 Ubuntu 系统的保存文件，将来打开虚拟机的 Ubuntu 系统就是找到这个文件启动。这里设置文件名为"Ubuntu 64 位.vmdk"，如图 1-28 所示，该文件名是可以修改和自命名的，其可以与在图 1-20 所示界面中设置的虚拟机名称不同，但后缀.vmdk 不要改。设置完成后，单击"下一步"按钮。

（12）进入"已准备好创建虚拟机"界面，如图 1-29 所示。在这里，可以单击"自定义硬件"按钮，在弹出的"虚拟机设置"对话框中选择"硬件"选项卡，设置在虚拟机中安装的 Ubuntu 系统的 ISO 镜像文件的位置及其文件，然后返回图 1-29 所示的界面，单击"完成"按钮。当然，也可以先直接单击"完成"按钮，后面再设置在虚拟机中安装的 Ubuntu 系统的 ISO 镜像文件的位置及其文件。

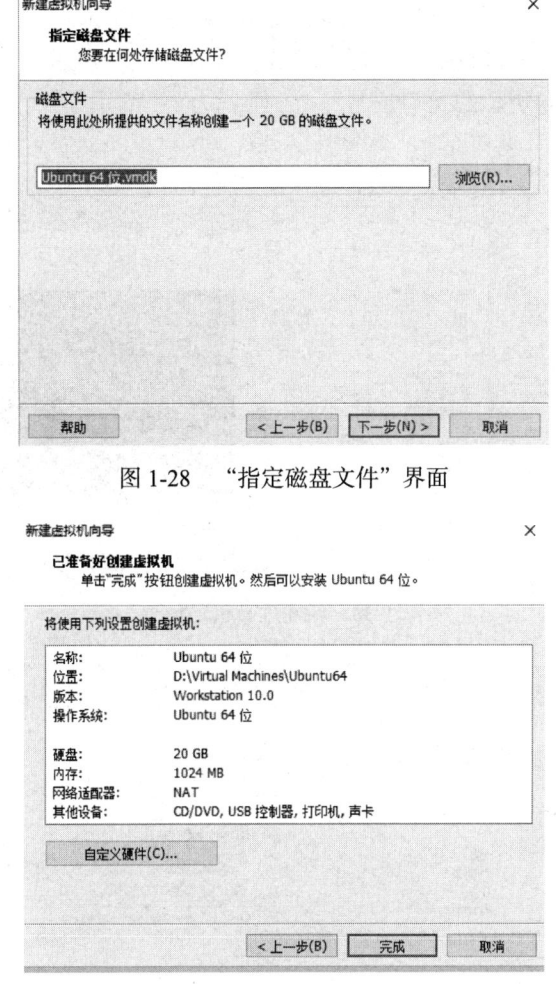

图 1-28   "指定磁盘文件"界面

图 1-29   "已准备好创建虚拟机"界面

（13）在图 1-29 所示的界面中单击"完成"按钮后，在 VMware Workstation 中打开的新窗口内可以看到新建虚拟机的信息，如图 1-30 所示，新虚拟机的名称为"Ubuntu 64 位"。

在 VMware Workstation 其他版本上创建虚拟机的过程可能与以上说明有区别，需要注意按照安装提示进行，但大致环节不会有大的改动。

3. 安装 Ubuntu 系统

（1）设置在虚拟机中安装的 Ubuntu 系统的 ISO 镜像文件的位置及其文件。

在图 1-30 所示的新建虚拟机的窗口中，不要贸然直接单击"开启此虚拟机"文字链接，应在菜单栏中选择"虚拟机"|"设置"命令，打开"虚拟机设置"对话框（在图 1-29 所示的界面中单击"自定义硬件"按钮打开的也是该对话框），选择"硬件"选项卡，在左侧列表框中选择"CD/DVD(SATA)"选项，在右侧的"连接"选区内选中"使用 ISO 映像文件"

单选按钮，单击"浏览"按钮，在硬盘中找到 Ubuntu 系统的 ISO 镜像文件 ubuntukylin-16.04-desktop-amd64.iso 的存放位置，如图 1-31 所示。设置完成后，单击"确定"按钮，返回图 1-30 所示的窗口。

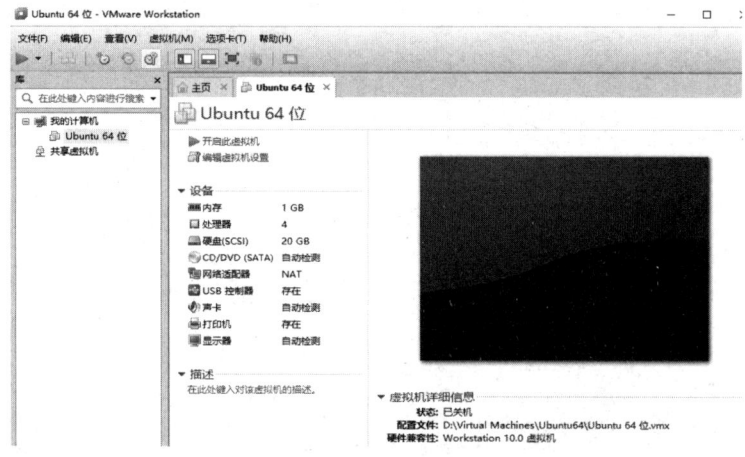

图 1-30　新建虚拟机的信息

图 1-31　"虚拟机设置"对话框

（2）虚拟机已经配置完成，开启虚拟机。

在图 1-30 所示的窗口中单击"开启此虚拟机"文字链接，在开启虚拟机后，稍等会出现如图 1-32 所示的"欢迎"界面，在左侧列表框中默认选择"中文(简体)"选项，单击"安装 Ubuntu Kylin"按钮。

图 1-32　"欢迎"界面

（3）进入"准备安装 Ubuntu Kylin"界面，下载更新设置，这里不做选择，如图 1-33 所示，单击"继续"按钮。

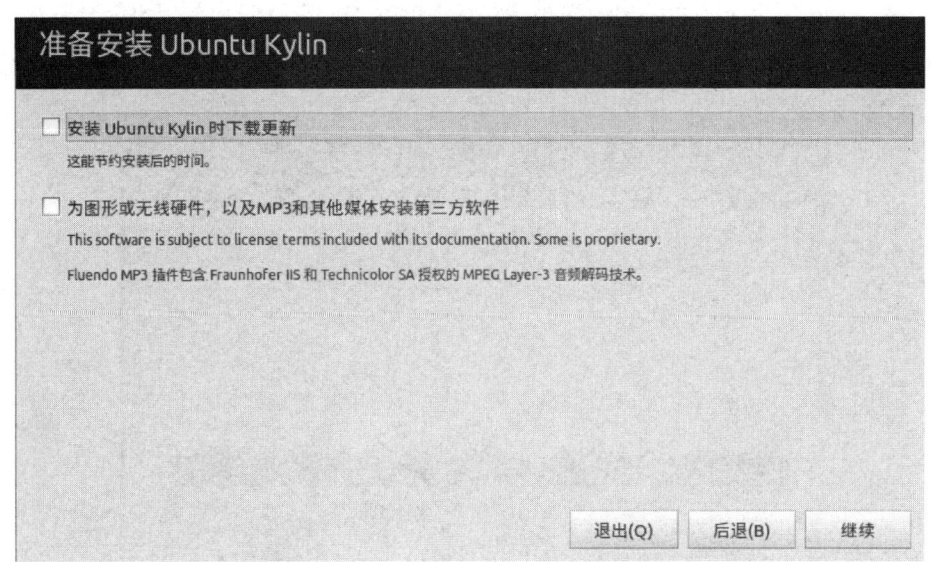

图 1-33　"准备安装 Ubuntu Kylin"界面

（4）进入"安装类型"界面，这里选中"其他选项"单选按钮（即选择手动分区），如图 1-34 所示，单击"继续"按钮。

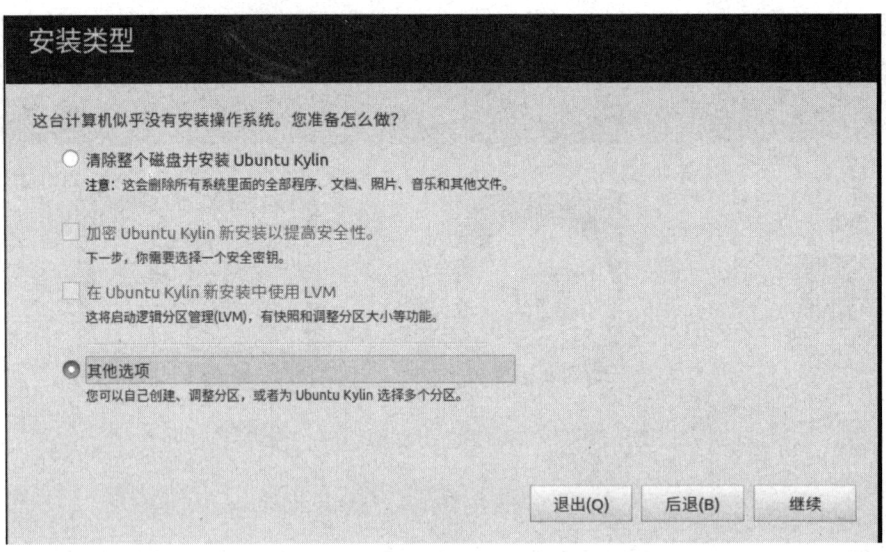

图 1-34　　"安装类型"界面

（5）选择手动分区，就需要新建分区表。先设置一个足够大的分区做系统挂载点，也就是系统分区，再创建一个交换分区，然后提交分区设置。在进入的界面中单击"新建分区表…"按钮，会弹出提示信息对话框，如图 1-35 所示，单击"继续"按钮，进入如图 1-36所示的界面，该界面中会显示虚拟机硬盘容量的信息。

温馨提示：在安装过程中，由于 Windows 系统桌面的分辨率与 Ubuntu 系统桌面的分辨率不一致，导致 Ubuntu 系统桌面很小，并且不能放大，安装向导窗口不能全部显示，有些按钮找不到。这时，使用"Alt 键+鼠标左键"组合就可以上下左右移动窗口，找到需要的操作按钮。

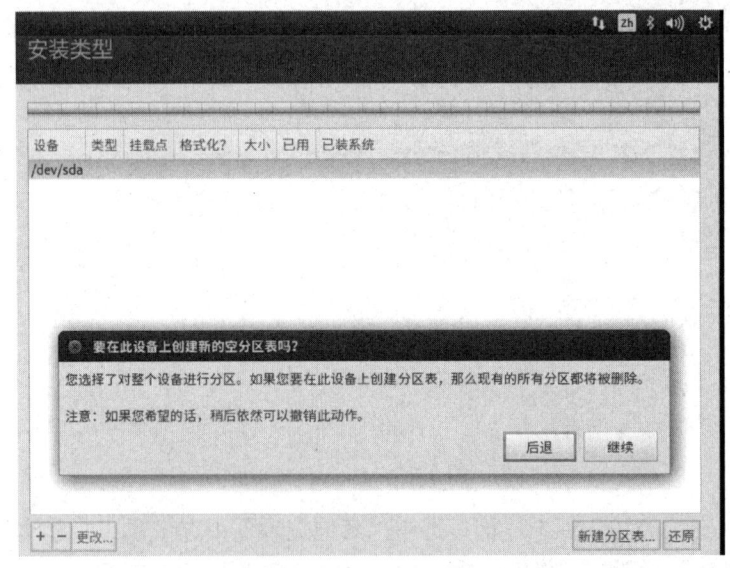

图 1-35　　提示信息对话框 1

图 1-36　显示虚拟机硬盘容量的信息

由图 1-36 可知，设置的虚拟机硬盘容量目前处于空闲状态。此时，就可以开始创建分区，添加交换空间和根目录。一般来说，可以选择 512MB~1GB 作为交换空间，剩余空间全部用于根目录挂载系统。在图 1-36 所示的界面内选中"空闲"区域，然后单击该界面最下面一栏中左侧的"+"按钮，打开"创建分区"对话框，设置大小为 512MB，新分区的类型为主分区，新分区的位置为空间起始位置，在"用于"下拉列表中选择"交换空间"选项，如图 1-37 所示。

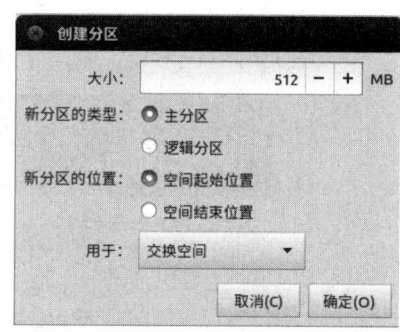

图 1-37　"创建分区"对话框 1

设置完成后，单击"确定"按钮，"安装类型"界面会发生变化，如图 1-38 所示。

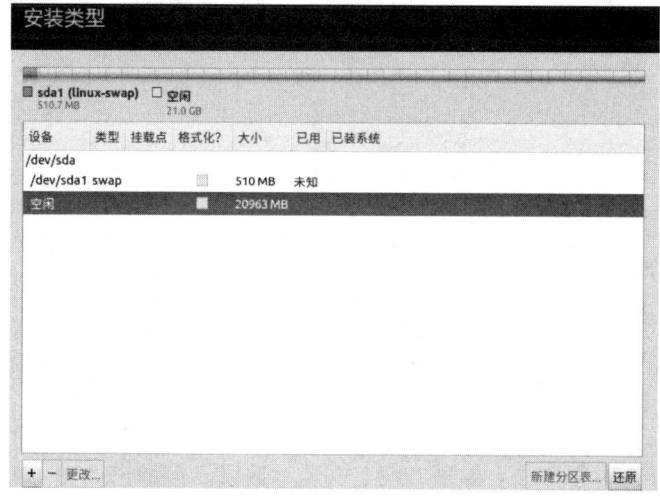

图 1-38　创建交换空间后的"安装类型"界面

此时，在图 1-38 所示的界面内选中"空闲"区域，将所有剩余的硬盘容量全部交给根目录。单击"+"按钮，打开"创建分区"对话框，设置大小为 20963MB，新分区的类型为逻辑分区，新分区的位置为空间起始位置，在"用于"下拉列表中选择"Ext4 日志文件系统"选项，在"挂载点"下拉列表中选择"/"选项，如图 1-39 所示。

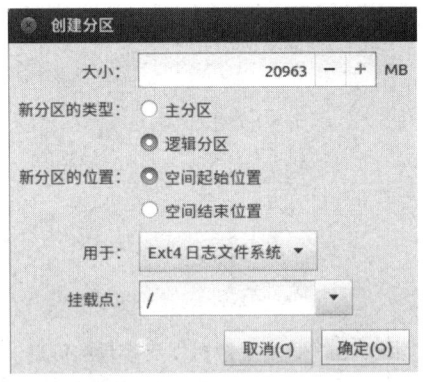

图 1-39　"创建分区"对话框 2

设置完成后，单击"确定"按钮，"安装类型"界面会发生变化，如图 1-40 所示。

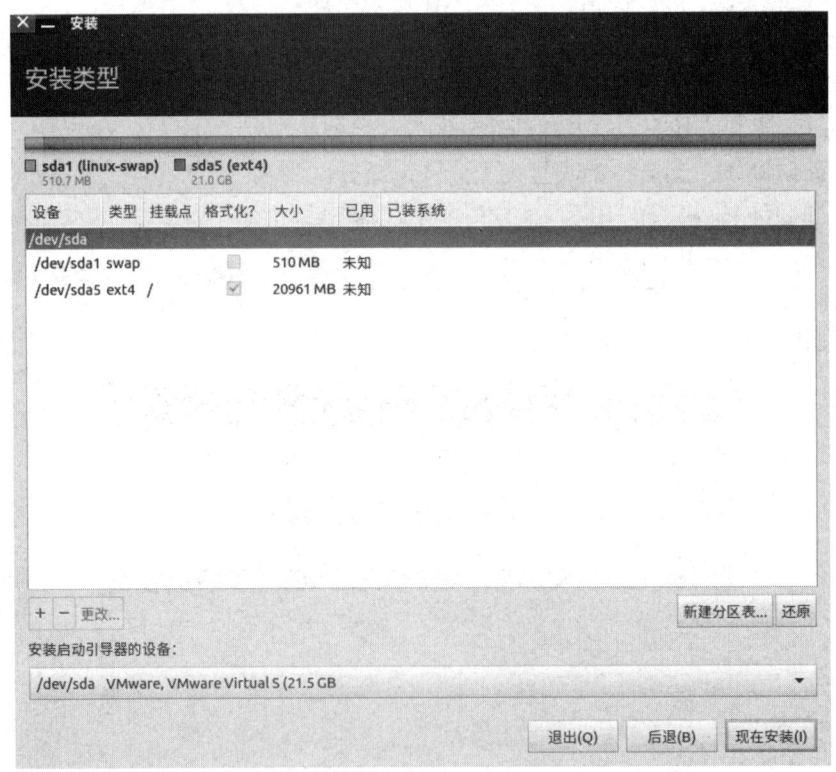

图 1-40　创建根目录后的"安装类型"界面

至此，新建分区任务完成。单击"现在安装"按钮，会弹出如图 1-41 所示的提示信息对话框，单击"继续"按钮。

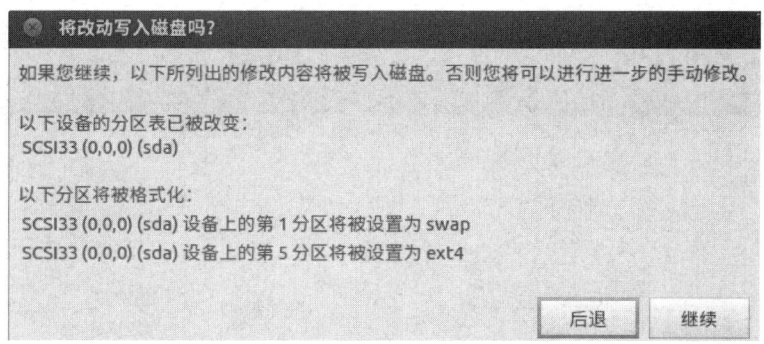

图 1-41　提示信息对话框 2

（6）进入"您在什么地方？"界面，对时区进行设置后，单击"继续"按钮，进入"键盘布局"界面，如图 1-42 所示，保持默认设置即可，单击"继续"按钮。

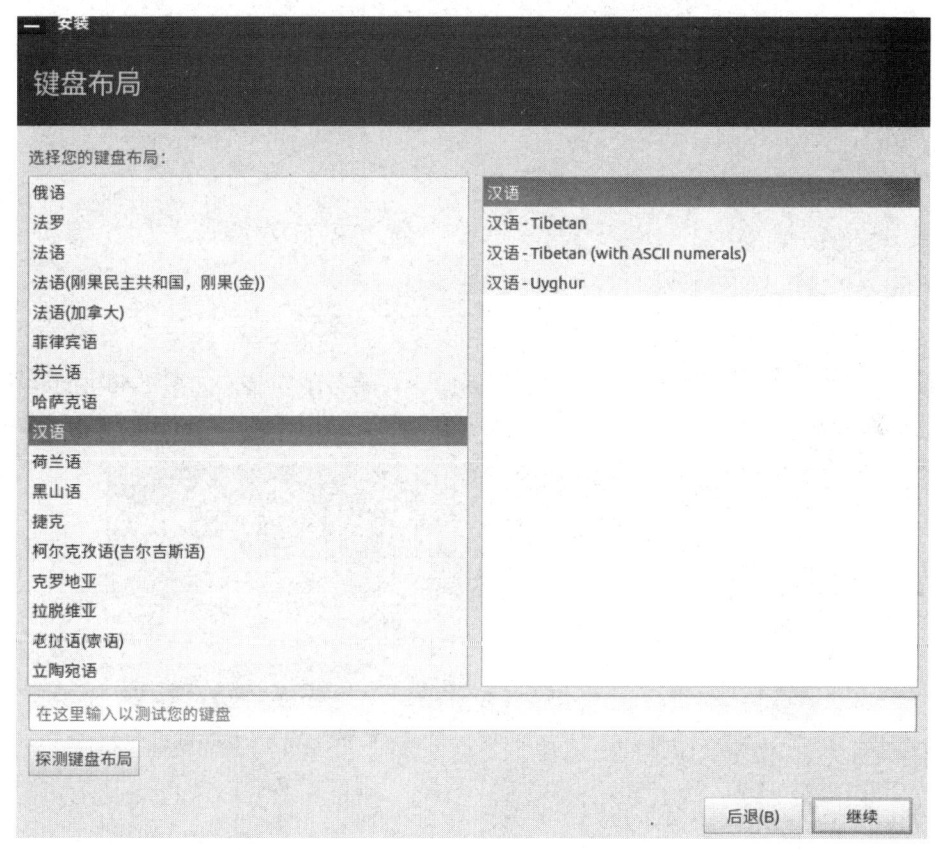

图 1-42　"键盘布局"界面

（7）进入"您是谁？"界面，设置姓名、计算机名、用户名与密码（记住该用户名和密码，这是登录 Ubuntu 系统的用户名和密码），姓名和计算机名只要有意义即可，如图 1-43 所示。

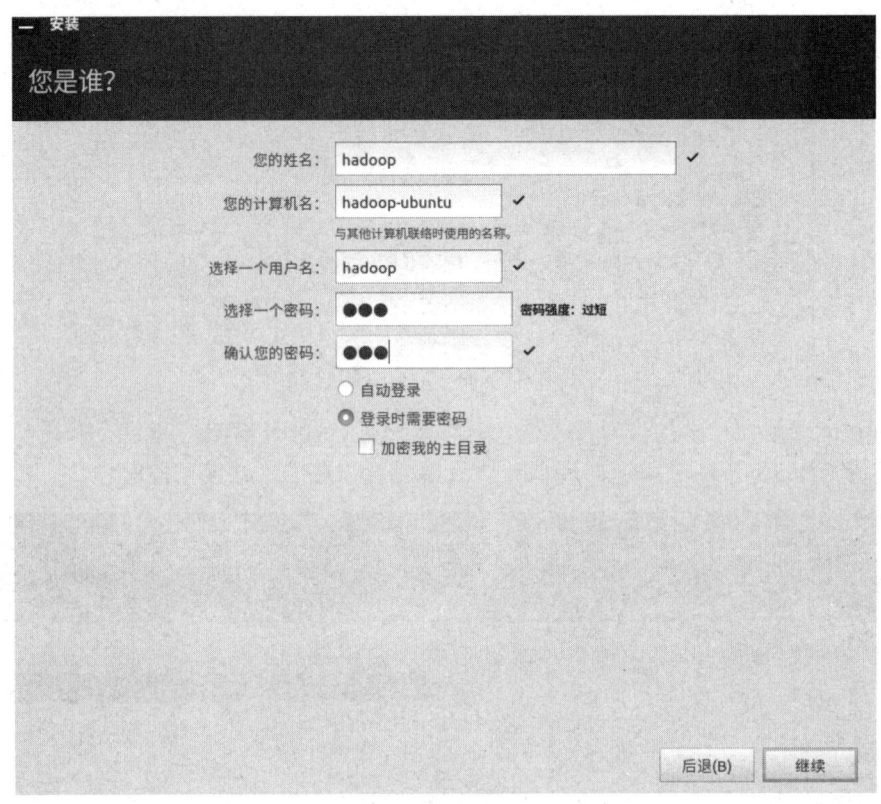

图 1-43　"您是谁？"界面

单击"继续"按钮，进入"软件中心"界面，开始自动安装，如图 1-44 所示，耐心等待自动安装完成即可（花费十几分钟到几十分钟不等，视计算机性能与网络情况而定）。

图 1-44　安装过程

安装完成以后，会出现如图 1-45 所示的提示信息，单击"现在重启"按钮即可。

图 1-45 安装完成后的提示信息

重启之后，进入 Ubuntu 系统的登录界面，选择刚才创建的用户名并输入密码，进入 Ubuntu 系统界面。

至此，Ubuntu 系统安装完成。

（8）启动 Ubuntu 系统。在 VMware Workstation 内选中新建的虚拟机"Ubuntu 64 位"并启动，进入如图 1-46 所示的 Ubuntu 系统登录用户选择界面。

图 1-46 Ubuntu 系统登录用户选择界面

单击"hadoop"用户，进入如图 1-47 所示的输入密码界面，输入密码后按 Enter 键，进入 Ubuntu 系统界面。

图 1-47 输入密码界面

如果想要关闭 Ubuntu 系统，则单击 Ubuntu 系统界面右上角的"设置"按钮（即齿轮图标），在弹出的菜单中选择"关机…"命令即可，如图 1-48 所示。关闭 Ubuntu 系统后，VMware Workstation 还在运行，想要关闭 VMware Workstation，只需单击 VMware Workstation 界面右上角的"关闭"按钮即可。

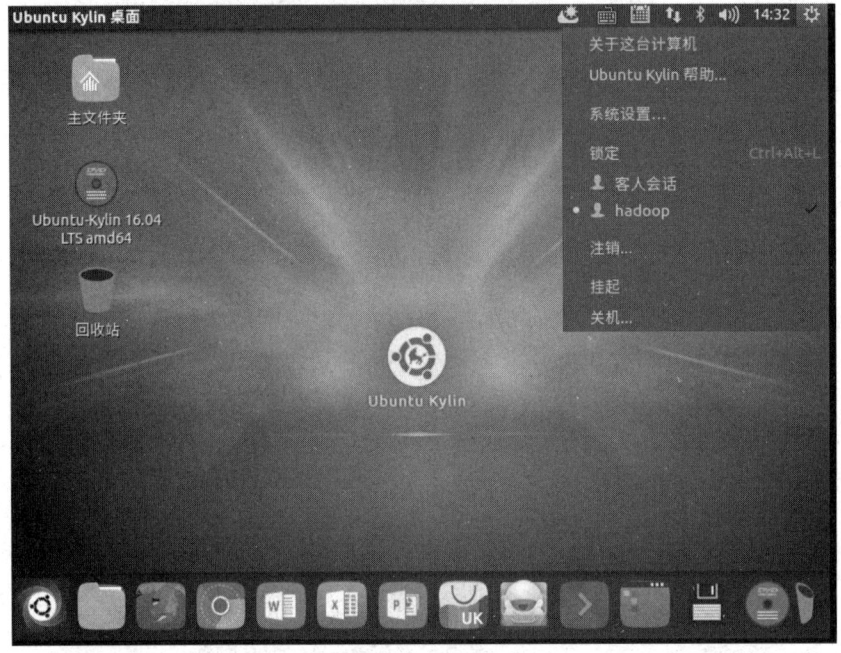

图 1-48　选择"关机…"命令

在完成 Ubuntu 系统的安装后，系统会有升级提示，如果没有更多要求，则以不升级为宜。

1.2.3　VMware 快照

在拍摄快照时，系统会及时保留指定时刻的虚拟机状态，而虚拟机则会继续运行。通过拍摄快照，我们可以反复恢复到同一个状态。要及时在每个重要的搭建节点进行快照拍摄，以便随后在出现搭建错误时可以恢复到前一个正确的状态，这也为课程授课提供了方便，可以随意回到某个节点进行搭建演示讲解，而不会影响后面安装好的状态，只要将安装好的状态及时拍照，就可以随时恢复到某个节点。

如果要删除快照，则已保存的虚拟机状态将会被删除，将无法再回到该状态。删除快照不会影响虚拟机的当前状态。

拍摄快照和恢复快照的操作步骤如下所述。

（1）在安装 Ubuntu 系统后，在 Ubuntu 系统启动的状态下，右击左侧窗口中的虚拟机名称"Ubuntu 64 位"，在弹出的快捷菜单中选择"快照"|"拍摄快照"命令，如图 1-49 所示。

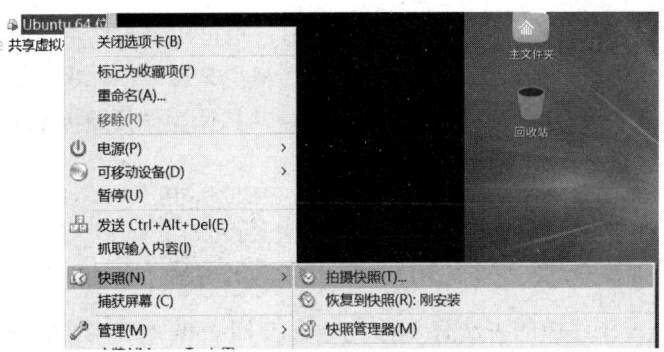

图 1-49　选择"快照"|"拍摄快照"命令

（2）在弹出的"Ubuntu 64 位-拍摄快照"对话框的"名称"文本框中，输入合适的名称，表示当前的安装状态，这里可以输入"1.2.2 Ubuntu 初步安装"，如图 1-50 所示，设置完成后，单击"拍摄快照"按钮。

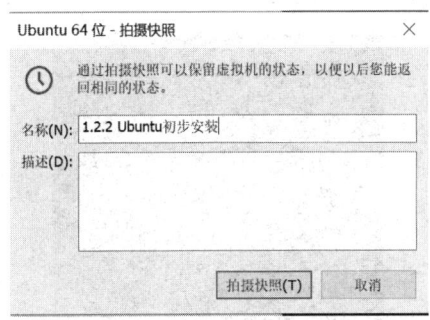

图 1-50　"Ubuntu 64 位-拍摄快照"对话框

（3）右击左侧窗口中的虚拟机名称"Ubuntu 64 位"，在弹出的快捷菜单的"快照"子菜单中会出现"恢复到快照:1.2.2 Ubuntu 初步安装"命令，如图 1-51 所示，选择该命令后，会弹出如图 1-52 所示的恢复快照提示对话框，单击"是"按钮即可。

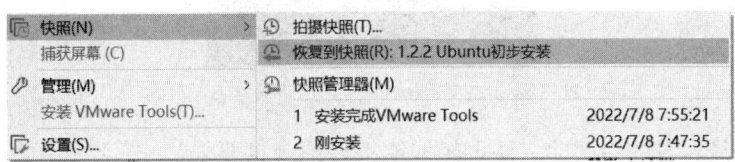

图 1-51　"恢复到快照:1.2.2 Ubuntu 初步安装"命令

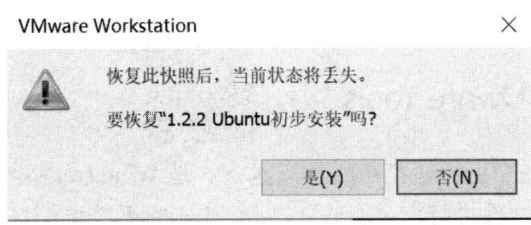

图 1-52　恢复快照提示对话框

在接下来的搭建过程中，一定要在重要的节点拍摄快照才是正确的选择。

如果想要删除快照，则右击左侧窗口中的虚拟机名称，在弹出的快捷菜单中选择"快照"|"快照管理器"命令（见图1-49）即可实现，具体操作按照提示进行即可，因为比较容易实现，所以这里不再详述。

1.2.4　中英文输入法切换

进入 Ubuntu 系统终端的方法有 3 种：一是在 Ubuntu 系统桌面的空白处右击，在弹出的快捷菜单中选择"打开终端"命令；二是单击 Ubuntu 系统桌面的底部工具栏中向右的蓝色箭头；三是通过 Ctrl+Alt+t 组合键进入终端的命令模式。

Ubuntu 系统中的终端输入命令一般是英文输入，但路径、文件名和文件内容有时难免也需要输入中文。Ubuntu 系统的中英文输入法可以通过单击系统桌面顶部菜单的输入法按钮进行切换，如图 1-53 所示。在使用中文输入之后，按 Shift 键就可以切换到英文输入法。

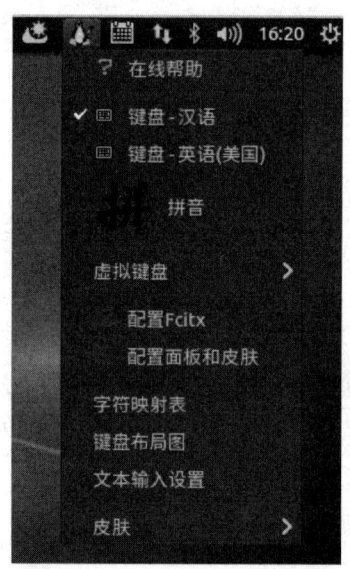

图 1-53　中英文输入法切换菜单

Ubuntu 系统自带的中文输入法已经能够很好地满足要求，一般不必额外安装中文输入法，特别提示不要贸然安装搜狗拼音，因为搜狗拼音的更新配置文件会对 Ubuntu 系统的更新有影响。

1.2.5　安装 VMware Tools

在安装 Ubuntu 系统之后，还存在两个问题：一是 Windows 系统与 Ubuntu 系统之间不能共享文件，更不能对文件进行拖曳共享；二是 Ubuntu 系统桌面只有一个小小的框，不能满屏显示。

想要解决上述两个问题，就要安装 VMware Tools，具体步骤如下所述。

第一步，在 Ubuntu 系统桌面的底部工具栏（见图 1-48）中，右击 VCD/DVD 光盘符号（如果存在），在弹出的快捷菜单中选择"弹出"命令，如图 1-54 所示，将 CDROM 解锁。

图 1-54　选择"弹出"命令

第二步，在 VMware WorkStation 的菜单栏中，选择"虚拟机"|"安装 VMware Tools"命令，如图 1-55 所示，此时，Ubuntu 系统桌面上会出现一个名称为"VMware Tools"的图标，如图 1-56 所示。

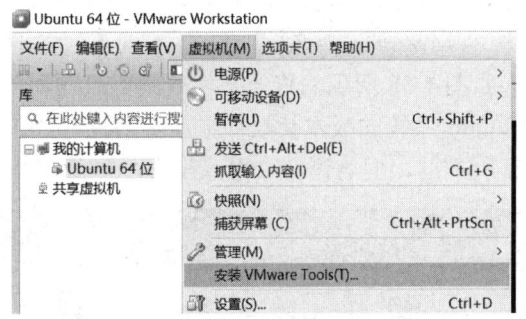

图 1-55　选择"虚拟机"|"安装 VMware Tools"命令

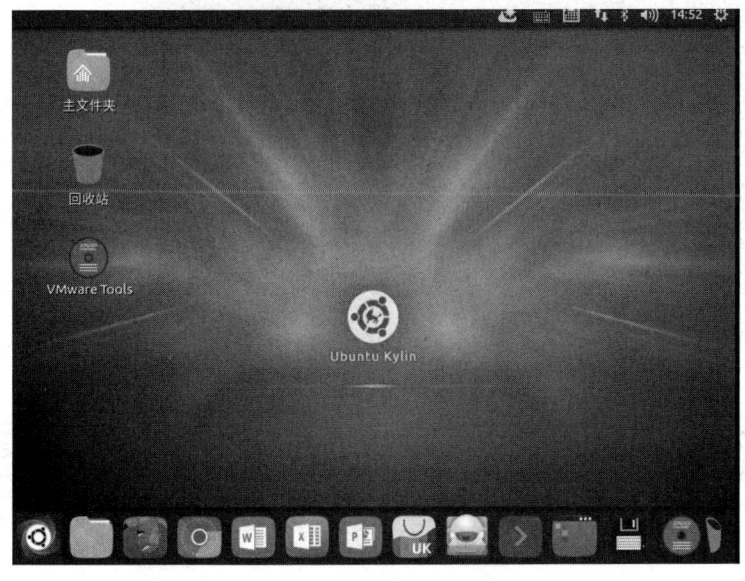

图 1-56　VMware Tools 图标

但有时仅仅做完这两步，可能在 Ubuntu 系统桌面上没有出现 VMware Tools 图标，此时，应再次右击 VCD/DVD 光盘符号，在弹出的快捷菜单中选择"VMware Tools"命令，如图 1-57 所示，然后查看 Ubuntu 系统桌面，Ubuntu 系统桌面上应该有了 VMware Tools 图标。

图 1-57　选择"VMware Tools"命令

第三步，在 Ubuntu 16.04 的桌面中，双击 VMware Tools 图标打开"VMware Tools"文件夹，右击该文件夹中的"VMwareTools-9.6.2-1688356.tar.gz"文件，在弹出的快捷菜单中选择"复制到…"命令，如图 1-58 所示，将该文件复制到桌面，如图 1-59 所示。VMware Tools 的具体版本会与 Ubuntu 系统的版本及软件更新等情况有关，在不同情况下安装，可能与本书中显示的内容有所不同，但这没有关系，出现不同版本是正常的。

图 1-58　选择"复制到…"命令

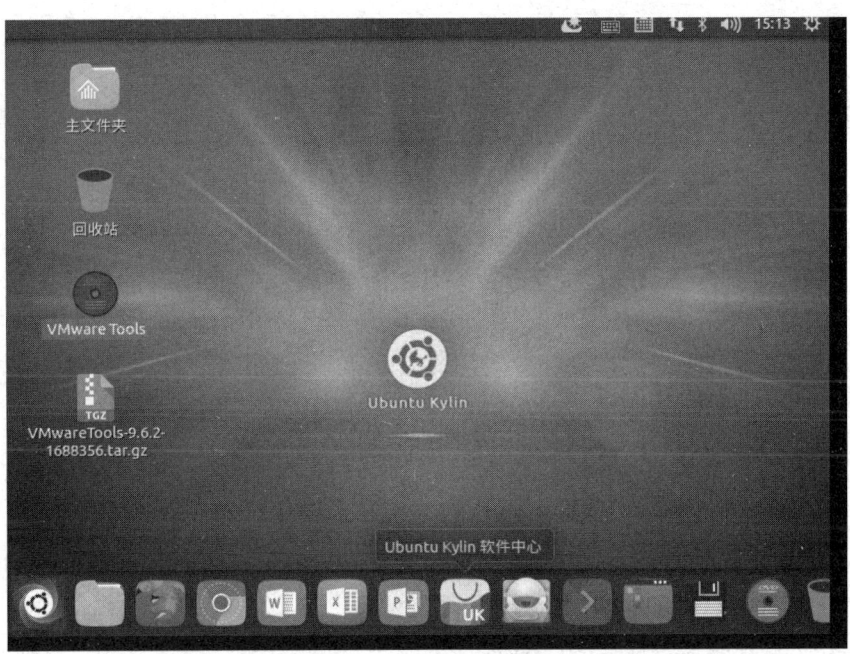

图 1-59　将 VMware Tools 的压缩文件复制到桌面

第四步，进入终端，通过命令安装 Vmware Tools。

在终端命令行模式下执行以下命令，如图 1-60 所示。

```
$ cd /home/hadoop/桌面
```

其中，"/home/hadoop/"是当前用户 hadoop 的用户目录（~）。

图 1-60　执行进入桌面命令

执行以下命令，解压缩 VMwareTools-9.6.2-1688356.tar.gz 文件（文件名 "VMwareTools-9.6.2-1688356.tar.gz"可不必完整输入，注意使用 Tab 键自动补齐）：

```
hadoop@hadoop-ubuntu:~/桌面$ tar -xvf VMwareTools-9.6.2-1688356.tar.gz
```

然后会得到 vmware-tools-distrib 目录，执行以下命令，进入该目录（目录名 "vmware-tools-distrib/"可不必完整输入，注意使用 Tab 键自动补齐）：

```
hadoop@hadoop-ubuntu:~/桌面$ cd vmware-tools-distrib/
```

进入 vmware-tools-distrib 目录后，执行以下命令（注意使用 Tab 键自动补齐功能）：

```
hadoop@hadoop-ubuntu:~/桌面/vmware-tools-distrib$ sudo ./vmware-install.pl
```

会有一系列提问，一直按 Enter 键确认即可。

第五步，重启系统。

重启系统的方法有两种：一是先关闭 Ubuntu 16.04，再启动系统；二是通过 reboot 命令重启。命令如下：

```
$ reboot
```

启动系统后会发现，Ubuntu 16.04 既可以在 VMware Workstation 中满屏显示，也可以在 Windows 系统和 Linux 系统之间共享文件，实现拖曳文件即可复制。

如果此时能够拖曳文件在 Windows 系统和 Ubuntu 系统间实现相互复制，就表示 VMware Tools 安装正确。如果屏幕缩放不合适（或大或小），则可以在 VMware Workstation 的"查看"菜单中选择"自动调整大小"|"自动适应客户机"命令。

1.2.6　案例 1-1：安装 vim 编辑器并使用

如果不安装 vim 编辑器，直接使用 Ubuntu 系统自带的 vi 编辑器，则可能出现问题。例如，在使用 vi 编辑器对文件进行编辑时，上下左右键变成了 ABDC，退格键也不起作用，这是 Ubuntu 系统自带的 vi 编辑器的错误。因此，需安装 vim 编辑器，在安装 vim 编辑器之后，vi 编辑器也就能正常使用了。

vi 编辑器是 Ubuntu 等版本的 Linux 系统普遍自带的软件，vim 编辑器是 vi 编辑器的加强版，需要用户自己安装。用户能够顺利安装 vim 编辑器的前提是预先运行"apt-get update"命令成功更新 Ubuntu 系统。

1. 更新系统

登录 Ubuntu 系统的 hadoop 用户，打开终端，执行以下命令更新系统：

```
$ sudo apt-get update
```

2. 安装 vim 编辑器

在终端中执行以下命令，安装 vim 编辑器：

```
$ sudo apt-get install vim
```

当询问是否继续执行时，输入"Y"后按 Enter 键即可，如图 1-61 所示。

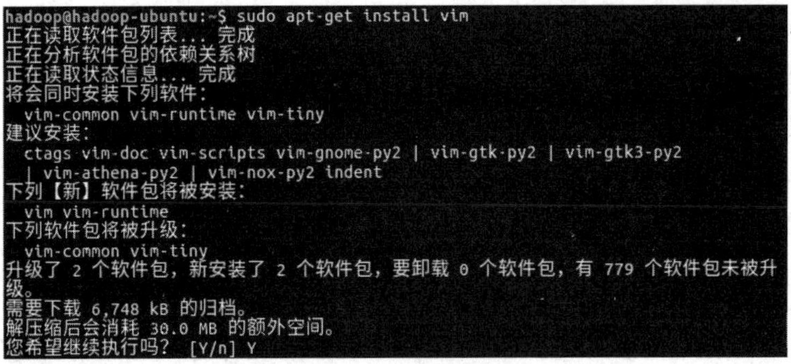

图 1-61 安装 vim 编辑器

温馨提示：在 Ubuntu 系统的终端中执行"apt install"或"apt-get install"命令下载并安装软件时，可能遇到以下报错信息。

```
E: 无法获得锁 /var/lib/dpkg/lock - open (11:资源暂时不可用)
E: 无法锁定管理目录 (/var/lib/dpkg/) ，是否有其他进程占用它？
```

解决办法是在终端中执行以下命令：

```
$ sudo rm /var/lib/dpkg/lock          #删除锁
```

然后重新进行系统更新，系统更新成功后，安装 vim 编辑器即可。

3. vim 编辑器使用方法详述

vim 是 Linux 系统中的编辑软件，可以执行输出、删除、查找、替换、块操作等众多文本操作。但 vim 编辑器并不是一个排版程序，它不像 Word 那样可以对字体、格式、段落等其他属性进行编排，它只是一个文本编辑程序，没有菜单，只有命令，并且命令繁多。vim 编辑器有 3 种基本工作模式，分别是命令模式（Command Mode）、文本输入即插入模式（Insert Mode）、末行或底行模式（Last Line Mode）。

1）命令模式（Command Mode）

刚进入 vim 编辑器就进入了命令模式。在命令模式下，既可以控制屏幕中光标的移动，删除字符、字或行，以及移动或复制某区段等，也可以由该模式进入插入模式或底行模式。在命令模式下，按 i 键、a 键、o 键中的任意一个就可以进入插入模式，此时就可以开始输入文字了。

按 i 键进入插入模式后，会从光标当前位置开始输入文字。

按 a 键进入插入模式后，会从光标当前位置的下一个位置开始输入文字。

按 o 键进入插入模式后，会插入新的一行，从行首开始输入文字。

在命令模式下可以进行删除操作：每按一次 x 键，就删除光标所在位置后面的一个字符；按"dd"键可以删除光标所在的行；删除多行的命令格式为"dn"，n 为删除的行数，如按"d10"键后按 Enter 键，可以一次删除光标所在行的后 10 行；按 u 键可以撤销上一次更改，可以一直按 u 键，一直撤销到最旧修改状态。

在命令模式下输入"/关键字"格式的命令后按 Enter 键，可以从光标所在位置向后搜索与关键字匹配的内容，按 n 键可以跳到下一个匹配位置。

2）插入模式（Insert Mode）

只有在插入模式下才可以进行文字输入和修改，按 ESC 键可以回到命令模式。

如果想完成行的删除，则需要在插入模式和命令模式之间进行转换才能实现。要先按ESC键进入命令模式，再进行删除行的任务。

3）末行或底行模式（Last Line Mode）

在底行模式下，既可以保存文件或退出编辑器，也可以设置编辑环境，如寻找字符串、列出行号等。

不过一般我们在使用时会把 vim 编辑器简化成两个模式，即将底行模式（Last Line Mode）也算入命令模式（Command Mode）。

在命令模式下，按冒号（:）键可以进入底行模式，在底行模式下的常用操作如下所述。

（1）: w filename：以指定的文件名 filename 保存文件。

（2）: wq：以默认的文件名保存文件并退出 vim 编辑器。

（3）: q!：放弃修改，不保存文件，强制退出 vim 编辑器。

（4）: x：保存文件并退出 vim 编辑器。

1.2.7　案例 1-2：apt 更新与更新源项目实践

在安装 Ubuntu 系统之后，需要及时更新系统，否则后续一些软件可能无法正常安装与使用。

"apt" 是 "Advanced Packaging Tool" 的简写，是 Ubuntu 系统下的软件包管理工具，大部分软件的安装、更新、卸载都是利用 apt 命令来实现的。apt 是 Ubuntu 16.04 发布时新引入的，以前更多的是使用 apt-get。目前，apt 和 apt-get 在 Ubuntu 16.04 中均可以使用。与本书有关的常用的 apt（apt-get）命令如下：

```
sudo apt-get install package #安装包
sudo apt-get update #更新源
```

系统更新通过上述的 "sudo apt-get update" 命令完成。根据更新源不同，具体操作也不相同。

1. 通过主服务器源更新系统

登录 Ubuntu 系统，打开终端，执行以下命令：

```
$ sudo apt-get update
```

更新过程如图 1-62 所示。执行 apt-get 命令之后，Ubuntu 系统就会从网络上开始下载并更新软件。等待一段时间后，如果出现提示信息 "完成"，没有其他错误，则表示系统更新成功。

```
hadoop@hadoop-virtual-machine:~$ sudo apt-get update
命中:1 http://archive.ubuntukylin.com:10006/ubuntukylin trusty InRelease
命中:2 http://cn.archive.ubuntu.com/ubuntu xenial InRelease
命中:3 http://cn.archive.ubuntu.com/ubuntu xenial-updates InRelease
命中:4 http://cn.archive.ubuntu.com/ubuntu xenial-backports InRelease
获取:5 http://security.ubuntu.com/ubuntu xenial-security InRelease [109 kB]
已下载 109 kB, 耗时 23秒 (4,663 B/s)
正在读取软件包列表... 完成
hadoop@hadoop-virtual-machine:~$
```

图 1-62　通过主服务器源更新系统的过程

温馨提示：如果更新过程中出现错误提示信息"E: Sub-process returned an error code"，则解决方法是执行以下命令：

```
$ sudo apt-get remove libappstream3
$ sudo apt-get update    #重新更新
```

Ubuntu 系统安装成功后需要立刻更新，一般通过默认的主服务器源就能完成更新任务。在通过主服务器源更新系统时，由于要连接国外服务器，因此更新时间可能较长。如果不能通过主服务器源更新系统，就需要更换服务器源，此时可以更换国内镜像服务器源更新系统。

2. 更换国内镜像服务器源更新系统

在通过主服务器源更新系统时，Ubuntu 16.04 下载软件的速度有点慢，因为默认的是从国外下载软件，如果更新失败或网络中断，则可以更换到国内比较好的镜像服务器源（就是这些软件所在的服务器）快速更新。

更换国内镜像服务器源的方法：一是单击 Ubuntu 系统桌面右上角的"设置"按钮（齿轮图标），在弹出的菜单中选择"系统设置..."命令，然后在弹出的窗口的左侧选择"系统"选项，然后在右侧区域中双击"软件与更新"图标，选择国内镜像服务器源进行更新；二是直接修改/etc/apt/sources.list 文件更换国内镜像服务器源。其实第一种方法只是自动配置/etc/apt/sources.list 文件而已，最终还是/etc/apt/sources.list 文件决定了源目标。本书为了简便快捷，采用直接修改/etc/apt/sources.list 文件更换国内镜像服务器源的方法。

/etc/apt/sources.list 文件是软件包管理工具 apt 所用的记录软件包仓库位置的配置文件，具有同样功能的配置文件还有位于/etc/apt/sources.list.d/目录下所有以.list 为后缀的文件。

例如，更换国内阿里云镜像服务器源。编辑/etc/apt/sources.list 文件，在该文件中的最前面添加阿里云镜像服务器源，添加语句如下：

```
#阿里云镜像服务器源，适合 Ubuntu 16.04
deb http://mirrors.aliyun.com/ubuntu/ xenial main
deb-src http://mirrors.aliyun.com/ubuntu/ xenial main

deb http://mirrors.aliyun.com/ubuntu/ xenial-updates main
deb-src http://mirrors.aliyun.com/ubuntu/ xenial-updates main

deb http://mirrors.aliyun.com/ubuntu/ xenial universe
deb-src http://mirrors.aliyun.com/ubuntu/ xenial universe
deb http://mirrors.aliyun.com/ubuntu/ xenial-updates universe
deb-src http://mirrors.aliyun.com/ubuntu/ xenial-updates universe

deb http://mirrors.aliyun.com/ubuntu/ xenial-security main
deb-src http://mirrors.aliyun.com/ubuntu/ xenial-security main
deb http://mirrors.aliyun.com/ubuntu/ xenial-security universe
deb-src http://mirrors.aliyun.com/ubuntu/ xenial-security universe
```

以上是适合 Ubuntu 16.04 的阿里云镜像服务器源的实现代码，其他版本还需要更换相应代号才更合适。Ubuntu 16.04 的发行版代号是 xenial，Ubuntu 18.04 的发行版代号是 bionic，

Ubuntu 20.04 的发行版代号为 Focal Fossa。查看 Ubuntu 系统发行版代号的终端命令是"lsb_release   -c"，有兴趣的读者可自行测试，这里不再赘述。

更换国内镜像服务器源的具体操作如下所述。

第一步，在 Ubuntu 系统的终端中，先备份原始源文件/etc/apt/sources.list。文件复制命令如下：

```
$ sudo cp /etc/apt/sources.list /etc/apt/sources.list.bak
```

第二步，查看本书电子资源中"项目 1"文件夹内的更换阿里云镜像服务器源的完整配置文件 sources.list，用记事本打开该文件并将内容复制到剪贴板中。

第三步，回到终端，执行以下命令，用 vim 编辑器打开/etc/apt/sources.list 文件：

```
$ sudo vim /etc/apt/sources.list
```

在底行模式下，使用命令":d100"删除该文件中的全部内容，然后按 i 键，使 vim 编辑器进入插入模式，将复制的电子资源中"项目 1"文件夹内的更换阿里云镜像服务器源的完整配置文件 sources.list 的内容粘贴进来，如图 1-63 所示。

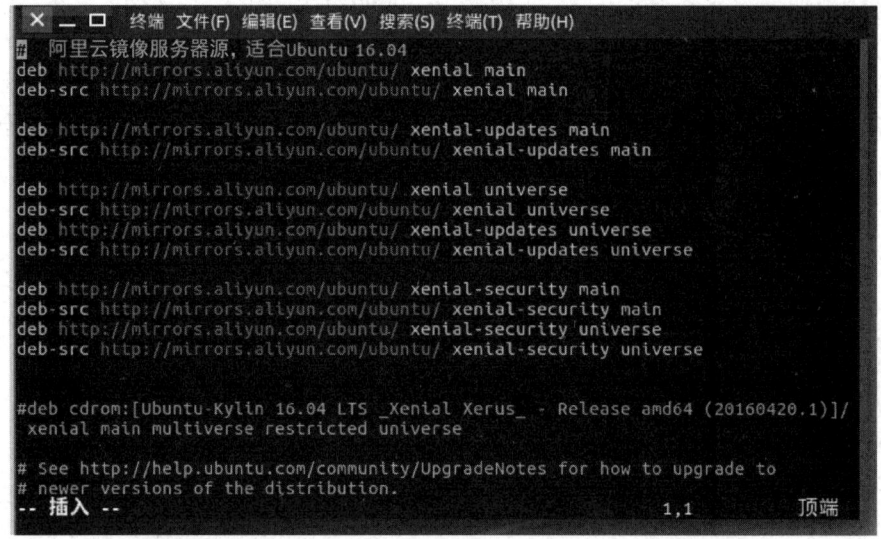

图 1-63　将 sources.list 文件中的内容粘贴进 vim 编辑器

按 Esc 键退出插入模式，进入命令模式，执行":wq"命令，保存并退出 vim 编辑器。

第四步，进入/etc/apt/sources.list.d 目录，通过 ls 命令查看该目录下的文件，逐一修改该目录下所有后缀名为.list 的文件（更新源列表文件），将这些文件中的"deb http://arcHive.ubuntukylin.com:10006/"语句都加"#"符号注释掉（即不执行这些语句），其中，/etc/apt/sources.list.d 目录中肯定有 ubuntukylin.list 文件，修改该文件的过程如下：

```
$ cd /etc/apt/sources.list.d
$ ls      #查看后缀名为.list 的文件
$ sudo vim ubuntukylin.list
```

将符合要求的语句加"#"符号注释掉，如图 1-64 所示，然后保存并退出即可。

图 1-64　将符合要求的语句注释掉

如果安装了搜狗拼音，则在 /etc/apt/sources.list.d 目录下还会有更新配置文件 sogopinyin.list，对该文件也要进行同样的注释操作。

最后，在终端中执行以下命令，进行更新操作：

```
$ sudo apt-get clean          #清除已有更新
$ sudo apt-get update         #更新
```

系统更新需要几分钟或几十分钟不等，需耐心等待。如果更新过程中出现错误提示信息 "E: Sub-process returned an error code"，则按照前面介绍的方法解决即可。

1.2.8　案例 1-3：安装 SSH 实践

SSH 类似于远程登录，用户可以从一台系统主机登录到另一台系统主机，并且在上面运行命令。本书将在集群免密登录部分内容中对 SSH 进行详细介绍。

在安装 Hadoop 之前需要配置 SSH，因为集群和单节点模式都需要用到 SSH 登录。Ubuntu 系统默认已安装了 SSH 客户端（SSH Client），对于单节点的伪分布式模式，还需要安装 SSH 服务器（SSH Server）。如果不安装 SSH 服务器，并配置好单节点 SSH 服务器和 SSH 客户端的授权登录，就无法启动将在后面项目中部署的 Hadoop 伪分布式集群。

安装 SSH 服务器的命令如下：

```
$ sudo apt install openssh-server   #在线安装
```

安装 SSH 服务器后，可以使用以下命令登录本机：

```
$ ssh localhost
```

根据提示输入虚拟机用户密码，这样就登录到本机了。但这样每次登录都需要输入密码，如果配置成 SSH 免密登录，则会比较方便。

首先退出刚才的 "ssh localhost" 登录，回到原先的终端窗口，然后利用 ssh-keygen 命令生成密钥，并将密钥加入授权。命令如下：

```
$ exit                                  #退出刚才的 "ssh localhost" 登录
$ cd ~/.ssh/                            #如果没有该目录，就先执行一次 "ssh localhost" 命令
$ ssh-keygen -t rsa                     #会有提示，都按 Enter 键就可以
$ cat ./id_rsa.pub >> ./authorized_keys #加入授权
```

执行 "ssh-keygen -t rsa" 命令后会生成公钥和私钥，默认在家目录（~/.ssh/）中会生成私钥文件 id_rsa 和公钥文件 id_rsa.pub。

然后执行"cat ~/.ssh/id_rsa.pub >> ~/.ssh/authorized_keys"命令将公钥导入认证文件authorized_keys，该文件是 Linux 系统下专门用来存放公钥的地方，只有将公钥放到了服务器的正确位置，并且拥有正确的权限，用户才可以通过私钥免密登录 SSH 服务器端。

在完成 SSH 授权后，当执行"ssh localhost"命令登录本机时，无须输入密码就可以直接登录了，读者可自行测试，这里不再赘述。这样，就不会影响后面项目中部署的 Hadoop 伪分布式集群的启动了。

1.3 Linux 系统简介与应用

Linux 是众多操作系统之一，目前流行的服务器和 PC 端操作系统有 Linux、Windows、UNIX 等，手机操作系统有 Android、iOS、Windows Phone（简称 WP），嵌入式操作系统有 Windows CE、PalmOS、eCos、uClinux 等。

Linux 是一套免费使用和自由传播的类 UNIX 系统，是一款基于 POSIX 和 UNIX 的多用户、多任务、支持多线程和多 CPU 的操作系统。它能运行主要的 UNIX 工具软件、应用程序和网络协议。它支持 32 位和 64 位硬件。

Linux 系统的发行版本大体上可以分为两类：一类是商业公司维护的发行版本，另一类是社区组织维护的发行版本。前者以 Red Hat Linux 为代表，后者以 Debian 为代表。CentOS 是一个基于 Red Hat Linux 的可自由使用源代码的企业级 Linux 发行版本。每个版本的 CentOS 都会获得十年的支持（通过安全更新方式）。Ubuntu 严格来说不能算一个独立的发行版本，它是基于 Debian 的 unstable 版本加强而来的，可以说 Ubuntu 就是一个拥有 Debian 所有的优点，以及自己所加强的优点的近乎完美的 Linux 桌面系统。Ubuntu 对初学者而言是最易用的 Linux 发行版。因此，本书主要采用 Ubuntu 系统，同时，在 Hadoop HA 集群搭建中采用 CentOS 系统。

在 Linux 系统的各个发行版本中，CentOS 系统和 Ubuntu 系统在服务端与桌面端的使用占比最高，网络上的资料最齐全。一般来说，如果要做服务器，则会选择 CentOS 或 Ubuntu 服务器版；如果要做桌面系统，则一般会选择 Ubuntu 桌面版。

1.3.1 Linux 系统的目录结构

本书中的"目录"、"文件夹"和"路径"均为同一个概念，可混用，请予以注意。

Linux 系统中的文件系统与 Windows 系统中的文件系统有很大的不同，Linux 系统中的文件系统是一个树形的分层组织结构，根目录（/）作为整个文件系统的唯一起点，其他所有目录都从该点出发。Linux 系统中的全部文件按照一定的用途归类，合理地挂载到这棵"大树"的"树枝"或"树叶"上，如图 1-65 所示，而完全不用考虑这些文件的实际存储位置是在硬盘上，还是在 CD-ROM 或 USB 存储器中，或者是在某个网络终端里。

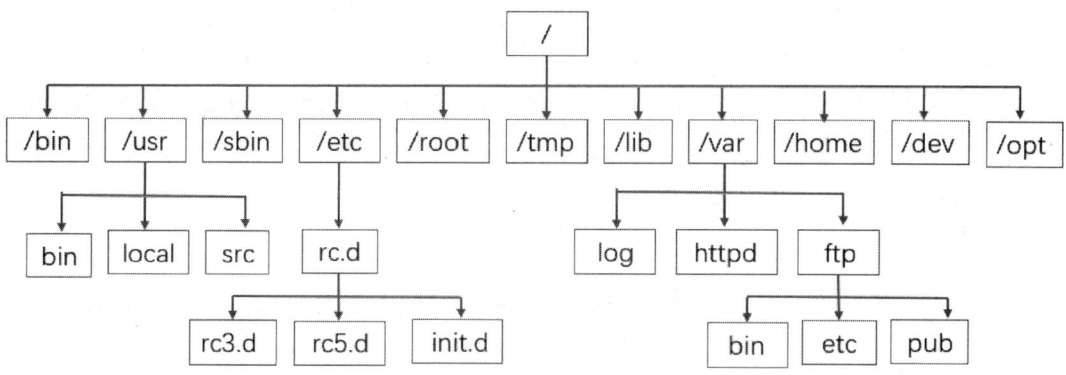

图 1-65 　Linux 系统的目录结构

在树形目录结构中，文件和目录都通过路径来表示。路径有两种表示方法：一种是从根目录开始，称为绝对路径，如/usr/local/bin；另一种是从当前目录开始，称为相对路径，如./hello.txt。目录标记规则将在 1.3.3 节进行详细介绍。下面对 Ubuntu 系统中与大数据实验相关的常用目录进行简要的介绍。

1. / （根目录）

一般根目录中只存放目录，不要存放文件。

2. /bin 和/sbin 目录

Linux 系统的大部分命令都在/bin 和/sbin 这两个目录下。bin 是 binary 的缩写。

/bin 目录通常用来存放用户常用的基本命令，包括文件操作命令、系统命令、压缩命令等程序文件，如常用的命令 ls、tar、mv、cat 等可执行文件均在该目录下。

/sbin 目录通常用来存放系统维护程序命令，放置系统管理员使用的可执行命令，如 fdisk、shutdown、mount 等。注意，与/bin 目录不同的是，/sbin 目录中存放的命令只有系统管理员 root 用户才有权限使用，一般用户只能"查看"而不能设置和使用。

3. /etc 目录

/etc 目录是存放系统配置文件的目录，如系统环境配置文件 profile 就在该目录中。

4. /root 目录

/root 目录是系统管理员 root 用户的主目录（主文件夹），普通用户无权限进入。

5. /home 目录

/home 目录是系统默认的用户目录（又称用户主目录、用户主文件夹），在新增一般用户时，用户的目录都存放在该目录下。例如，当使用普通用户 hadoop 登录 Ubuntu 系统时，其主目录为/home/hadoop，接下来，hadoop 用户的桌面路径就是/home/hadoop/桌面。

6. /tmp 和/var 目录

/tmp 目录用于存放临时文件；/var 目录用于存放系统产生的经常变化的文件，如邮件队列和打印队列等，还有日志文件、格式化后的手册页，以及一些应用程序的数据文件等。例如，/var/log 目录中存放了各种程序的日志文件。

7. /dev 目录

dev 是设备（device）的英文缩写。/dev 目录用于存放 Linux 系统中使用的所有外部设备。

8. /usr 目录

/usr 目录用于存放与用户相关的程序和文件。例如，/usr/bin 目录用于存放应用程序；/usr/share 目录用于存放共享数据；/usr/lib 目录用于存放不能直接运行的，却是许多应用程序运行所必需的一些函数库文件；/usr/local 目录用于存放软件升级包；/usr/share/doc 目录用于存放系统说明文件；/usr/share/man 目录用于存放程序说明文件。

9. /opt 目录

/opt 目录是给主机额外安装软件所设置的目录。

10. /lib 目录

/lib 目录用于存放系统本身需要用到的库文件，包括/bin 和/sbin 目录中的命令所需的库文件。

1.3.2 超级用户——root 用户

对 Linux 系统而言，超级用户一般命名为 root，相当于 Windows 系统中的 System 用户 Administrator。root 用户是系统中唯一的超级管理员，它具有等同于操作系统的权限，具有系统中所有的权限，如启动或停止一个进程、删除或增加用户、增加或禁用硬件等权限。

因此，使用 root 用户进行不当操作是相当危险的，轻微的可能导致死机，严重的甚至可能导致不能开机。所以，在 Linux 系统中，除非确实需要，一般情况下都不推荐使用 root 用户，最好单独建立一个普通用户。本书全部采用单独建立的 hadoop 用户开展实验。当需要执行 root 用户的指令和权限时，采用 sudo 命令实现。

为普通用户赋权。为安装时创建的 hadoop 用户赋予 root 用户的权限，以便部署任务，避免在普通用户下使用 Linux 系统的命令时出现是否要添加 sudo 的困惑。打开 hadoop 用户的终端，命令与执行过程如图 1-66 所示。

```
hadoop@hadoop-ubuntu:/bin$ sudo adduser hadoop sudo
[sudo] hadoop 的密码：
用户"hadoop"已经属于"sudo"组。
```

图 1-66 为 hadoop 用户赋予 root 用户的权限

1.3.3　目录标记规则

1. 主目录标记（~）

无论是 root 用户还是普通用户，在登录 Linux 系统后，当打开一个终端时，会默认进入一个特殊的目录，该目录称为主目录（又称用户目录）。root 用户登录系统后默认进入/root 目录，/root 目录就是 root 用户的主目录。普通用户登录系统后则进入普通用户设置的默认目录，这个默认目录就是普通用户的主目录。主目录标记为"~"，比如在 hadoop 用户登录系统后，其主目录为/home/hadoop，如图 1-67 所示。

2. 当前目录标记（. 或 ./ ）

当前目录标记为一个点"."或"./"。实验测试过程和步骤如图 1-68 所示。

图 1-67　查看用户目录（主目录）　　　　图 1-68　验证当前目录标记

3. 上一级目录标记（.. 或 ../ ）

当前目录的上一级目录标记为连续两个点".."或"../"。实验测试过程和步骤如图 1-69 所示。

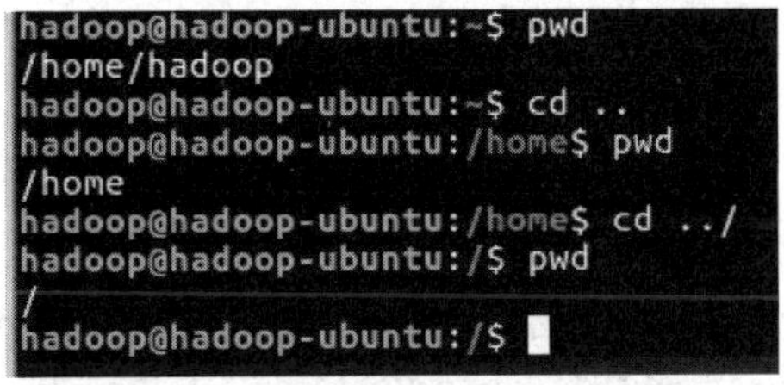

```
hadoop@hadoop-ubuntu:~$ pwd
/home/hadoop
hadoop@hadoop-ubuntu:~$ cd ..
hadoop@hadoop-ubuntu:/home$ pwd
/home
hadoop@hadoop-ubuntu:/home$ cd ../
hadoop@hadoop-ubuntu:/$ pwd
/
hadoop@hadoop-ubuntu:/$
```

图 1-69　验证上一级目录标记

1.3.4　案例 1-4：普通用户与超级用户互转实例

系统管理员可以使用 Linux 系统管理命令 sudo 授权于一些普通用户临时去执行 root 用户执行的操作，也就是说，sudo 命令允许一个已授权用户以 root 用户的角色运行一个命令。

使用 sudo 命令不仅减少了 root 用户的登录和管理时间，还提高了安全性。sudo 命令不是对 Shell 的一个代替，它是面向每个命令的。

su 命令是用来改变当前用户的。比如，由普通用户转换为超级用户，或者由超级用户转为普通用户，或者普通用户之间相互转换。如果没有给 root 用户设置密码，则当由普通用户转换为 root 用户时，会提示输入密码，如果多次输入密码后均提示"认证失败"，则这时应给 root 用户设置密码。命令与执行过程如下：

```
hadoop@hadoop-ubuntu:~$ sudo passwd root
[sudo] hadoop 的密码：              #输入 hadoop 用户的密码
输入新的 UNIX 密码：               #设置 root 用户的密码
重新输入新的 UNIX 密码：           #再次输入 root 用户的密码
passwd: 已成功更新密码
```

由普通用户 hadoop 转换为 root 用户的命令如下：

```
hadoop@hadoop-ubuntu:~$ su root
密码：                    #输入刚才设置的 root 用户的密码
root@hadoop-ubuntu:/home/hadoop#
```

在 root 用户下，就不必使用 sudo 命令了，之后可以在终端中使用 root 用户权限。

由 root 用户转换为普通用户的命令如下：

```
$ su hadoop        #不需要密码
```

1.3.5 案例 1-5：创建与删除普通用户

1. 创建新用户

启动 Ubuntu 系统，进入安装时创建的 hadoop 用户，打开终端（可以使用 Ctrl+Alt+t 组合键）。

第一步，在 sudoers 文件中注册新用户。使用 vim 编辑器打开 sudoers 文件，命令如下：

```
$ sudo vim /etc/sudoers #在超级用户下启动 vim 编辑器
```

在 sudoers 文件中注册新用户 spark，在"root   ALL=(ALL:ALL) ALL"语句之后增加一行内容"spark   ALL=(ALL:ALL) ALL"。

可以先将"root   ALL(ALL:ALL) ALL"复制为新一行内容，再将"root"修改为"spark"，如图 1-70 所示。在命令模式下执行":wq!"（这里要加感叹号强制保存并退出）命令保存并退出。

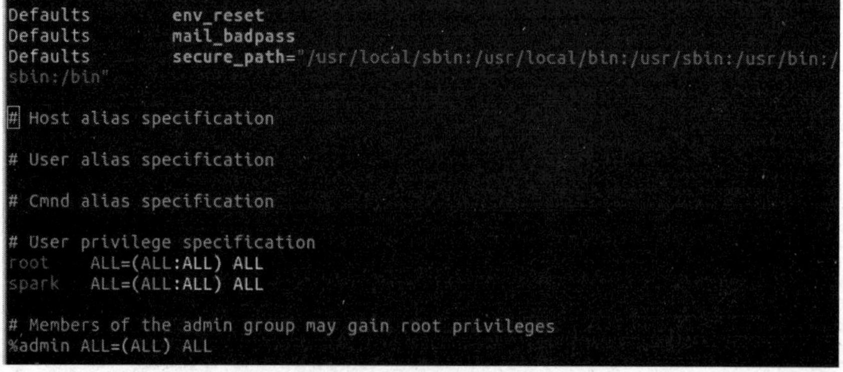

图 1-70　在 sudoers 文件中注册新用户

在 sudoers 文件中注册新用户的目的是保证使用新用户登录 Ubuntu 系统后可以使用 sudo 命令。

第二步，执行以下命令创建用户 spark：

```
$ sudo useradd -m spark -s /bin/bash
```

上述命令用于创建一个普通用户 spark，其中的"/bin/bash"表示该 Shell 类型为 bash。bash Shell 是常用的一种 Shell，是大多数 Linux 系统发行版本默认的 Shell。

2. 为新用户设置密码

使用以下命令为 spark 用户设置密码：

```
$ sudo passwd spark
```

输入上述命令并按 Enter 键后，会提示为 spark 用户连续输入两次密码。由于是学习阶段，因此设置的密码不必过于复杂，便于记忆为好。

3. 返回 Ubuntu 系统的登录界面查看新用户

在 hadoop 用户的终端下建立 spark 用户后，单击 Ubuntu 系统界面右上角的"设置"按钮（即齿轮图标），在弹出的菜单中选择"注销"命令，可以注销当前登录的 hadoop 用户，返回 Ubuntu 系统的登录界面，这时会发现登录界面中多了一个新建的用户 spark，如图 1-71 所示。

图 1-71　Ubuntu 系统的登录界面中显示的用户

4. 删除新用户

再次使用 hadoop 用户登录 Ubuntu 系统，在终端中执行以下命令，删除 spark 用户：

```
$ sudo userdel -r spark
```

执行上述命令删除 spark 用户后，出现提示信息"userdel: spark 邮件池(/var/mail/spark)未找到"是正常的。

返回 Ubuntu 系统的登录界面，查看该界面中显示的用户情况，验证 spark 用户是否已经被删除。

有时候可能一次删除用户不能成功，如果用户没有被删除，则可以使用 hadoop 用户登录 Ubuntu 系统，再次删除用户。

1.3.6　案例 1-6：为用户授予目录权限实例

为用户授予目录权限的作用就是将该路径完全置于该用户的管理下，使该用户对该目录有完全的管理能力，无须借助 root 用户的操作权限。

Linux 系统对文件或目录权限有着严格的规定，如果用户不具备权限，则该用户将无法访问目录及其下面的文件，特别是不能对该目录进行写操作。例如，使用 hadoop 用户登录 Linux 系统后，把文件解压缩到/opt/目录中，但这时，hadoop 用户并不是/opt 目录的拥有者（Owner），就无法对该目录进行操作，从而既不能创建子目录，也不能写入任何文件。这时，就要采用 chown 命令进行相关授权，让 hadoop 用户拥有对该目录的操作权限。具体命令如下（注意，下面命令中的"-R"是大写字母）：

```
$ sudo chown -R hadoop /opt    #用户目录授权，将/opt 目录的拥有者修改为 hadoop 用户
#用户目录和用户组授权，将/opt 目录的拥有者和群组(group)都设置为 hadoop 用户
$ sudo chown -R hadoop:hadoop /opt
```

"chown -R hadoop /opt"表示将/opt 目录中所有的递归目录和文件的拥有者都修改为 hadoop 用户。chown 命令用于修改目录的权限；-R 表示递归，就是从当前目录到它最下面的子目录。

Linux 是多用户、多任务操作系统，所有的目录或文件皆有其拥有者。利用 chown 命令可以修改文件的拥有者。一般来说，这个命令只能由 root 用户使用，普通用户既没有权限修改其他用户的文件的拥有者，也没有权限将自己的文件的拥有者修改为其他用户，只有 root 用户才有这样的权限。所以，在普通用户下要使用 sudo 命令执行该命令。

1.3.7 案例 1-7：修改主机名操作实践

修改主机名要完成对/etc/hostname 和/etc/hosts 文件的修改。

例如，将安装时定义的主机名"hadoop-virtual-machine"修改为"hadoop-ubuntu"，操作如下所述。

第一步，使用 vim 编辑器打开/etc/hostname 文件，命令如下：

```
hadoop@hadoop-virtual-machine:~$ sudo vim /etc/hostname
```

将/etc/hostname 文件中原来的内容修改为"hadoop-ubuntu"，然后保存并退出 vim 编辑器。

第二步，使用 vim 编辑器打开/etc/hosts 文件，命令如下：

```
hadoop@hadoop-virtual-machine:~$ sudo vim /etc/hosts
```

将/etc/hosts 文件中原来的行内容"127.0.1.1 hadoop-virtual-machine"修改为"127.0.1.1 hadoop-ubuntu"。

在/etc/hosts 文件中，我们可能见到"127.0.0.1"和"127.0.1.1"这两个 IP 地址。其中，"127.0.0.1"是指本机 IP 地址，主要用于测试，用汉语表示就是"我自己"；"127.0.1.1"是 127.0.0.0/8 网段下面的一个 IP 地址，可以用来解析自己的主机名。

保存并退出 vim 编辑器。然后，在终端中执行以下命令，重启系统：

```
hadoop@hadoop-virtual-machine:~$ reboot
```

在系统重启后，打开终端查看主机名：

```
hadoop@hadoop-ubuntu:~$ hostname
hadoop-ubuntu
```

需要注意的是，修改主机名要完整地修改/etc/hostname 和/etc/hosts 文件。

1.3.8 案例 1-8：目录和文件操作实践

本案例要求实现目录和文件的创建、移动、编辑和删除，具体任务如下：

（1）在/tmp 目录下新建目录 director，在 director 目录中分别使用 touch 命令和编辑器新建 3 个 txt 文件，并将这 3 个文件分别命名为 file1.txt、file2.txt、file3.txt，用 vi 编辑器分别在这 3 个文件中输入内容。

（2）将 file1.txt、file2.txt、file3.txt 这 3 个文件中的内容合并到一个文件中，并将该文件命名为 filetest.txt。

（3）在 director 目录下创建二级目录 open/open1。

（4）将 filetest.txt 文件备份到 director/open/open1 目录下，并将/tmp/director 目录移动到/usr 目录中。

（5）将 open 目录及其子目录和文件删除。

（6）将/tmp 目录和/usr 目录下的 director 目录删除，恢复原状态。

操作命令如下：

```
$ cd /tmp/                              #cd 命令用于改变目录路径
$ mkdir director                        #mkdir 命令用于在指定位置创建新命名的文件夹或目录
$ cd director/                          #进入新建的目录
$ pwd                                   #显示用户当前的工作路径，即当前目录
$ touch file1.txt                       #创建空文件
$ vi file1.txt                          #编辑已有文件
#输入 "hello world"，保存后退出
$ vi file2.txt                          #创建文件 file2.txt 并编辑该文件
#输入 "hello Linux"，保存后退出
$ vi file3.txt                          #创建文件 file3.txt 并编辑该文件
#输入 "你好，新一代 IT 学习人！"，保存后退出
#cat 命令用于打印文件内容，">filetest.txt" 表示将 cat 输出定向到 filetest.txt 文件中
$ cat file1.txt file2.txt file3.txt > filetest.txt
$ cat filetest.txt                      #打印显示合并后 filetest.txt 文件中的内容
$ mkdir -p open/open1                   #参数 "-p" 表示强制创建
$ cp filetest.txt ./open/open1/         #复制文件到新目录下
$ cd ..                                 #退回到上一级目录
$ sudo mv ./director/ /usr/             #使用超级用户将 director 目录移动到/usr 目录中
$ cd /usr/director/
$ rm open/open1/filetest.txt            #删除文件
$ cd /usr
#参数 "-r" 表示删除目录，如果要删除的目录下有文件，则使用 "-rf" 强制删除
$ sudo rm -r director/
```

操作过程如图 1-72 和图 1-73 所示。

图 1-72　目录和文件操作 1

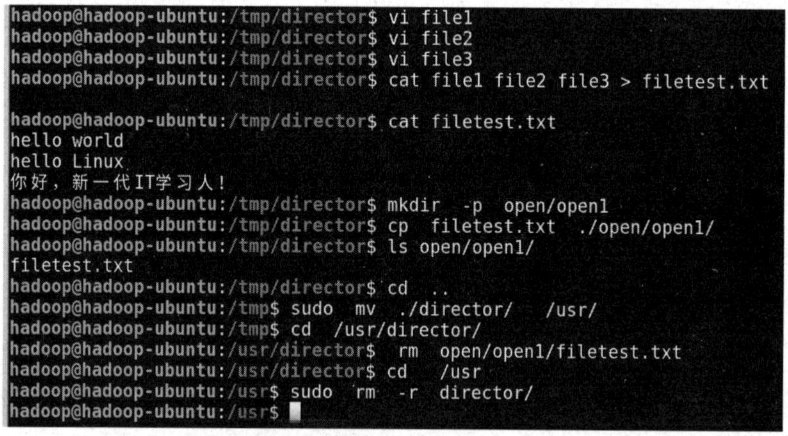

图 1-73　目录和文件操作 2

vi 编辑器与 vim 编辑器的操作是一致的。编辑完成后，保存并退出即可。

1.3.9　案例 1-9：文件解压缩操作实践

本案例要求：打开虚拟机，使用 hadoop 用户登录 Ubuntu 系统，将 hbase-1.1.5-bin.tar.gz 文件复制到虚拟机上安装的 Ubuntu 系统的 hadoop 用户的"下载"目录中，将 HBase 压缩文件 hbase-1.1.5-bin.tar.gz 解压缩到/opt 目录下。

（1）在 Linux 系统中，用于打包文件、压缩文件与解压缩文件的命令为 tar，参数说明如下。

- -c：建立一个压缩文件。
- -x：解开一个压缩文件。
- -t：查看压缩文件中的文件。
- 参数 c、x、t 不能同时使用，仅能选择一个，因为不可能同时对文件进行压缩与解压缩。
- -z：用 gzip（gz）压缩文件。
- -j：用 bzip2 压缩文件。
- -v：显示打包、压缩和解压缩操作过程中的详细信息。
- -f：压缩后的文件名，这个参数必须是最后一个参数。

本书仅使用参数 z 进行解压缩。大数据软件安装包通常都是一个压缩文件，并且文件名以.tar.gz 为后缀（或者简写为.tgz），这样的压缩格式一般简称为 gz 格式，这种压缩文件需要通过 tar 命令解压缩后才能安装。通常解压缩文件的命令格式如下：

```
$ tar -zxvf gz 格式压缩文件 -C 解压缩后转到的路径
```

这里采用参数 z 进行解压缩，参数 v 可以省略，但保留可以看到解压缩的进行过程；"-C"用于指定解压缩后转到的路径。

（2）操作实践过程如下所述。

① 复制文件，将 hbase-1.1.5-bin.tar.gz 文件复制到虚拟机上安装的 Ubuntu 系统的"下载"目录中，如图 1-74 所示。

图 1-74　将 hbase-1.1.5-bin.tar.gz 文件复制到"下载"目录中

② 打开终端，执行以下命令，将 hbase-1.1.5-bin.tar.gz 文件解压缩到/opt/目录中：

```
$ sudo tar -zxvf /home/hadoop/下载/hbase-1.1.5-bin.tar.gz -C /opt/
```

③ 查看文件解压缩结果，命令如下：

```
$ ls /opt/hbase-1.1.5/
```

④ 修改目录名，命令如下：

```
$ sudo mv /opt/hbase-1.1.5 /opt/hbase
```

1.3.10　案例 1-10：进程与端口查看命令操作实践

1. ps 命令

进程是 Linux 系统中一个非常重要的概念。Linux 是一个多任务的操作系统，系统上经常同时运行着多个进程。

ps 命令是最基本且非常强大的进程查看命令，通常显示目前系统进程的状况，常用于监控后台进程的工作情况。示例如下：

```
$ ps
PID TTY      TIME CMD
```

```
2438 pts/1    00:00:00 bash
5819 pts/1    00:00:00 ps
```

在执行 ps 命令后，执行结果中的第一列"PID"是进程的 ID 号，是进程唯一的标识符，这个 ID 号可以被 kill 命令用来停止这个进程的运行；最后一列是这个进程的名称。

2．jps 命令

jps 命令用于查看本地运行的 Java 进程，并显示它们的进程号。jps 是 Java 的一个命令文件，存放在 Java 安装路径的 bin 目录下。也就是说，只有安装 Java 并设置好 Java 的环境变量之后，jps 命令才能正常使用。jps 是查看 Hadoop 进程的关键命令，Hadoop 进程均是由 Java 语言编写的。

3．netstat 命令

netstat 命令用于查看端口的占用情况。例如，查看所有的服务端口并显示进程号的命令如下：

```
$ netstat -anp
```

但这样会显示很多端口，如果只想要查看某个已知端口号的端口，则可以通过管道（"|"）并结合 grep（搜索查找）命令查看。

例如，想要查看 20893 端口的占用情况，可以在终端中执行以下命令：

```
$ sudo netstat -ap|grep 20893
```

结果如图 1-75 所示。

图 1-75　查看 20893 端口的占用情况

由图 1-75 可以发现，处于监控状态为 LISTENING 的端口表示已经被占用，20893 端口被进程号（PID）为 1632 的进程占用。

4．kill 命令

kill 命令用于终止一个进程，终止一个进程也被称为"杀死"进程。例如，在终端中执行以下命令：

```
$ kill 1632
```

上述命令通过结合图 1-75 中显示的查询结果，终止了进程号为 1632 的进程，解除了该进程对 20893 端口的占用。

1.3.11　案例 1-11：数据流重定向和管道使用操作实践

1．数据流重定向

Linux 系统的默认输入是键盘，默认输出是显示器。可以使用重定向改变这些设置，数据流重定向就是将输入与输出数据流从默认的位置定向到其他位置。比如，将某个命令执行后应该要出现在屏幕上的数据传输到其他地方，如文件或设备上。

Linux 系统中数据流重定向操作符的功能说明如下。

（1）>：输出导向，如果目标存在数据，则原数据会被替换掉。

（2）>>：输出导向，如果目标存在数据，则在原数据后面追加。

（3）<：输入导向，可以从一个文件中读入数据，如果原文件中有数据，则该数据会被替换掉。

操作实例如下所述。

（1）把/etc 目录中文件的信息存储到/tmp/etcfile 文件中。命令如下：

```
hadoop@hadoop:~$ ll /etc/ > /tmp/etcfile
hadoop@hadoop:~$ cat /tmp/etcfile
```

（2）打印信息到文件中，屏幕不输出信息，而是将信息输出到文件中。命令如下：

```
hadoop@hadoop:~$ echo "hello world" > filetxt
hadoop@hadoop:~$ cat filetxt
```

读者可自行练习追加数据（>>），这里不再赘述。

（3）输入导向的使用示例如下（下面的写法和 cp 命令一样）：

```
hadoop@hadoop:~$ cat > catfile < filetxt
hadoop@hadoop:~$ cat catfile
hello world
```

2. 管道的使用

管道就是将第一个命令的结果输入第二个命令，以继续处理。例如，在终端中执行以下命令，可以查看/etc 目录中的文件：

```
$ ls -al /etc
```

执行上述命令后，我们发现输出结果很快就显示完了，几乎一闪而过，我们可以用管道的形式将 "ls -al /etc" 命令显示的结果通过管道输入第二个命令 less。less 是一个分页显示文件的工具，这样我们就可以用 PageUp 键向上翻页或用 PageDown 键向下翻页，一页一页地查看/etc 目录中的文件了。命令如下：

```
# ls -al /etc | less           #可以按 q 键退出 less 命令
```

管道的操作符为英文状态下的竖符号 "|"，用于连接多个命令，表示前一个命令的输出是后一个命令的输入。

1.4　在 Ubuntu 系统中安装 Eclipse 项目实践

1.4.1　通过软件中心下载并安装 Eclipse

Eclipse 是常用的程序开发工具，特别是 Java 开发的主要工具之一。可以利用 Ubuntu 系统自带的 "Ubuntu Kylin 软件中心"（Ubuntu 系统桌面上的 UK 图标）安装 Eclipse 等软

件。"Ubuntu Kylin 软件中心"图标如图 1-76 所示。

图 1-76　"Ubuntu Kylin 软件中心"图标

如果有一段时间没有进行系统更新，则在安装 Eclipse 之前，应确保 Ubuntu 系统更新至最新版本。打开终端，执行以下命令：

```
$ sudo apt clean          #清除已有更新
$ sudo apt update         #更新
```

事实上，在本书后面的学习过程中，只要是在线安装新软件，都应确保 Ubuntu 系统更新至最新版本，最妥帖的办法就是在下载与安装新软件之前，通过 apt 进行一次系统更新操作。

然后单击底部工具栏中的"Ubuntu Kylin 软件中心"图标，在弹出的窗口右上角的搜索框中输入"eclipse"，下面会自动出现 Eclipse 相关软件的安装快捷按钮，如图 1-77 所示，单击"eclipse-platform"进行安装即可。

图 1-77　搜索到的 Eclipse 相关软件

要保持计算机处于联网状态，安装时要输入系统管理员权限，输入当前用户的登录密码即可。

Eclipse 安装完成后，可以单击 Ubuntu 系统桌面底部工具栏中的"资源搜索"图标（图 1-76 中最左侧的图标），搜索本地和在线资源，在弹出的资源搜索界面左上角的搜索框中输入"eclipse"，就可以找到已经安装好的 Eclipse，如图 1-78 所示，单击 Eclipse 图标，启动 Eclipse。

图 1-78　资源搜索界面

1.4.2　在桌面中创建 Eclipse 快捷方式

在 Eclipse 安装成功后，打开文件系统，在/usr/share/applications 目录中找到 Eclipse 图标，如图 1-79 所示。右击 Eclipse 图标，在弹出的快捷菜单中选择"复制"命令，回到 Ubuntu 系统桌面，在桌面的空白处右击，在弹出的快捷菜单中选择"粘贴"命令，此时，Eclipse 的桌面快捷方式就创建完成了。

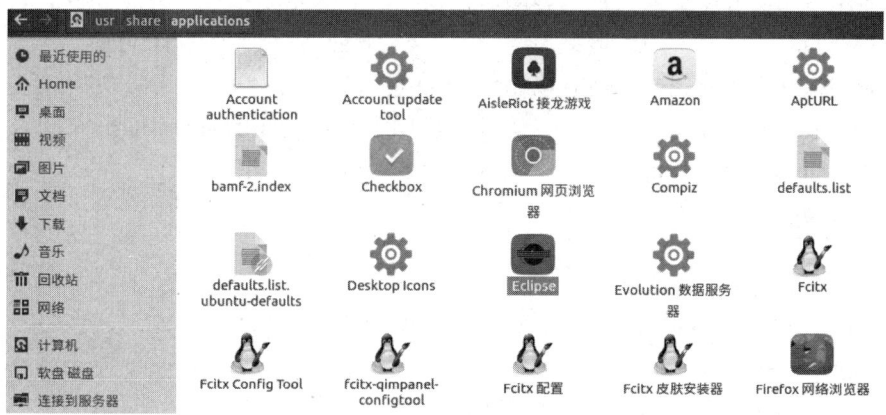

图 1-79　在/usr/share/applications 目录中找到 Eclipse 图标

本项目详细介绍了 Ubuntu 系统的安装过程，并对中英文输入法的切换做了说明。需要注意的是，在 Ubuntu 系统安装完成后，应立刻更新系统，系统更新完成后，要先安装好 vim 编辑器。本项目还回顾了 Linux 系统中的一些基本操作，为后面的学习做了准备，同时，通过安装 Eclipse 与创建 Eclipse 的桌面快捷方式，熟悉了 Linux 系统中一般软件的安装方法。特别需要提醒的是，SSH 安装务必要完成，因为这是后面项目中安装与运行 Hadoop 的必要环境。

1.5　思考与操作

一、单选题

1. 在下列各项中，数据采集工具不包括（　　　）。

A．Flume　　　　　B．Kafka　　　　　C．HBase　　　　　D．Sqoop

2．以下哪个选项不属于大数据的典型特征？（　　　）

　　A．数据包含噪声及缺失值　　　　　B．数据量大

　　C．数据类型多　　　　　　　　　　D．数据的产生速度快

3．下列选项中具备批处理计算模式的是（　　　）。

　　A．Storm　　　　　B．Hive　　　　　C．Sqoop　　　　　D．Spark

4．下面哪个 Linux 命令可以一次显示一页内容？（　　　）

　　A．pause　　　　　B．cat　　　　　C．more　　　　　D．grep

5．以下哪个命令可以更改一个文件的权限设置？（　　　）

　　A．attrib　　　　　B．chmod　　　　　C．change　　　　　D．file

6．下面哪个命令可以把 f1.txt 文件复制为 f2.txt 文件？（　　　）

　　A．cp f1.txt | f2.txt　　　　　　　B．cat f1.txt | f2.txt

　　C．cat f1.txt > f2.txt　　　　　　　D．copy f1.txt | f2.txt

7．显示一个文件中最后几行内容的命令是（　　　）。

　　A．tac　　　　　B．tail　　　　　C．rear　　　　　D．last

8．如何在文件中查找显示所有以"*"开头的行？（　　　）

　　A．find * filename　　　　　　　B．wc -l * < filename

　　C．grep -n * filename　　　　　　D．grep "^*" filename

二、多选题

1．大数据的计算模式包括（　　　）。

　　A．批处理计算模式　　　　　　　B．图计算模式

　　C．流计算模式　　　　　　　　　D．查询分析计算模式

2．在下列命令中，能显示文本文件内容的命令是（　　　）。

　　A．more　　　　　B．less　　　　　C．tail　　　　　D．join

3．在下列命令中，能在给定文件中查找与设定条件相符字符串的命令是（　　　）。

　　A．grep　　　　　B．gzip　　　　　C．find　　　　　D．sort

4．vim 编辑器具有的工作模式主要有（　　　）。

　　A．检测模式　　　　　B．命令模式　　　　　C．读写模式　　　　　D．插入模式

5．无法删除文件的命令有（　　　）。

　　A．mkdir　　　　　B．rmdir　　　　　C．mv　　　　　D．rm

6．下面哪个命令不可以压缩部分文件？（　　　）

　　A．tar -dzvf filename.tgz *　　　　　B．tar -tzvf filename.tgz *

　　C．tar -czvf filename.tgz *　　　　　D．tar -xzvf filename.tgz *

三、简述题

1．简述 Ubuntu 与 Debian 的关系。

2．安装 Ubuntu 系统需要哪些分区？

3．简述 apt 的基本功能。

4．管道有什么作用？在一条语句中是否可以连续使用管道？

四、实操题

1．实验要求

安装 VMware Workstation，并在虚拟机中安装 Ubuntu 系统。

2．实验目的

（1）掌握 VMware Workstation 10.0 的安装过程。

（2）练习安装 Ubuntu 16.04，掌握 Linux 系统的基本安装方法。

（3）掌握 VMware 快照。

（4）练习安装 VMware Tools，掌握在不同操作系统之间共享文件的操作。

（5）掌握 vim 编辑器的安装与使用。

（6）掌握 apt 与 apt 更新源的实现。

3．实验工具和环境

VMware-workstation-full-10.0.2.exe、ubuntukylin-16.04-desktop-amd64.iso。

4．实验内容

安装过程按照项目 1 中介绍的安装步骤完成即可。对于安装过程中遇到的故障及其排除方法，需填写统一的 Ubuntu 系统安装故障及其排除方法工作与记录手册，收集之后做统一的活页装订，以供大家参考，方便之后遇到 Ubuntu 系统安装问题时查阅。

Ubuntu 系统安装故障及其排除方法工作与记录手册

任务	执行过程	结果
安装 VMware Workstation	参见 1.2.1 节	
在虚拟机中安装 Ubuntu 系统	参见 1.2.2 节	
安装 VMware Tools	参见 1.2.5 节	
安装 vim 编辑器	参见 1.2.6 节	

Hadoop 伪分布式模式部署

Hadoop 是一个开源的、可运行于大规模集群上的分布式计算平台，它主要以分布式并行计算模型 MapReduce 和分布式文件系统 HDFS 两大技术为支撑，包含了诸多功能，已经在业界得到广泛应用。借助于 Hadoop 平台，程序员可以比较轻松地编写分布式并行程序，将其应用于计算机集群，完成海量数据的存储与处理分析。

本项目将阐述安装 Hadoop 之前的一些必要准备工作，并将简单介绍安装 Hadoop 的 3 种模式，以及将详细介绍伪分布式模式的配置过程。

2.1 深入了解 Hadoop

Hadoop 是一个由 Apache 基金会所开发的分布式系统基础架构，用户可以在不了解分布式底层细节的情况下开发分布式程序，充分利用集群的能力进行高速运算和存储。

2.1.1 Hadoop 发行版本介绍

目前，Hadoop 的发行版本除了 Apache 的开源版本，还有华为发行版本、Intel 发行版本、Cloudera 发行版本（CDH）、Hortonworks 发行版本（HDP）、MapR 发行版本等，所有这些发行版本均是基于 Apache Hadoop 衍生出来的，因为 Apache Hadoop 的开源协议允许任何人对其进行修改并作为开源或商业产品发布。

国内市场上推出的 Hadoop 发行版本大多是收费的，如 Intel 发行版本、华为发行版本等。不收费的 Hadoop 发行版本主要是国外的 4 个，分别是 Apache Hadoop、Cloudera 发行版本（CDH）、Hortonworks 发行版本（HDP）、MapR 发行版本。

本书使用 Apache Hadoop 版本，又称 Apache 社区版本。该版本分为两代，我们将第一代 Hadoop 称为 Hadoop 1.0，将第二代 Hadoop 称为 Hadoop 2.0。第一代 Hadoop 已基本淘汰，第二代 Hadoop 包含两个版本，分别是 0.23.x 和 2.x，它们完全不同于 Hadoop 1.0，是一套全新的架构，均包含 HDFS Federation 机制和 YARN 资源管理两个系统。我们使用 2.x 版本搭建平台。目前，Hadoop 版本已经发展到 Hadoop 3.x，对搭建者而言，Hadoop 3 与 Hadoop 2 最大的区别是要注意默认的端口区间的变化。在 Hadoop 2.x 中，一些默认端口在 Linux 系统的临时端口范围内，当服务启动时，可能无法绑定，从而造成启动失败；在 Hadoop 3.x 中，这些端口已经从临时端口范围中移出来了。

Apache 社区版本的优点是完全开源免费，社区活跃，文档、资料翔实，其缺点主要有以下几点：

- 复杂的版本管理。版本管理比较混乱，各种版本层出不穷，让使用者不知所措。
- 复杂的集群部署、安装、配置。通常按照集群需要编写大量的配置文件，分发到每一台节点上，容易出错，效率低下。
- 复杂的集群运维。对集群的监控、运维需要安装第三方的软件，如 Ganglia、nagois 等，运维难度较大。
- 复杂的生态环境。在 Hadoop 生态系统中，组件（如 Hive、Mahout、Sqoop、Flume、Spark、Oozie 等）需要考虑兼容性的问题，如版本是否兼容、组件是否有冲突、编译是否能通过等。经常会浪费大量的时间去编译组件，解决版本冲突问题。

但在学习阶段，与高昂的商业收费相比，这些困难还是要克服的。

2.1.2　Hadoop 核心架构

Hadoop 是 Apache 基金会的一个顶级项目，其核心为 HDFS 和 MapReduce。HDFS 可以对海量的数据进行存储，MapReduce 可以对海量的数据进行计算。

实际上，Hadoop 由许多元素构成。Hadoop 的最底部是 HDFS，用于存储 Hadoop 集群中所有存储节点上的文件。HDFS 的上一层是分布式计算框架 MapReduce，该框架由 JobTrackers（作业跟踪器）和 TaskTrackers（任务跟踪器）组成。Hadoop 分布式平台的核心技术还包括数据仓库 Hive、工作流引擎 Pig、数据挖掘算法库 Mahout、HBase 数据库等依赖 HDFS 和 MapReduce 实现的计算工具，还有进行数据采集与数据转换的技术工具 Flume、Sqoop 等，以及分布式协调服务工具 ZooKeeper、作业调度系统 Oozie 等。Hadoop 分布式平台的核心架构如图 2-1 所示。

Hadoop 是一种能对大数据进行分布式存储和计算的框架。它擅长存储大量的半结构化的数据集，并且数据可以随机存放，所以一个磁盘的失败并不会带来数据丢失。Hadoop 还擅长分布式计算，可以快速地跨多台机器处理大型数据集合。

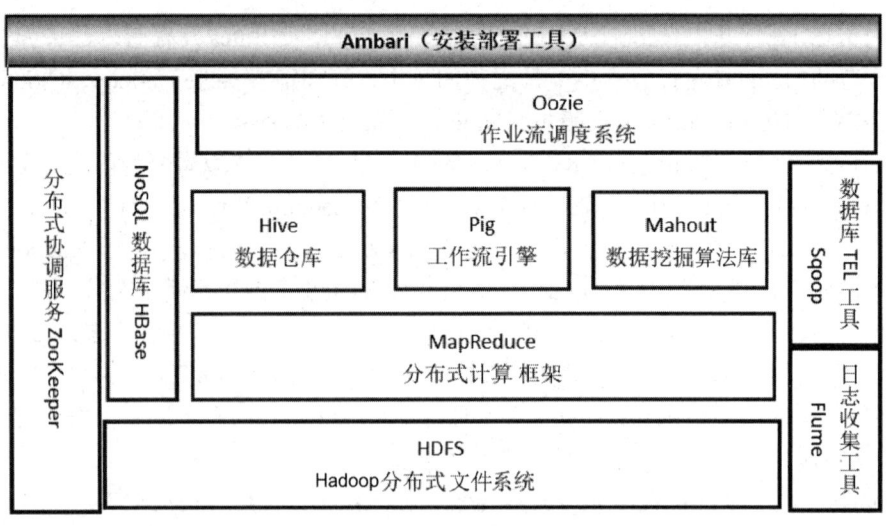

图 2-1　Hadoop 分布式平台的核心架构

2.1.3　Hadoop 的主要应用场景

这里说的 Hadoop 指的是以 Hadoop 为中心的 Hadoop 生态系统。我们现在常见的应用场景如下。

场景 1：数据分析平台。

场景 2：推荐系统。

场景 3：业务系统的底层存储系统。

场景 4：业务监控系统。

那么，Hadoop 到底擅长做什么？Hadoop 擅长进行日志分析。Facebook 就是使用数据仓库 Hive 进行日志存储的，2009 年时 Facebook 就有 30%的非编程人员使用 HiveQL 语句进行数据分析；淘宝搜索中的自定义筛选使用的也是数据仓库 Hive，Hadoop 在淘宝和支付宝的应用从 2009 年开始，用于对海量数据进行离线处理，如对日志的分析等；还可以利用 Pig 进行高级的数据处理，如 Twitter、LinkedIn 上用于发现用户可能认识的人，可以实现类似 Amazon 商城的协同过滤的推荐效果等。

总之，Hadoop 的应用主要表现在以下方面。

- 在线旅游：目前全球范围内 80%的在线旅游网站都在使用 Cloudera 公司提供的 Hadoop 发行版本，其中 SearchBI 网站曾经报道过的 Expedia 也在其中。

- 移动数据：Cloudera 运营总监称，美国有 70%的智能手机数据服务是由 Hadoop 来支撑的，也就是说，包括数据的存储及无线运营商的数据处理等，都在使用 Hadoop 技术。

- 电子商务：这一场景应该是非常确定的，eBay 就是最大的实践者之一。国内的电商在 Hadoop 技术上的储备也是颇为雄厚的。

- 能源开采：美国第二大石油公司 Chevron 公司的 IT 部门主管介绍了 Chevron 公司使用 Hadoop 的经验，他们利用 Hadoop 对海洋的地震数据进行收集和处理，以便他们找到油矿的位置。
- 节能：能源服务商 Opower 公司使用 Hadoop 为消费者提供节约电费的服务，其中对用户电费单进行了预测分析。
- 基础架构管理：这是一个非常基础的应用场景，用户可以使用 Hadoop 从服务器、交换机及其他设备中收集并分析数据。
- 图像处理：Skybox Imaging 公司使用 Hadoop 来存储并处理图片数据，以便从卫星拍摄的高清图像中探测地理变化。
- 诈骗检测：这个场景用户接触的比较少，一般金融服务或政府机构会用到。利用 Hadoop 来存储所有的客户交易数据，包括一些非结构化的数据，能够帮助机构发现客户的异常活动，预防欺诈行为。
- IT 安全：除企业 IT 基础机构的管理以外，Hadoop 还可以用来处理机器生成数据，以便甄别来自恶意软件或网络中的攻击。
- 医疗保健：医疗行业也会用到 Hadoop，像 IBM 公司的 Watson 就会使用 Hadoop 集群作为其服务的基础，包括语义分析等高级分析技术等。医疗机构可以利用语义分析为患者提供医护人员，并协助医生更好地为患者进行诊断。

2.2　安装 Java 环境（JDK）

Hadoop 是基于 Java 语言开发的，本书中提到的 Hadoop 应用程序也是采用 Java 语言编写的，因此，需要安装 Java 环境。虽然 Ubuntu 16.04 自带一个开源版本的 OpenJDK，但是由于其局限性，因此我们需要安装 Oracle JDK。

Java 既可以采用离线安装，也可以采用在线安装。本书只介绍离线安装方式。下面以离线安装 Java 为例进行介绍。

1）解压缩 JDK 压缩文件

本书已经准备好了 JDK 压缩文件 jdk-8u171-linux-x64.tar.gz，将该文件手动复制到虚拟机上安装的 Ubuntu 系统的 hadoop 用户的"下载"目录中，然后打开终端，将该文件解压缩到/opt/java 目录中，命令如下：

```
$ cd ~/下载                       #进入"下载"目录
$ sudo mkdir -p /opt/java         #在 opt 目录下创建目录 java
$ sudo tar -xvzf jdk-8u171-linux-x64.tar.gz -C /opt/java
```

2）查看 Java 安装目录

查看 Java 安装目录，并修改该目录的名称，如图 2-2 所示。

```
hadoop@hadoop-ubuntu:~$ cd /opt/java/
hadoop@hadoop-ubuntu:/opt/java$ ls
jdk1.8.0_171
hadoop@hadoop-ubuntu:/opt/java$ sudo mv jdk1.8.0_171/ jdk1.8
[sudo] hadoop 的密码：
hadoop@hadoop-ubuntu:/opt/java$ ls
jdk1.8
hadoop@hadoop-ubuntu:/opt/java$
```

图 2-2　查看 Java 安装目录并修改该目录的名称

3）修改环境变量

在 Linux 系统中设置环境变量的方式比较多，本书只介绍两种设置方式：一是在 /etc/profile 文件中进行设置，表示系统整体设置，生效后系统内所有用户可用；二是在 ~/.bashrc 文件中进行设置，表示当前用户的个人设置，生效后仅该用户可用。为方便起见，配置环境变量 JAVA_HOME，这里在~/.bashrc 文件中设置，只对当前登录用户生效，当该用户每次打开新的终端时，用户的环境变量文件~/.bashrc 会被读取。

在终端中执行以下命令，使用 vim 编辑器打开~/.bashrc 文件：

```
$ sudo vim ~/.bashrc
```

在~/.bashrc 文件中的最前面添加以下内容（在编辑环境变量文件~/.bashrc 时需要注意两点：一是等号两侧不能有空格；二是严格区分大小写），然后保存并退出。

```
export JAVA_HOME=/opt/java/jdk1.8
export JRE_HOME=${JAVA_HOME}/jre
export CLASSPATH=.:${JAVA_HOME}/lib:${JRE_HOME}/lib
export PATH=${JAVA_HOME}/bin:$PATH
```

上面内容中的部分参数说明如下。

（1）PATH：在 Linux 系统中，PATH 是全局环境变量，在 PATH 中设置的路径可以在任何目录下进行搜索。环境变量一般是指操作系统中指定操作系统运行环境的一些参数，相当于一个指针，如果想要查看环境变量，则需要在环境变量名的前面加上"$"符号，如使用"echo $PATH"命令可以查看当前环境变量。如果想要在 PATH 中添加新的路径，则可以使用冒号分隔要增加的路径。环境变量的搜索是有先后顺序的，写在前面的就会先搜索。

（2）export：export 命令用于设置或显示环境变量。

（3）CLASSPATH：CLASSPATH 直译过来是"类路径"，是 Java 环境配置中要设置的一个环境变量，就是 class 类文件的路径，表示 JVM 从哪里去寻找要运行的 class 类文件，如果配置了环境变量 CLASSPATH，就只能从指定的路径下加载类。环境变量 CLASSPATH 不属于操作系统，而是属于 Java。由于 Hadoop 是使用 Java 语言编写的，因此，环境变量 CLASSPATH 在本书中也是应引起重视的概念。

接下来，在终端中执行以下命令，使环境变量立即生效：

```
$ source ~/.bashrc
```

source 是使新配置的环境变量立即生效的命令。另外，在每次系统启动时，Linux 系统所配置的环境变量也会自动生效。

4）验证 Java 环境是否可用

在终端中执行以下命令，验证 Java 环境是否可用：

```
$ echo $JAVA_HOME                        #检验变量值
$ Java -version                          #在任意目录下查看 Java 版本
$ $JAVA_HOME/bin/java -version           #在 Java 安装目录下查看 Java 版本
```

如果设置正确，则执行"$JAVA_HOME/bin/java –version"命令输出的 Java 版本信息，应当与在任意目录下查看的 Java 版本信息是一致的。

至此，Hadoop 所需要的 Java 环境安装完成。

2.3　安装 Hadoop 实践

Hadoop 有 3 种安装模式：单机模式、伪分布式模式、分布式模式。

（1）单机模式：在一台机器上运行，存储采用本地文件系统，没有采用 HDFS。

（2）伪分布式模式：在同一台机器上模拟分布式系统，存储采用 HDFS，但 HDFS 的名称节点和数据节点只能在同一台机器上。

（3）分布式模式（真分布式或完全分布式）：存储采用 HDFS，并且 HDFS 的名称节点和数据节点在不同的机器上。

2.3.1　下载 Hadoop 安装文件并解压缩

在安装与运行 Hadoop 之前，一定要确保已经安装 SSH（参见 1.2.8 节）。

本书使用的是 Hadoop 2.7，压缩文件为 hadoop-2.7.3.tar.gz。将该压缩文件存放在虚拟机上安装的 Ubuntu 系统的 hadoop 用户的"~/下载"目录中。

本书将下载的压缩文件一律存放在"~/下载"目录中，将安装后的软件一律存放到/opt目录中。使用 hadoop 用户登录 Ubuntu 系统，打开终端，执行以下命令：

```
$ cd ~/下载
$ sudo tar -zxvf hadoop-2.7.3.tar.gz -C /opt
```

将 Hadoop 安装文件解压缩之后，查看 Hadoop 的安装目录，如图 2-3 所示。

```
hadoop@hadoop-ubuntu:~/下载$ cd /opt
hadoop@hadoop-ubuntu:/opt$ ls
hadoop-2.7.3  hbase-1.1.5  java
hadoop@hadoop-ubuntu:/opt$
```

图 2-3　查看 Hadoop 的安装目录

对目录进行重命名及赋权，执行如下命令：

```
$ cd /opt              #进入/opt 目录
$ sudo mv ./hadoop-2.7.3 ./hadoop      #修改目录名
$ sudo chown -R hadoop ./hadoop     #授权，具有写文件的权限
```

这里要强调的一点是，今后只要新建目录，如果要具备写文件的权限，就必须对该新建目录执行 chown 授权操作，否则就不能执行写文件操作，会直接影响其他相关操作的执行。如果前面已经对/opt 目录做了递归授权，则此处授权可省略。

将 Hadoop 压缩文件解压缩后，即可使用 Hadoop。可以在终端中输入以下命令检查

Hadoop 是否可用：

```
$ cd /opt/hadoop/
$ ./bin/hadoop version
```

注意：上述命令中"version"的前面没有"-"，注意上述命令与查看 Java 版本的命令之间的区别。如果 Hadoop 可用，则会显示 Hadoop 的版本信息，如图 2-4 所示。

```
hadoop@hadoop-ubuntu:/opt/hadoop$ cd /opt/hadoop/
hadoop@hadoop-ubuntu:/opt/hadoop$ ./bin/hadoop version
Hadoop 2.7.3
Subversion https://git-wip-us.apache.org/repos/asf/hadoop.git -r baa91f7c6bc9cb9
2be5982de4719c1c8af91ccff
Compiled by root on 2016-08-18T01:41Z
Compiled with protoc 2.5.0
From source with checksum 2e4ce5f957ea4db193bce3734ff29ff4
This command was run using /opt/hadoop/share/hadoop/common/hadoop-common-2.7.3.j
ar
hadoop@hadoop-ubuntu:/opt/hadoop$
```

图 2-4　检查 Hadoop 是否可用

2.3.2　配置 Hadoop 环境变量

配置 Hadoop 环境变量的方式与配置 Java 环境变量的方式相同。使用 vim 编辑器打开 ~/.bashrc 文件，在该文件中开始的位置增加以下 3 行内容：

```
export HADOOP_HOME=/opt/hadoop
export CLASSPATH=$CLASSPATH:$HADOOP_HOME/lib
export PATH=$PATH:$HADOOP_HOME/bin:$HADOOP_HOME/sbin
```

配置 Hadoop 环境变量如图 2-5 所示。注意，该处的$PATH 放在了前面，因为 Hadoop 只安装了一个，所以放在前面或后面并没有分别，不影响 Hadoop 命令的执行。

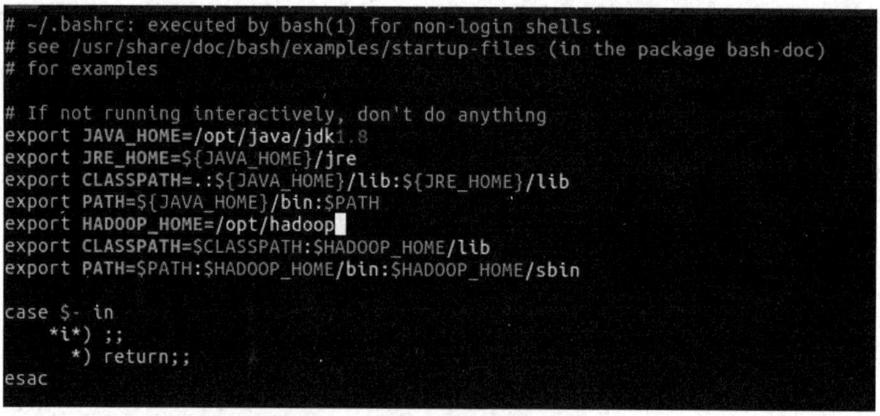

```
# ~/.bashrc: executed by bash(1) for non-login shells.
# see /usr/share/doc/bash/examples/startup-files (in the package bash-doc)
# for examples

# If not running interactively, don't do anything
export JAVA_HOME=/opt/java/jdk1.8
export JRE_HOME=${JAVA_HOME}/jre
export CLASSPATH=.:${JAVA_HOME}/lib:${JRE_HOME}/lib
export PATH=${JAVA_HOME}/bin:$PATH
export HADOOP_HOME=/opt/hadoop
export CLASSPATH=$CLASSPATH:$HADOOP_HOME/lib
export PATH=$PATH:$HADOOP_HOME/bin:$HADOOP_HOME/sbin

case $- in
    *i*) ;;
      *) return;;
esac
```

图 2-5　配置 Hadoop 环境变量

由图 2-5 可以看到，有的环境变量的值在"$"符号后加了一个大括号"{}"，有的没有加大括号"{}"，这两种方式的实际效果是一样的，但用大括号"{}"将变量括起来显然更清晰，并且加大括号"{}"有时候也是为了防止变量名和后面的字符串连在一起。

在保存~/.bashrc 文件后，在终端中执行以下命令，使环境变量生效：

```
$ source ~/.bashrc
```

这样，在任何目录下均可使用 Hadoop 中所有命令。例如，执行以下命令，查看 Hadoop 的版本号：

```
$ hadoop version
```

应该有正确的版本信息显示。

2.3.3　配置伪分布式模式

提示：在配置伪分布式模式之前，一定要预先完成 SSH 安装（参见 1.2.8 节）。

Hadoop 以伪分布式方式运行，是指在单个节点（一台机器）部署 Hadoop 集群，即同一个节点既是名称节点（Name Node），也是数据节点（Data Node）。部署不同模式的 Hadoop 集群，就是修改其配置文件以符合该模式的要求。

Hadoop 集群有两类节点，并以管理者-工作者模式运行，即一个名称节点 NameNode（管理者）和多个数据节点 DataNode（工作者）。名称节点 NameNode 管理文件系统的命名空间，它维护着文件系统树及整棵树内所有的文件和目录。这些信息以两个文件（命名空间镜像文件和编辑日志文件）的形式永久保存在本地磁盘上。NameNode 也记录着每个文件中各个块所在的数据节点信息，但它并不永久保存块的位置信息，因为这些信息在系统启动时由数据节点重建。数据节点 DataNode 是用来存储数据文件的。

Hadoop 的配置文件位于/opt/hadoop/etc/hadoop 目录中，配置伪分布式模式需要修改两个配置文件：core-site.xml 和 hdfs-site.xml。Hadoop 的配置文件是 xml 格式，每个配置以声明 property 标签的 name 和 value 键值对的方式来实现。

1. 修改配置文件 core-site.xml

在终端中执行以下命令，使用 vim 编辑器打开 core-site.xml 文件：

```
$ sudo vim /opt/hadoop/etc/hadoop/core-site.xml,
```

在 core-site.xml 文件中配置以下内容：

```
<configuration>
    <property>
        <name>hadoop.tmp.dir</name>
        <value>file:/opt/hadoop/tmp</value>
        <description>在本地设置临时目录</description>
    </property>
    <property>
        <name>fs.defaultFS</name>
        <value>hdfs://localhost:9000</value>
    </property>
    <property>
        <name>dfs.permissions</name>
        <value>false</value>
    </property>
</configuration>
```

core-site.xml 文件中的参数说明如下。

（1）fs.defaultFS：该参数用于设置 Hadoop 集群中默认的文件系统的名称，该参数的值为 Hadoop 的主机名称节点 NameNode 的地址及端口号，如 hdfs://localhost:9000，表示 NameNode 是本机，9000 是 NameNode 服务监听的端口号，9000 端口是 HDFS 的 RPC（Remote Procedure Call，远程过程调用）端口。

（2）hadoop.tmp.dir：该参数用于设置 Hadoop 运行时产生文件的存放目录，其他目录会基于该路径。很多路径都依赖这个参数的配置，如果 hdfs-site.xml 文件中不配置名称节点 NameNode 和数据节点 DataNode 的数据存放位置，则默认就放在这个路径中。

（3）dfs.permissions：该参数用于确定是否检查权限，如果该参数的值是 true，则检查权限，否则不检查权限（此时，每个用户都可以存取文件）。

2. 修改配置文件 hdfs-site.xml

使用 vim 编辑器打开 hdfs-site.xml 文件后，在该文件中配置以下内容：

```
<configuration>
    <property>
        <name>dfs.replication</name>
        <value>1</value>
    </property>
    <property>
        <name>dfs.namenode.name.dir</name>
        <value>file:/opt/hadoop/tmp/dfs/name</value>
    </property>
    <property>
        <name>dfs.datanode.data.dir</name>
        <value>file:/opt/hadoop/tmp/dfs/data</value>
    </property>
</configuration>
```

hdfs-site.xml 文件中的参数说明如下。

（1）dfs.replication：该参数用于设置 HDFS 副本数，默认备份 3 个副本，不过因为这里是配置伪分布式模式，所以只将该参数的值设置为1。

（2）dfs.namenode.name.dir：该参数用于设置存放名称节点相应数据的路径。

（3）dfs.datanode.data.dir：该参数用于设置存放数据节点相应数据的路径。

dfs.namenode.name.dir 和 dfs.datanode.data.dir 这两个参数指定的路径也可以自行设置，但最好与临时文件路径一致，这样便于在初期实验过程中遇到问题时一并处理。

Hadoop 的运行方式是由配置文件决定的，因为运行 Hadoop 时会读取配置文件，所以如果需要从一种模式切换到另一种模式，就需要重新添加、删除或修改 core-site.xml 文件和 hdfs-site.xml 文件中的具体配置项。

3. 配置 hadoop-env.sh 文件

在终端中执行以下命令，使用 vim 编辑器打开 hadoop-env.sh 文件：

```
$ sudo vim /opt/hadoop/etc/hadoop/hadoop-env.sh
```

在 hadoop-env.sh 文件中的尾部添加以下内容：

```
export JAVA_HOME=/opt/java/jdk1.8
```

4. 格式化 NameNode

在 NameNode 上，有两个来自配置文件的重要路径，它们对应的属性分别是 dfs.name.dir 和 dfs.name.edits.dir，分别被用来存储元数据信息和操作日志。在 Hadoop 集群配置完成后，应格式化 NameNode，清空参数 dfs.name.dir 和 dfs.name.edits.dir 指定的目录中的所有文件，并且在参数 dfs.name.dir 指定的目录中自行创建命名空间镜像文件和编辑日志文件。

在终端中执行以下命令，格式化 NameNode：

```
$ hdfs namenode -format
```

由于我们在前面已经配置了 Hadoop 环境变量并使其生效，因此，hdfs 命令可以在任何目录下执行，其实，该命令是存在于/opt/hadoop/sbin 目录下的。

如果 NameNode 格式化成功，则会出现提示信息"Exiting with status 0"，如图 2-6 所示。如果出现的提示信息是"Exiting with status 1"，则表示 NameNode 格式化出错。

```
19/04/28 16:53:56 INFO util.ExitUtil: Exiting with status 0
19/04/28 16:53:56 INFO namenode.NameNode: SHUTDOWN_MSG:
/************************************************************
SHUTDOWN_MSG: Shutting down NameNode at hadoop-ubuntu/127.0.1.1
************************************************************/
```

图 2-6　NameNode 格式化成功时出现的提示信息

注意：如果不是首次格式化 NameNode，则应在格式化 NameNode 之前删除 /opt/hadoop/tmp 目录下的 dfs 目录，否则，再次格式化 NameNode 之后，启动 Hadoop，有可能出现没有 DataNode 进程或不能上传文件等情况。删除 dfs 目录的命令如下：

```
$ cd /opt/hadoop/tmp
$ sudo rm -r dfs
```

只要 Java 安装完成，并按照前面的要求在~/.bashrc 文件中配置好了环境变量 JAVA_HOME，一般格式化 NameNode 都会成功。如果在这一步时出现错误提示信息"Error: JAVA_HOME is not set and could not be found."，则说明之前没有设置好环境变量 JAVA_HOME，此时需要先设置好环境变量 JAVA_HOME，否则后面的流程都将无法进行。

5. 启动与关闭 NameNode 和 DataNode 守护进程

启动与关闭 Hadoop 的方式有两种：一种是分别使用 start-dfs.sh 和 stop-dfs.sh 命令；另一种是分别使用 start-all.sh 和 stop-all.sh 命令。

1）start-dfs.sh 和 stop-dfs.sh 命令

start-dfs.sh 命令只启动 NameNode 和 DataNode。命令如下：

```
$ start-dfs.sh
```

start-dfs.sh 命令是一个完整的可执行文件，中间没有空格，该命令与 hdfs 命令一样，也存放在/opt/hadoop/sbin 目录下。由于我们在前面已经配置了 Hadoop 环境变量并使其生效，因此，start-dfs.sh 命令可以在任何目录下执行。

在启动 Hadoop 后，可以通过 jps 命令查看进程情况：

```
$ jps        #以下显示就是 Hadoop 正确启动后的结果，进程号在不同机器和时间会不同
5250 NameNode
5367 DataNode
5820 Jps
5564 SecondaryNameNode
```

由上面查看进程的结果可以知道哪些进程启动了，哪些进程没有启动。

（1）NameNode 守护进程：守护进程是后台运行的进程，NameNode 守护进程是 HDFS 的主服务器，负责管理文件系统的命名空间。

（2）DataNode 守护进程：这是 HDFS 的工作节点，负责存储实际的数据块。

（3）SecondaryNameNode 守护进程：这是 NameNode 的辅助服务器，用于定期合并编辑日志和文件系统镜像，帮助减少 NameNode 启动时的加载时间。

如果 SecondaryNameNode 没有启动，则需要先执行 stop-dfs.sh 命令关闭 HDFS，然后再次尝试启动。如果 NameNode 或 DataNode 没有启动，则表示配置不成功，此时需要仔细检查之前的步骤，或者通过查看启动日志来排查原因。

关闭 Hadoop 的命令如下：

```
$ stop-dfs.sh
```

2）start-all.sh 和 stop-all.sh 命令

start-all.sh 命令不仅启动 NameNode 和 DataNode 守护进程，还启动 YARN 的 ResourceManager 和 NodeManager 守护进程。命令如下：

```
$ start-all.sh
```

在使用 start-all.sh 命令启动 Hadoop 后，同样可以通过 jps 命令查看进程。

关闭 Hadoop 的命令如下：

```
$ stop-all.sh
```

在学习和工作过程中，我们一定要养成规范的操作习惯，当结束 Hadoop 工作时，一定要执行相应的关闭命令退出，保证系统下一次能够再次正常启动。

3）启动 Hadoop 之后，可先创建用户目录。命令如下：

```
$ hdfs dfs -mkdir -p /user/hadoop
```

查看用户目录，命令如下：

```
$ hdfs dfs -ls
```

如果没有出现任何提示信息，则表示 HDFS 的用户目录已经建立；如果出现错误提示信息，则表示 HDFS 的用户目录还没有正确建立。

2.3.4 Hadoop 无法正常启动和使用的解决方法

1. NameNode 能启动，DataNode 不能启动

在教学实践中，经常遇到 NameNode 能启动、DataNode 不能启动的情况，解决方法是删除 HDFS 中原有的所有数据（如果原有的数据很重要，则不要这样做），命令如下：

```
$ stop-dfs.sh                      #关闭 Hadoop
$ rm -r /opt/hadoop/tmp            #删除 tmp 目录，注意这会删除 HDFS 中原有的所有数据
$ hdfs namenode -format            #重新格式化 NameNode
$ start-dfs.sh                     #重启 Hadoop
```

/opt/hadoop/tmp 目录中包含 dfs/name 和 dfs/data 路径，这是我们在 hdfs-site.xml 文件中配置的，注意查看自己的具体配置。

再强调一次，反复格式化 NameNode 要慎重，反复格式化可能出现一些意想不到的情况，如无法启动 DataNode、不能通过 put 命令向 HDFS 中传送文件等，解决方法就是在再次格式化 NameNode 之前，将保存 Hadoop 数据和日志的 tmp 目录下的内容全部删除。

2. 错误现象 "Name node is in safe mode."

在执行 Hadoop 命令时，有时会出现 NameNode 处于安全模式的错误信息提示 "Name node is in safe mode."。这是因为在 HDFS 启动时，NameNode 会处于安全模式。安全模式主要是为了 HDFS 启动时检查各个 DataNode 上数据块的有效性，同时根据策略进行必要的复制或删除部分数据块。此时，HDFS 中的内容既不允许修改，也不允许删除，只需要等待一会儿即可结束安全模式。

如果 HDFS 启动后，NameNode 始终不能自动离开安全模式，则可以通过以下命令来使 NameNode 离开安全模式：

```
$ hadoop dfsadmin -safemode leave
```

上述命令中的 "leave" 用于强制 NameNode 离开安全模式。

本项目除更深入地介绍了 Hadoop 的一些情况以外，还介绍了 Java 的安装实践和 Hadoop 的安装实践。

2.4　思考与操作

一、单选题

1．Hadoop 是使用以下哪一种语言编写的？（　　）

　　A．C　　　　　　　B．C++　　　　　　C．Java　　　　　　D．Scala

2．HDFS 是基于流数据模式访问和处理超大文件的需求而开发的，具有高容错性、高可靠性、高可扩展性、高吞吐率等特征，适合的读写任务是（　　）。

　　A．一次写入，少次读　　　　　　　B．多次写入，少次读

　　C．多次写入，多次读　　　　　　　D．一次写入，多次读

3．下面与 HDFS 类似的框架是（　　）。

　　A．NTFS　　　　　B．FAT32　　　　　C．GFS　　　　　D．EXT3

4．HDFS 默认的当前工作目录是/user/$USER（本书改为/opt/$USER），参数 fs.default.name 的值需要在哪个配置文件内说明？（　　）

　　A．mapred-site.xml　　　　　　　　B．core-site.xml

C．hdfs-site.xml   D．以上均不是

二、多选题

1．Hadoop 分布式平台的核心架构包括的元素有（   ）。

　　A．Hive   B．ZooKeeper   C．MapReduce   D．HDFS

2．Hadoop 的主要应用场景包括（   ）。

　　A．图像处理   B．IT 安全   C．银行存储   D．诈骗检测

三、判断题

1．Hadoop 是由 IBM 公司开发的一款商用大数据软件。（   ）

2．Hadoop 是使用 Java 语言开发的，具有很好的跨平台特性。（   ）

3．Hadoop 是跨平台的，在安装 Hadoop 时没必要安装 JDK。（   ）

四、简述题

1．描述一下 Hadoop 适合与不适合的应用场景的基本特点。

2．Hadoop 主要包括哪些生态技术？

五、实操题

1．实验要求

部署 Hadoop 伪分布式模式。

2．实验目的

（1）掌握 Hadoop 伪分布式模式部署的方法。

（2）掌握 Hadoop 伪分布式模式部署的主要文件和属性。

（3）熟悉和了解 Hadoop 伪分布式模式部署故障的基本排除方法。

3．实验工具和环境

Ubuntu 环境、hadoop-2.7.3.tar.gz。

4．实验内容

部署 Hadoop 伪分布式模式实验工作与记录手册

任务	执行过程	结果
下载 Hadoop 安装文件并解压缩	参见 2.3.1 节	
配置 Hadoop 环境变量	参见 2.3.2 节	
修改配置文件 core-site.xml	参见 2.3.3 节	
修改配置文件 hdfs-site.xml	参见 2.3.3 节	
格式化 NameNode	参见 2.3.3 节	
启动 NameNode 和 DataNode 守护进程	参见 2.3.3 节	
关闭 NameNode 和 DataNode 守护进程	参见 2.3.3 节	

项目3

分布式文件系统 HDFS

我们已经不止一次强调过，Hadoop 有两大核心：一是分布式文件系统即 HDFS；另一个是计算框架 MapReduce。本项目将介绍 HDFS 的理论知识点，主要包括分布式文件系统和 HDFS 的相关概念、HDFS 的架构、HDFS 的存储原理、HDFS 的数据读写过程等。

本项目的主要实验操作包括 HDFS 文件操作的常用 Shell 命令、利用 Web 管理界面查看和管理 Hadoop 文件系统，以及利用 Hadoop 提供的 Java API 进行基本的文件操作。

3.1 HDFS 基本知识

要了解 HDFS，就要先了解 DFS，即分布式文件系统。

3.1.1 分布式文件系统（DFS）简介

分布式文件系统（Distributed File System，DFS）是一种允许数据在计算机网络中的多个节点上存储和管理的文件系统。它通过将数据和元数据分散到多个计算机上，从而提供更高的可靠性、可伸缩性和性能。不同于典型的文件系统（如 NTFS 和 HFS），DFS 是分布在多个文件服务器或多个位置的文件系统，通过计算机网络进行通信或交换信息。它允许程序像访问本地文件一样访问或存储独立的文件，允许程序员从任何网络或计算机访问文件。

计算机是通过文件系统管理、存储数据的。在信息爆炸时代，人们可以获取的数据呈指数级增长，单纯通过增加硬盘个数来扩展计算机文件系统的存储容量的方式，在容量大小、容量增长速度、数据备份、数据安全等方面的表现却越来越难以令人满意。分布式文件系统可以有效地解决数据的存储和管理难题，人们在使用分布式文件系统时，无须关心数据是存储在哪个节点中的，或者是从哪个节点中获取的，只需要像使用本地文件系统一样管理和存储文件系统中的数据即可。

3.1.2 Hadoop 分布式文件系统（HDFS）

Hadoop 分布式文件系统（HDFS）被设计成适合运行在通用硬件上的分布式文件系统。它和现有的分布式文件系统有很多共同点，但同时，它和其他的分布式文件系统的区别也是很明显的。HDFS 是一个具有高容错性的系统，适合部署在低成本的机器上。HDFS 通过高吞吐量来加速访问应用程序的数据，适用于那些具有超大数据集的应用程序。

1. HDFS 的优点

（1）高容错性。HDFS 会将数据自动保存多个副本，即 HDFS 通过增加副本的形式来提高容错性。在某个副本丢失以后，HDFS 可以自动恢复或补充丢失的副本，这是由 HDFS 的内部机制实现的，使用者不必关心。

（2）适合处理大数据。HDFS 既能够处理达到 GB、TB 甚至 PB 级别的数据，也能够处理百万规模以上的文件数量。

（3）可部署在低成本的机器上。Hadoop 不需要特别贵的、可靠的机器，可运行于普通商用机器上。

2. HDFS 的劣势

HDFS 的劣势是不适合所有的场景。HDFS 不适合的场景如下：

（1）低延时数据访问。HDFS 适合高吞吐率的场景，即在某段时间内写入大量的数据，但是 HDFS 在低延时的情况下是不行的。比如，HDFS 无法做到以毫秒级的低延时响应来存储数据。

（2）小文件存储。这里的小文件是指小于 HDFS 的 Block（块）大小的文件（默认为64MB）。存储大量小文件会占用 NameNode 大量的内存来存储有关文件、目录和块的元信息，这样是不可取的，因为 NameNode 的内存总是有限的。大量小文件存储的寻道时间会远远超过其读取时间，它违反了 HDFS 的设计目标。

（3）并发写入、文件随机修改。在 HDFS 中，一个文件在同一时间内只能处理一个写请求，不允许多个线程同时写；HDFS 仅支持追加（append）数据，不支持文件的随机修改。

3.1.3 HDFS 存储数据

HDFS 的架构如图 3-1 所示，它揭示了 HDFS 存储数据的基本原理和过程。

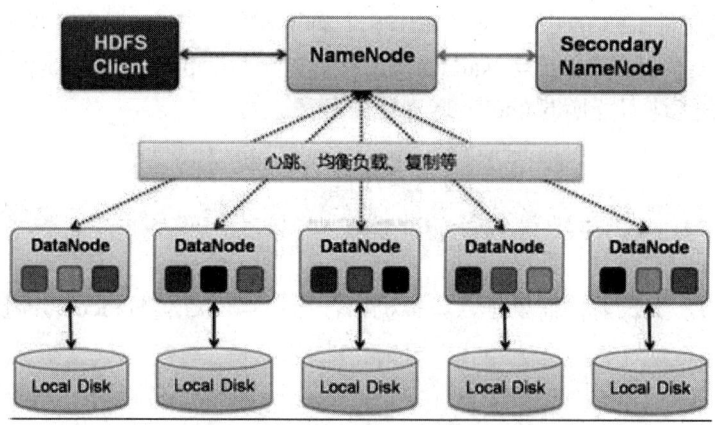

图 3-1　HDFS 的架构

HDFS 采用 Master/Slave 的架构来存储数据,这种架构主要由 4 部分组成,分别为 HDFS Client、NameNode、DataNode 和 SecondaryNameNode。下面分别介绍这 4 部分。

1. HDFS Client

HDFS Client 就是客户端,其主要作用如下:
- 负责切分文件。当文件上传 HDFS 时,Client 先将文件切分成一个一个的数据块(Block),然后进行存储。
- 担负与 NameNode 的交互任务,获取文件的位置信息。
- 担负与 DataNode 的交互任务,读取或写入数据。

Client 提供一些命令来管理 HDFS,如启动或关闭 HDFS。Client 还可以通过一些命令来访问 HDFS。后面内容中的 Hadoop 操作都是通过 Client 实现的。

2. NameNode

NameNode 就是 Master,它是一个主管、管理者,其主要作用如下:
- 管理 HDFS 的名称空间。
- 管理数据块(Block)映射信息。
- 配置副本策略。
- 处理客户端读写请求。

3. DataNode

DataNode 就是 Slave。NameNode 负责下达命令,DataNode 则执行实际的操作。DataNode 的主要作用如下:
- 存储实际的数据块。
- 执行数据块的读/写操作。

4. SecondaryNameNode(第二 NameNode)

SecondaryNameNode 用于辅助 NameNode,分担其工作量。它定期合并 fsimage(保存

HDFS 元数据的文件）和 fsedits（记录 HDFS 所有操作的日志文件），并推送给 NameNode。在紧急情况下，它可以辅助恢复 NameNode。但它不是 NameNode 的热备，当 NameNode 宕机时，它并不能马上替换 NameNode 并提供服务。

3.2　使用 Shell 命令与 HDFS 进行交互操作实践

在学习 HDFS 实践前，需要进入虚拟机，打开终端，启动 Hadoop 并查看启动的进程，命令如下：

```
$ start-dfs.sh          #启动 Hadoop
$ jps                   #查看启动的进程
```

如果查看结果中有 NameNode、DataNode、SecondaryNameNode 这 3 个进程，则表明 Hadoop 启动成功。

3.2.1　Hadoop Shell 命令方式

1. Hadoop 有 3 种 Shell 命令方式

Hadoop 有 3 种 Shell 命令方式，分别是 hadoop fs、hadoop dfs、hdfs dfs。
hadoop fs 适用于任何不同的文件系统，如本地文件系统和 HDFS。
hadoop dfs 只能适用于 HDFS。
hdfs dfs 与 hadoop dfs 一样，也只能适用于 HDFS。

2. hadoop fs 和 hadoop dfs 的区别

（1）hadoop fs 是文件系统，hadoop dfs 是分布式文件系统。
（2）hadoop fs > hadoop dfs。在分布式环境下，两者没有区别，可以通用；但在仅有本地环境的情况下，hadoop fs 就是本地文件，hadoop dfs 就不能用了。

3. 查看 HDFS Shell 命令

在终端中执行以下命令，可以查看 hdfs dfs 支持哪些命令：

```
$ hdfs dfs
```

在本书以后的相关操作中，常用的 HDFS Shell 命令如下：

```
hdfs dfs -cat 文件名                                              #查看 Hadoop 文件内容
hdfs dfs -mkdir [-p] <path> ...]                                #创建 HDFS 目录
hdfs dfs -mv <src> ... <dst>]                                   #修改 HDFS 文件名
hdfs dfs -rm 文件名                                              #删除 HDFS 文件
hdfs dfs -rm -r 文件目录                                         #删除 HDFS 文件目录
hdfs dfs -put [-f] [-p] [-l] <localsrc> ... <dst>]              #从本地上传文件到 HDFS
hdfs dfs -get [-p] [-ignoreCrc] [-crc] <src> ... <localdst>]    #从 HDFS 下载文件到本地
```

```
hdfs dfs -ls [-d] [-h] [-R] [<path> ...]] #HDFS 文件列表，-R 表示递归地列出子目录中的内容
hdfs dfs -cp [-f] [-p | -p[topax]] <src> ... <dst>]    #复制 HDFS 文件
```

　　HDFS 支持的命令众多，如果想了解更多的 HDFS Shell 命令，则可以参考相关官方教程。

　　需要特别说明的是，HDFS 有别于 Windows 系统中的文件系统和 Linux 系统中的文件系统，简单的社区版的 HDFS 既没有自己专有的终端操作窗口，也没有自己的桌面管理系统，其只提供简单的 Web 管理界面来管理 HDFS。因此，实现对 HDFS 的操作是借助 Linux 系统的终端窗口完成的，命令格式如下：

```
hdfs dfs -命令
```

3.2.2　案例 3-1：目录操作实践

1. 创建 Hadoop 用户目录并使用

　　Hadoop 用户目录的概念与 Linux 用户目录的概念是一致的（可参见 1.3.3 节）。

　　需要注意，与 Linux 系统安装之后就已存在用户目录不同的是，Hadoop 集群部署完成后，在第一次使用 HDFS 时，需要先在 HDFS 中创建用户目录。本书全部采用 hadoop 用户登录 Ubuntu 系统，因此，在启动 Hadoop 后，需要在 HDFS 中为 hadoop 用户创建一个用户目录，命令如下：

```
$ hdfs dfs -mkdir -p /user/hadoop
```

　　上述命令表示在 HDFS 中创建一个/user/hadoop 目录；"－mkdir"表示创建目录的操作；"-p"表示如果是多级目录，则父目录和子目录一起创建，这里的"/user/hadoop"就是一个多级目录，因此必须使用参数"-p"，否则会出错。

　　/user/hadoop 目录就成为 hadoop 用户对应的用户目录，如果是其他用户名，就相应地创建另外用户的用户目录，用相应的用户名代替"hadoop"部分。可以使用以下命令显示 HDFS 中与当前用户 hadoop 对应的用户目录下的内容：

```
$ hdfs dfs -ls .
```

　　在上述命令中，"-ls"表示列出 HDFS 中某个目录下的所有内容；"."表示 HDFS 中的当前用户目录，也就是/user/hadoop 目录。因此，上述命令和下面的命令是等价的：

```
$ hdfs dfs -ls /user/hadoop
```

　　如果要列出 HDFS 中用户目录下的所有目录和文件，与上述两条命令同样等价的命令还可以写为以下形式：

```
$ hdfs dfs -ls
```

　　下面，可以使用以下命令在 HDFS 中的用户目录下创建一个 input 目录：

```
$ hdfs dfs -mkdir input
```

　　在创建 input 目录时，上述命令中采用了相对路径形式。实际上，这个 input 目录创建成功以后，它在 HDFS 中的完整路径是/user/hadoop/input。

2. 删除目录

　　为了删除一个目录，我们要预先创建一个目录。比如，在 HDFS 中的根目录下创建一个名称为 input 的目录，命令如下：

```
$ hdfs dfs -mkdir /input
```

可以使用 rm 命令删除目录。例如，可以使用以下命令删除刚才在 HDFS 中创建的/input 目录（不是/user/hadoop/input 目录）：

```
$ hdfs dfs -rm -r /input
```

在上述命令中，"-r"参数表示删除/input 目录及其子目录下的所有内容。如果要删除的一个目录包含子目录，则必须使用"-r"参数，否则会执行失败。

3.2.3　案例 3-2：文件操作实践

在实际应用中，经常需要从本地文件系统向 HDFS 中上传文件，或者把 HDFS 中的文件下载到本地文件系统中。

1．在本地文件系统中创建文件

为了能够顺利地完成将本地文件上传到 HDFS 中的实验，我们先在本地文件系统中创建需要上传的文件。

使用 vim 编辑器在本地文件系统的/home/hadoop 目录下创建一个文件 myLocalFile.txt，可以向该文件中随意输入一些单词，如输入以下 3 行内容：

```
Hadoop
Spark
XMU DBLAB
```

2．将本地文件上传到 HDFS 中

在本地文件系统中创建文件后，可以使用"hdfs dfs -put"命令把本地文件系统中的/home/hadoop/myLocalFile.txt 文件上传到 HDFS 中的当前用户目录的 input 目录下，也就是上传到 HDFS 中的/user/hadoop/input 目录下。命令如下：

```
$ hdfs dfs -put /home/hadoop/myLocalFile.txt  input
```

可以使用 ls 命令查看文件是否成功上传到 HDFS 中，具体如下：

```
$ hdfs dfs -ls input
```

上述命令执行后，会显示类似以下的信息：

```
Found 1 items
-rw-r--r--   1 hadoop supergroup        36 2019-01-02 23:55 input/ myLocalFile.txt
```

3．查看 HDFS 文件的内容

使用以下命令可以查看 HDFS 中的 myLocalFile.txt 文件的内容：

```
$ hdfs  dfs - cat  input/myLocalFile.txt
```

读者自行验证 HDFS 中的 myLocalFile.txt 文件的内容是否与自己在本地编辑的内容完全一致。

4．将 HDFS 文件下载到本地文件系统中

下面将 HDFS 中的 myLocalFile.txt 文件下载到本地文件系统中的"/home/hadoop/下载"

目录下，命令如下：

```
$ hdfs dfs -get input/myLocalFile.txt ~/下载
```

可以使用以下命令在本地文件系统查看下载的 myLocalFile.txt 文件：

```
$ cd ~
$ cd 下载
$ ls
$ cat myLocalFile.txt
```

读者可自行验证下载的文件是否正确。

5. 复制 HDFS 文件

最后，了解一下如何把文件从 HDFS 中的一个目录下复制到 HDFS 中的另一个目录下。比如，要把 HDFS 中的/user/hadoop/input/myLocalFile.txt 文件复制到 HDFS 中的根目录下，可以使用以下命令实现：

```
$ hdfs dfs -cp input/myLocalFile.txt /    #复制文件
$ hdfs dfs -ls /        #查看复制结果
```

读者可自行验证复制的结果是否正确。

6. 课后要求

本节实验结束后，将 HDFS 中根目录下的 myLocalFile.txt 文件删除。

3.2.4　案例 3-3：利用 Web 管理界面管理 HDFS

首先，启动虚拟机，在终端中执行以下命令，启动 Hadoop：

```
$ start-dfs.sh          #启动 Hadoop
```

然后，回到虚拟机系统桌面，打开 Ubuntu 系统自带的 Firefox 浏览器，在地址栏中输入"localhost:50070"后按 Enter 键，链接 HDFS 的 Web 管理界面，即可看到 HDFS 的 Web 管理界面，如图 3-2 所示。HDFS 的 50070 端口在 NameNode 节点，是实现 HTTP 服务的端口，即 NameNode Web 管理端口。

图 3-2　HDFS 的 Web 管理界面

在本地的浏览器中输入 NameNode 的 IP 地址或域名+端口，就可以看到 HDFS 的概述（Overview），显示当前处于活动中的文件系统"localhost:9000' (active)"的基本情况。HDFS

的 Web 管理界面的主要功能如下：

（1）查看文件。选择导航栏中的"Utilities"，可以选择查看文件，在输入栏中输入文件的路径就可以查看文件；也可以选择查看日志，有日志列表，打开查看即可。

（2）查看数据节点信息。选择导航栏中的"Datanodes"，可以看到 HDFS 中存放的数据。

对其他功能有兴趣的读者可自行上机学习，这里不再详述。

3.3 利用 Java API 编程与 HDFS 实现交互实践

Hadoop 中不同的文件系统（本地文件系统与分布式文件系统）之间通过调用 Java API 进行交互，前面介绍的 Shell 命令本质上就是 Java API 的应用。想要利用 Java API 编程与 HDFS 实现交互，需要在 Eclipse 开发环境下编写 Java 程序。在 1.4 节中，我们已经在 Ubuntu 系统中安装了 Eclipse，这里不再赘述。

3.3.1 在 Eclipse 中创建 HDFS 交互 Java 项目的基本步骤

开启虚拟机，使用 hadoop 用户登录 Ubuntu 系统，在系统桌面上双击 Eclipse 图标，进入 Eclipse 环境。

1. 创建 Java 项目（或称 Java 工程）

在第一次打开 Eclipse 时，需要设置 Workspace（工作空间），用来确定保存程序的位置，这里保持默认设置即可，不必改动，如图 3-3 所示。

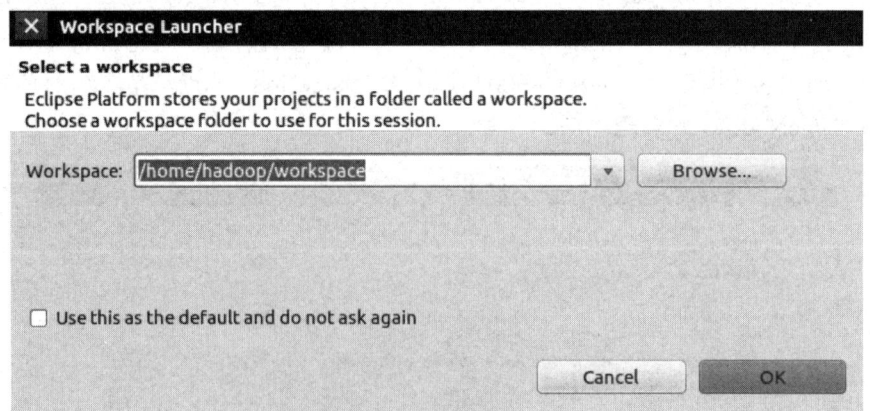

图 3-3　设置工作空间界面

由图 3-3 可以看出，由于当前采用 hadoop 用户登录 Ubuntu 系统，因此，默认的工作空间目录位于 hadoop 用户的用户目录/home/hadoop 下。该工作区间就是将要创建的 Java 项目的存储位置。单击"OK"按钮，进入 Eclipse。

Eclipse 启动以后，会进入如图 3-4 所示的 Eclipse 工作界面。需要注意的是，在第一次进入 Eclipse 工作界面时，该界面左侧只有"Package Explorer"（包浏览）窗口，并没有"Navigator"（导航器）窗口，需要自行添加"Navigator"（导航器）窗口，方法是：选择"Window"|"Show View"|"Other…"命令，在弹出的"Show View"窗口中选择"General"|"Navigator"，单击"OK"按钮。

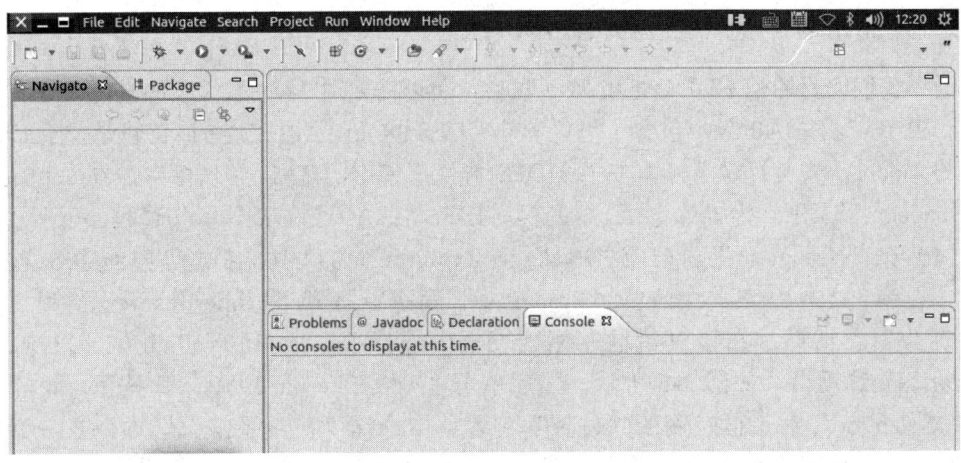

图 3-4　Eclipse 工作界面

在"Package Explorer"（包浏览）和"Navigator"（导航器）窗口中均可以创建 Java 项目，这两者的区别是："Package Explorer"窗口中只有保存源程序的 src 目录，而"Navigator"窗口中不仅有保存源程序的 src 目录，还有 bin 目录，负责保存项目编译后生成的后缀为".class"的文件。

在如图 3-4 所示的界面中，选择"File"|"New"|"Java Project"命令（首次使用时，选择"File"|"New"|"Other"|"Java"|"Java Project"命令），会弹出"New Java Project"对话框，如图 3-5 所示，开始创建一个 Java 项目。

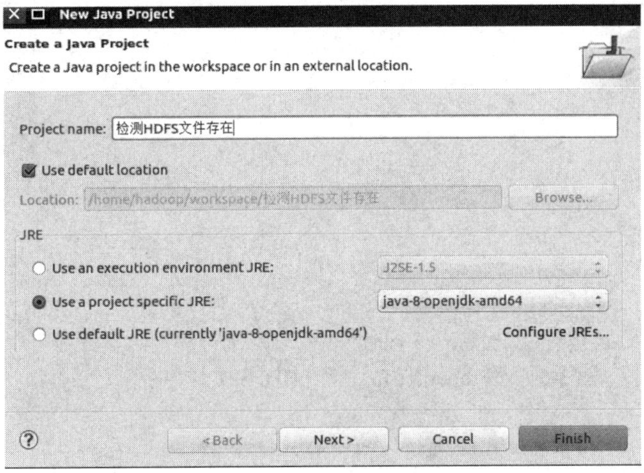

图 3-5　"New Java Project"对话框

在"Project name"文本框中输入项目名称"检测 HDFS 文件存在"，勾选"Use default location"复选框，让这个 Java 项目的所有文件都保存到"/home/hadoop/workspace/检测 HDFS 文件存在"目录下。在"JRE"选区中，要选择当前的 Ubuntu 系统中已经安装好的 JDK，如离线安装的 java-8-openjdk-amd64。然后直接单击对话框底部的"Finish"按钮，结束 Java 项目创建设置。

2. 为 Java 项目添加需要用到的 JAR 包

因为我们编写的是 HDFS 交互 Java 项目，所以需要对 Java 项目添加支持 HDFS 的一系列 JAR 包，这些 JAR 包中包含了可以访问 HDFS 的 Java API。这些 JAR 包都位于 Ubuntu 系统的 Hadoop 安装目录下，本书中 HDFS 开发所使用的 JAR 包实际存放在/opt/hadoop/share/hadoop 目录下。为 Java 项目添加支持 HDFS 的 JAR 包的具体操作过程如下所述。

（1）在"Navigator"窗口或"Package Explorer"窗口中，右击创建的 Java 项目的名称，在弹出的快捷菜单中选择"Properties"命令，打开"Properties for 检测 HDFS 文件存在"对话框，在该对话框左侧列表框中选择"Java Build Path"，在右侧选择"Libraries"选项卡，如图 3-6 所示，然后单击"Add External JARs…"按钮，在弹出的"JAR Selection"对话框左侧的"位置"列表框中选择"文件系统"选项，在右侧选择"opt"目录，如图 3-7 所示，单击"确定"按钮（或者双击"opt"目录）。然后依次双击"hadoop"|"share"|"hadoop"目录，选择"common"目录，如图 3-8 所示，单击"确定"按钮。

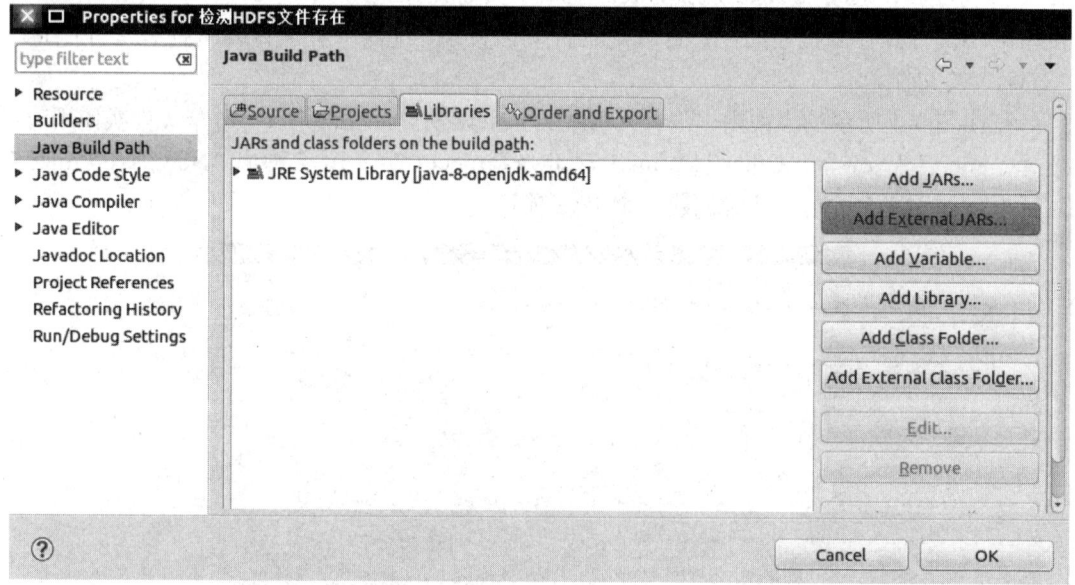

图 3-6　"Properties for 检测 HDFS 文件存在"对话框

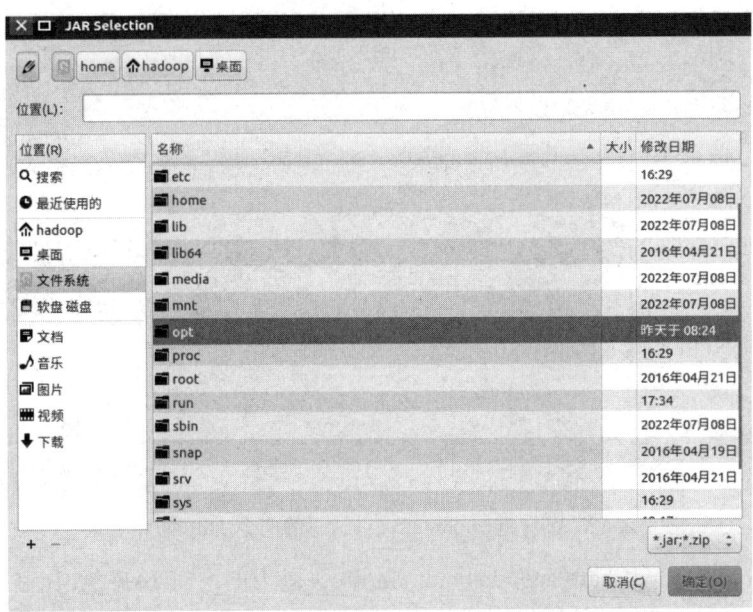

图 3-7　"JAR Selection"对话框

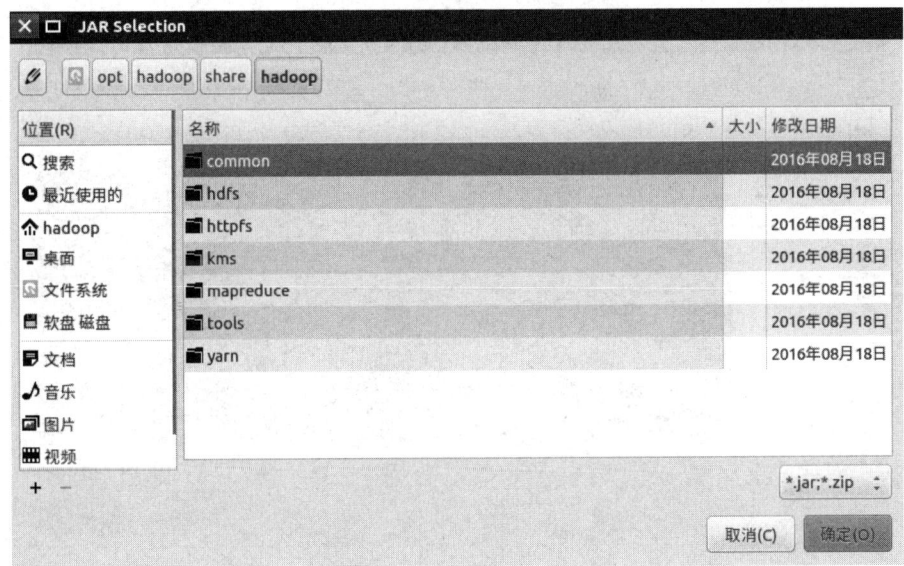

图 3-8　选择"common"目录

（2）选中/opt/hadoop/share/hadoop/common 目录下的 hadoop-common-2.7.3.jar 包和
hadoop-nfs-2.7.3.jar 包，如图 3-9 所示，单击"确定"按钮。在选中一个目录下的 JAR 包并
单击"确定"按钮后，会回到图 3-6 所示的对话框，这时，可以再次单击"Add External JARs…"
按钮，继续为 Java 项目添加另一个目录下的 JAR 包。

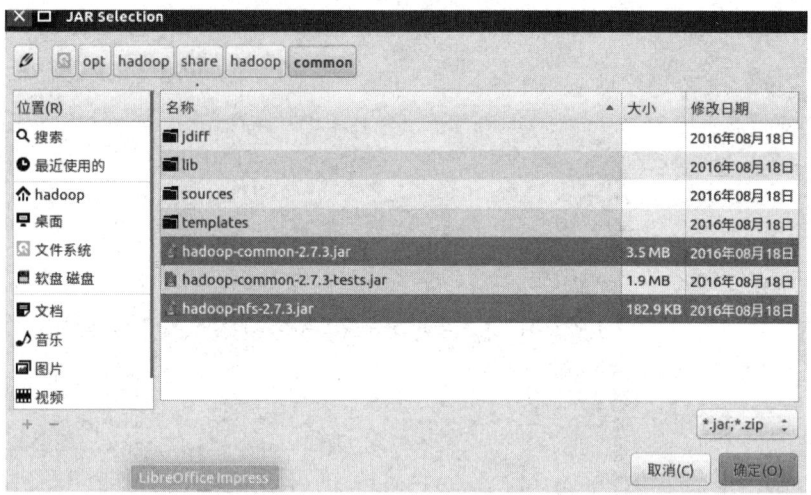

图 3-9　选中 common 目录下的两个 JAR 包

（3）添加/opt/hadoop/share/hadoop/common/lib 目录下的所有 JAR 包。在进入/opt/hadoop/
share/hadoop/common/lib 目录后，按 Ctrl+A 组合键，选中所有 JAR 包，如图 3-10 所示，单
击"确定"按钮。

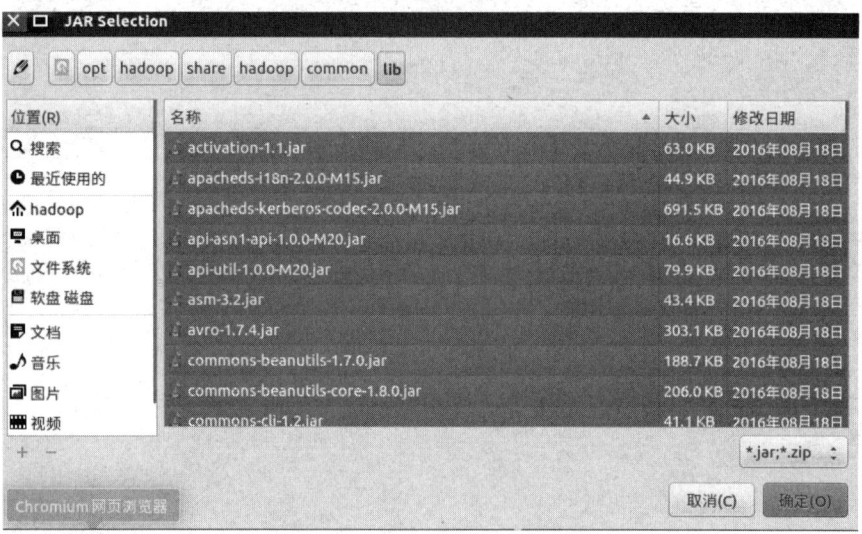

图 3-10　选中 common/lib 目录下的所有 JAR 包

（4）使用同样的操作，添加/opt/hadoop/share/hadoop/hdfs 目录下的 hadoop-hdfs-2.7.3.jar
包和 hadoop-hdfs-nfs-2.7.3.jar 包，以及/opt/hadoop/share/hadoop/hdfs/lib 目录下的所有 JAR 包。

（5）在 JAR 包全部添加完成后，如图 3-11 所示，此时就可以单击"Properties for 检测
HDFS 文件存在"对话框右下角的"OK"按钮，完成 Java 项目"检测 HDFS 文件存在"的
创建。

图 3-11　JAR 包全部添加完成

3.3.2　在 Java 项目中编写 Java 应用程序代码

下面编写一个 Java 应用程序，用来检测 HDFS 中是否存在一个文件。

1. 在项目中创建类

在 Eclipse 工作界面左侧的 "Navigator" 窗口或 "Package Explorer" 窗口中，右击 Java 项目名称 "检测 HDFS 文件存在"，在弹出的菜单中选择 "New" | "Class" 命令，打开 "New Java Class" 对话框，在 "Name" 文本框中输入新建的 Java 类的名称，这里将类的名称设置为 "HDFSFileIfExist"（注意，项目的名称可以使用汉字，但类的名称不能使用汉字，也不能有空格），其他都可以采用默认设置，如图 3-12 所示，然后单击 "Finish" 按钮，会打开类代码编辑窗口，如图 3-13 所示。

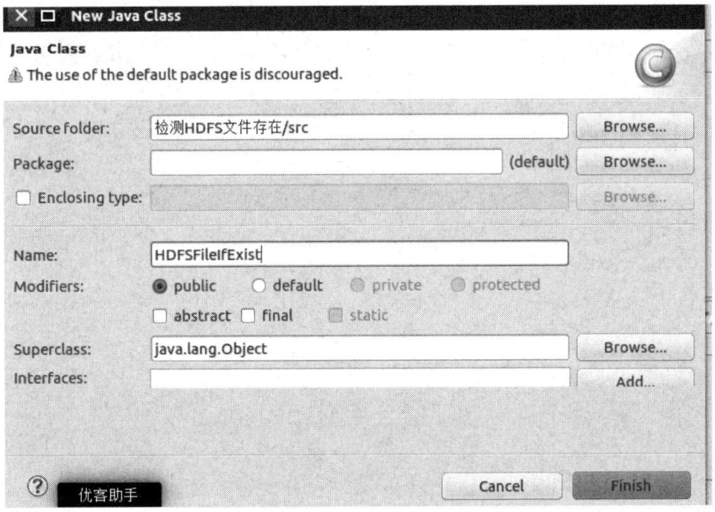

图 3-12　"New Java Class" 对话框

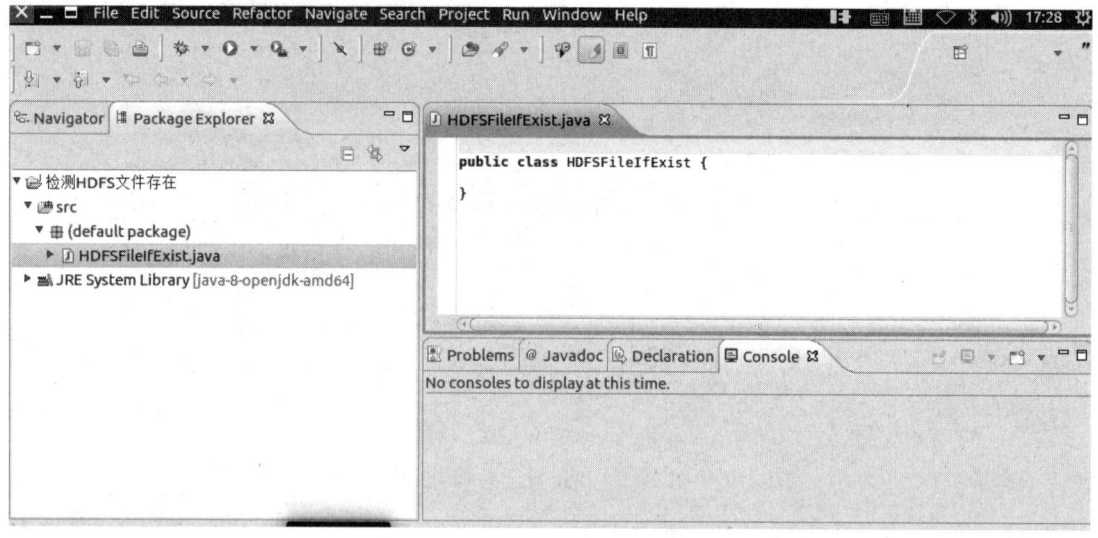

图 3-13　类代码编辑窗口

2．编辑类代码

由图 3-13 可以看出，Eclipse 自动创建了一个名为"HDFSFileIfExist.java"的源代码文件，在该文件中输入以下代码：

```java
import org.apache.hadoop.conf.Configuration;
import org.apache.hadoop.fs.FileSystem;
import org.apache.hadoop.fs.Path;
public class HDFSFileIfExist {
    public static void main(String[] args){
        try{
            String fileName = "test";
            Configuration conf = new Configuration();
            conf.set("fs.defaultFS", "hdfs://localhost:9000");
            conf.set("fs.hdfs.impl", "org.apache.hadoop.hdfs.
DistributedFileSystem");
            FileSystem fs = FileSystem.get(conf);// 获取一个 FileSystem 对象
            if(fs.exists(new Path(fileName))){
                System.out.println("文件存在");
            }else{
                System.out.println("文件不存在");
            }
        }catch (Exception e){
            e.printStackTrace();
        }
    }
}
```

注意：import 在导入 Configuration 软件支持包时会有若干个提示，要选取标记有 hadoop 路径的支持包；在导入 FileSystem 时同样如此。

3. 解读 Java 应用程序

（1）该程序用来测试 HDFS 中是否存在一个文件。

语句"String fileName = "test";"给出了需要被检测的文件名称"test"，没有给出路径全称，表示采用了相对路径，实际上就是测试当前登录 Ubuntu 系统的用户 hadoop，在 HDFS 中对应的用户目录下是否存在 test 文件，也就是测试 HDFS 中的/user/hadoop 目录下是否存在 test 文件。

（2）Configuration 对象配置，该对象用于存储和获取 Hadoop 集群的配置信息。

在创建一个 Configuration 对象时，其构造方法会默认加载 Hadoop 中的两个配置文件，分别是 hdfs-site.xml 文件和 core-site.xml 文件，这两个文件中会有访问 HDFS 所需的参数值，主要是 fs.defaultFS，它指定了 HDFS 的地址，有了这个地址，客户端就可以通过这个地址访问 HDFS 了。我们可以理解为 Configuration 就是 Hadoop 中的配置信息。在上述程序中通过下列 3 条语句实现了 Configuration 对象配置：

```
Configuration conf=new Configuration();//创建一个 Configuration 对象
//为 Configuration 对象设置 fs.defaultFS 属性值，该属性值与 core.xml 的相应配置要一致
conf.set("fs.defaultFS", "hdfs://localhost:9000");
//HDFS 文件操作设置参数"fs.hdfs.impl"
//该参数的值为"org.apache.hadoop.hdfs.DistributedFileSystem"
conf.set("fs.hdfs.impl", "org.apache.hadoop.hdfs.DistributedFileSystem");
```

（3）获取 Configuration 对象实例所配置的文件系统对象。

语句"FileSystem fs = FileSystem.get(conf);"表示获取 Configuration 对象实例所配置的文件系统对象。FileSystem 类的对象是一个文件系统对象，可以用该对象的一些方法来对文件进行操作，通过 FileSystem 类的静态方法 get()获得该对象。

FileSystem 是一个抽象的文件系统，而 HDFS 是 Hadoop 生态系统中实现 FileSystem 接口的具体文件系统之一。FileSystem 提供了很多操作文件和目录的方法，如创建文件、删除文件、重命名、获取目录下的子目录及判断是否是目录等。

3.3.3　编译并运行程序与打包

1. 编译并运行程序

在开始编译并运行程序之前，一定要确保 Hadoop 已经启动，如果 Hadoop 还没有启动，则需要打开一个终端，启动 Hadoop 并查看进程启动情况，命令如下：

```
$ start-dfs.sh
$ jps                    #查看 Hadoop 进程启动情况
```

为了检测 HDFS 中的文件是否存在，我们不妨先在本地建立一个名称为"test"的文件，将其上传到 HDFS 中的用户目录下，然后查看 HDFS 中的用户目录下是否存在该文件。命令如下：

```
$ sudo mkdir ~/myApp
$ sudo chown -R hadoop ~/myApp          #为 hadoop 用户授予新目录权限
$ cd ~/myApp
```

```
$ sudo vim test                    #随意输入一些内容后，保存后退出
$ hdfs dfs -put test               #将文件上传到 HDFS 中
$ hdfs dfs -ls                     #查看 HDFS 中的用户目录下是否存在 test 文件
```

　　回到 Eclipse 工作界面，现在就可以编译并运行上面编写的代码。可以直接单击 Eclipse 工作界面上部的运行程序的快捷按钮，在弹出的菜单中选择"Run As"|"Java Application"命令，如图 3-14 所示。

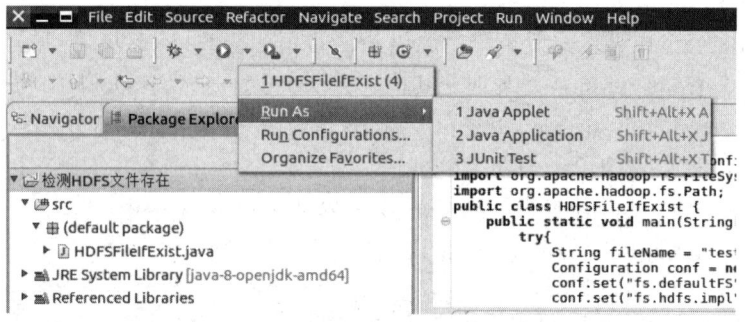

图 3-14　选择"Run As"|"Java Application"命令

　　会打开"Select Java Application"对话框，在"Select type"下面的文本框中输入"HDFSFileIfExist"，Eclipse 就会自动找到相应的类"HDFSFileIfExist-(default package)"（注意：这个类在后面的导出 JAR 包操作中的"Launch configuration"下拉列表中会被用到），如图 3-15 所示，然后单击对话框右下角的"OK"按钮，开始运行程序。程序运行结束后，会在底部的"Console"窗口中显示运行结果信息，如图 3-16 所示。由于目前 HDFS 的 /user/hadoop 目录下已经存在 test 文件，因此，程序运行结果是"文件存在"。同时，"Console"窗口中还会显示一些类似"log4j:WARN..."的警告信息，这些警告信息可以不用理会。

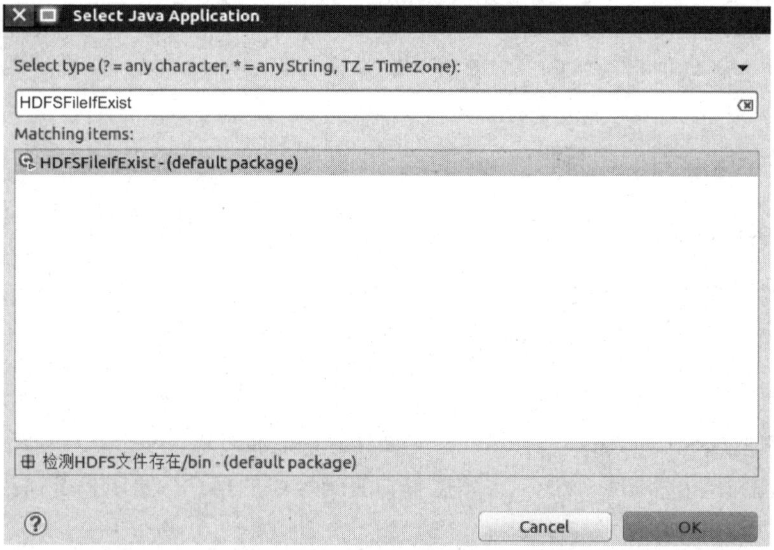

图 3-15　"Select Java Application"对话框

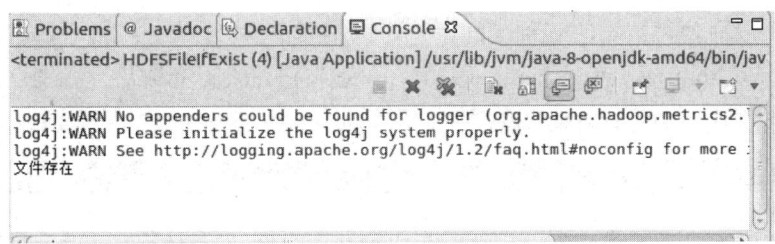

图 3-16　"Console"窗口中显示的运行结果信息

2. 应用程序的部署（打包）

下面介绍如何把 Java 应用程序生成 JAR 包，并部署到 Hadoop 平台上运行。

在 Eclipse 工作界面左侧的"Package Explorer"窗口或"Navigator"窗口中，右击项目名称"检测 HDFS 文件存在"，在弹出的快捷菜单中选择"Export"命令，如图 3-17 所示。

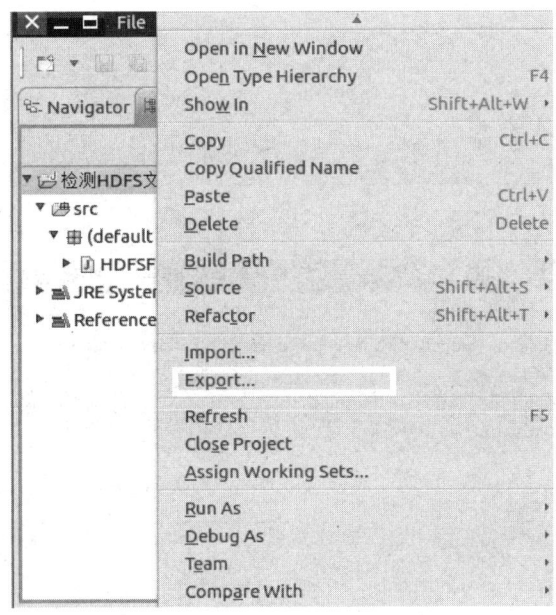

图 3-17　选择"Export"命令

在弹出的"Export"对话框的列表框中，展开"Java"文件夹，选择"Runnable JAR file"，如图 3-18 所示，单击"Next>"按钮。

打开"Runnable JAR File Export"对话框，"Launch configuration"下拉列表用于设置生成的 JAR 包被部署启动时运行的主类，这里在该下拉列表中选择刚才配置的类"HDFSFileIfExist(4)-检测 HDFS 文件存在"，其中"HDFSFileIfExist"是项目主类的名称，"检测 HDFS 文件存在"是 Java 项目名称，"(4)"表示对该项目打包的次数，可以不必理会；"Export destination"下方的文本框用于设置 JAR 包要保存到哪个目录中，这里设置为"/home/hadoop/myApp/HDFSExample.jar"，即打包后生成的 JAR 包保存在用户目录的 myApp 目录下，打包后生成的 JAR 包的名称为"HDFSExample.jar"，这里打包后生成的 JAR

包的名称既可以与项目主类的名称相同，也可以不同；在"Library handling"选区内选中"Extract required libraries into generated JAR"单选按钮。设置完成后，如图 3-19 所示，单击"Finish"按钮，会弹出如图 3-20 所示的对话框。

图 3-18　"Export"对话框

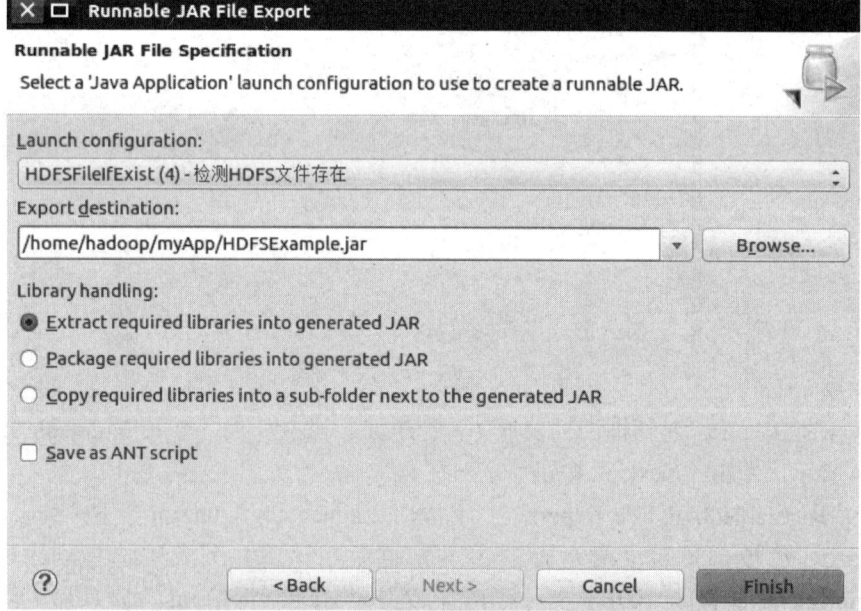

图 3-19　"Runnable JAR File Export"对话框

Runnable JAR File Export
This operation repacks referenced libraries.
Please review the licenses associated with libraries you wish to reference to make sure you are able to repack them using this application. Note also that this operation does not copy signature files from original libraries to the generated JAR file.
Do not show this message again
Cancel
OK

图 3-20　设置完成后弹出的提示对话框

可以忽略如图 3-20 所示对话框中的信息，直接单击该对话框右下角的“OK”按钮，启动打包过程。打包过程结束后，会出现一个警告信息对话框，如图 3-21 所示。可以忽略该对话框中的信息，直接单击该对话框右下角的“OK”按钮。

Runnable JAR File Export
JAR export finished with warnings. See details for additional information.
Details >>
OK

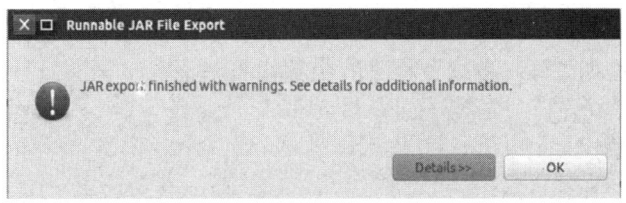

图 3-21　打包过程结束后的警告信息对话框

至此，已经顺利把 Java 项目“检测 HDFS 文件存在”打包生成了 HDFSExample.jar 文件，可以到 Ubuntu 系统中查看一下生成的 HDFSExample.jar 文件。在 Ubuntu 系统的终端中执行以下命令：

```
$ cd ~/myApp/
$ ls
```

可以看到，/home/hadoop/myApp 目录下已经存在一个 HDFSExample.jar 文件。现在，可以在 Ubuntu 系统中启动 Hadoop（如果没有启动，则可以先执行 start-dfs.sh 命令），然后使用 hadoop jar 命令运行程序，命令如下：

```
$ hadoop jar HDFSExample.jar
```

也可以使用以下命令运行程序：

```
$ java -jar HDFSExample.jar
```

注意：在上述两条命令中，hadoop 命令中的 jar 的前面没有“-”，java 命令中的 jar 的前面有“-”。

上述命令执行结束后，会显示执行结果“文件存在”或“文件不存在”，如图 3-22 所示。

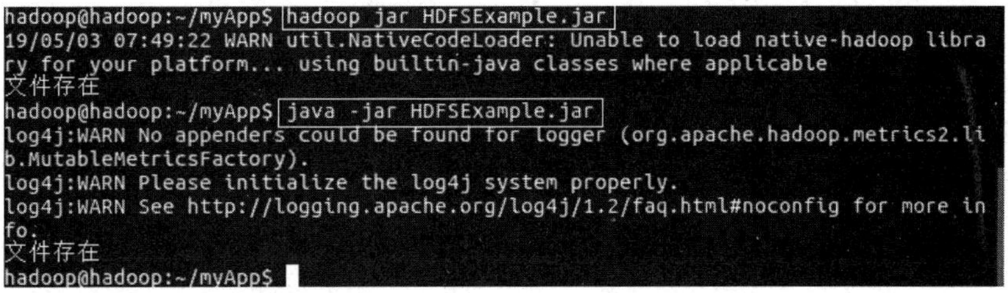

hadoop@hadoop:~/myApp$ hadoop jar HDFSExample.jar
19/05/03 07:49:22 WARN util.NativeCodeLoader: Unable to load native-hadoop library for your platform... using builtin-java classes where applicable
文件存在
hadoop@hadoop:~/myApp$ java -jar HDFSExample.jar
log4j:WARN No appenders could be found for logger (org.apache.hadoop.metrics2.lib.MutableMetricsFactory).
log4j:WARN Please initialize the log4j system properly.
log4j:WARN See http://logging.apache.org/log4j/1.2/faq.html#noconfig for more info.
文件存在
hadoop@hadoop:~/myApp$

图 3-22　使用命令运行程序

至此，检测 HDFS 文件是否存在的应用程序就顺利部署完成了，也就是完成了 Java 项目的打包任务。

3.3.4 练习用的代码文件

下面给出几个代码文件，供读者课外自己练习。

1. 创建 HDFS 文件并写入数据

"创建 HDFS 文件并写入数据"程序的实现目标是：判断 HDFS 中是否已存在该文件，如果该文件存在，则追加数据；如果该文件不存在，则创建文件，并向新建文件中写入数据。该程序与"检测 HDFS 文件存在"程序相比，最主要的区别是 FSDataOutputStream 类的使用，该类提供了向 HDFS 文件中写数据的方法。

"创建 HDFS 文件并写入数据"程序的全部代码如下：

```java
import org.apache.hadoop.conf.Configuration;
import org.apache.hadoop.fs.FileSystem;
import org.apache.hadoop.fs.FSDataOutputStream;
import org.apache.hadoop.fs.Path;
public class HDFSWrite {
    public static void main(String[] args) {
        FSDataOutputStream os = null;//Hadoop 数据流写操作类 FSDataOutputStream 对象实例，通过该对象（os）向 HDFS 文件追加或写入数据
        try {
            Configuration conf = new Configuration();  //加载配置文件
conf.set("fs.defaultFS","hdfs://localhost:9000");//配置对象链接 HDFS 地址
            conf.set("fs.hdfs.impl","org.apache.hadoop.hdfs.DistributedFileSystem");
            FileSystem fs = FileSystem.get(conf);//创建文件系统对象实例
            String[] contents = new String[] {//以数组方式定义待输入的全部数据
                        "两人对酌山花开，\n",
                        "一杯一杯复一杯，\n",
                        "我醉欲眠卿且去，\n",
                        "明朝有意抱琴来。\n",
                        "\n",
                    };
        String filename = "test"; //要写入数据的文件名
        //创建 Path 对象，该对象之后可以被用于 Hadoop 的 FileSystem 对象上的各种操作，如打开文件、检查文件存在性、删除文件或目录等
        Path file=new Path(filename);
        if(fs.exists(file)) { //判断文件是否存在
        System.out.println(filename+"已经存在");
        os=fs. append (file);//打开一个已有文件，并在该文件中的末尾追加数据
    }
```

```
    else{
    os = fs.create(file);//创建一个空文件, 然后可以向该文件中顺序写入数据
    System.out.println("新建文件:"+ filename);
                }
    for(String line : contents) { //遍历数组写入数据
             os.write(line.getBytes("UTF-8"));//转换编码格式写入
             os.flush();//刷新写入
         }
         os.close();//关闭写入流对象
         fs.close();//关闭文件系统对象
     } catch (Exception e) {
             e.printStackTrace();
     }
   }
}
```

具体操作说明：按照前例 HDFS 编程的流程，在 Eclipse 中建立 Java 项目，添加支持 HDFS 的 JAR 包，编写类及其代码；打开终端，启动 Hadoop，编译并运行该 Java 项目，运行成功后，再次进入终端，通过 cat 命令查看 test 文件中的内容。可以反复执行该程序，反复查看 test 文件中内容的变化。

2. 读 HDFS 文件中的数据

"读 HDFS 文件中的数据" 程序的主要代码如下

```
Configuration conf = new Configuration();//加载配置文件
conf.set("fs.defaultFS","hdfs://localhost:9000");//配置对象链接 HDFS 地址
conf.set("fs.hdfs.impl","org.apache.hadoop.hdfs.DistributedFileSystem");
FileSystem fs = FileSystem.get(conf); //创建文件系统对象实例
Path file = new Path("test"); //将字符串转化为 Path 对象实例
FSDataInputStream in = fs.open(file); //数据流读操作类对象实例, 打开 HDFS 文件
//缓冲字符输入流。为字符输入流添加缓冲功能, 平衡内存与硬盘的读写速度
BufferedReader d = new BufferedReader(new InputStreamReader(in));
String content=""; //存放读取的一行数据
int i=0; //计行数
while((content=d.readLine())!=null){//这里读一行数据并判断到没到尾部
     i++;
     System.out.print("读取文件的第"+i+"行内容:    ");
     System.out.println(content);
     }
```

该程序与"创建 HDFS 文件并写入数据"程序相比，最主要的区别是 FSDataInputStream 类的使用，该类提供了读 HDFS 文件中数据的一系列方法，包括 open()方法、read()方法、readLine()方法、seek()方法等。

可结合已经完成的"创建 HDFS 文件并写入数据"程序，自行编写完整的"读 HDFS 文件中的数据"程序形成 Java 项目，试验从 HDFS 中已经存在的文件内读取数据。

3. 创建 HDFS 目录

"创建 HDFS 目录"程序的实现目标是：在程序中通过 args[0] 参数提供用户输入，由 args[0] 参数明确在 HDFS 中创建目录的具体地址。

"创建 HDFS 目录"程序的全部代码如下：

```java
import java.net.URI;
import org.apache.hadoop.conf.Configuration;
import org.apache.hadoop.fs.FileSystem;
import org.apache.hadoop.fs.Path;

public class HDFSReadFile {
    public static void main(String[] args){
        try{
            Configuration conf = new Configuration();//加载配置文件
            conf.set("fs.defaultFS","hdfs://localhost:9000");//配置对象链接HDFS地址

conf.set("fs.hdfs.impl","org.apache.hadoop.hdfs.DistributedFileSystem");
            String uri=args[0];//从键盘输入路径参数
            FileSystem fs = FileSystem.get(new URI(uri),conf);//创建文件系统对象实例
            Path dfs = new Path(uri);//将接收到的字符串转化为Path对象实例
            fs.mkdirs(dfs);//创建HDFS目录
            fs.close();
        }catch (Exception e){
            e.printStackTrace();
        }
    }
}
```

比如，在 HDFS 中的用户目录下创建 test2 目录。具体操作过程是：在 Eclipse 中创建 Java 项目，添加支持 HDFS 的 JAR 包，编写类及其代码，编译并运行后，打包生成 JAR 文件，回到终端，启动 Hadoop，执行以下命令：

```
$ java -jar cret.jar test2.  #创建test2目录
```

或者执行以下命令：

```
$ hadoop jar cret.jar test2      #创建test2目录
```

之后，查看 HDFS 中的用户目录，检验 test2 目录是否创建成功。

"创建 HDFS 目录"程序既可以逐级创建目录，也可以递归创建目录，即一次性创建多级目录，读者可自行验证。

4. 删除 HDFS 目录

"删除 HDFS 目录"程序的代码与"创建 HDFS 目录"程序的代码类似，因此只需修改"创建 HDFS 目录"程序中的 fs 对象的方法，将 mkdirs() 修改为 delete() 即可实现"删除 HDFS 目录"程序。需要自行修改的内容如下：

```
boolean isDelete= fs.delete(dfs, true); //递归删除目录下的所有文件和子目录
 //boolean isDelete= fs.delete(dfs, false); //如果 delete()方法的第二个参数的值为 ture,
则将删除整个目录, 即使该目录下有其他文件或子目录; 如果第二个参数的值为 false, 则仅当目录为空时才
可以删除
 String str=isDelete?"删除成功":"出现错误";
 System.out.println("删除-"+str);
```

请留意, 经过试验, 删除目录时接收 args[0]字符串参数作为删除目录, 该程序在个别计算机环境下并不能删除成功, 在这种情况下, 只有在程序语句中具体定义删除的目录路径, 程序才能删除成功。

本项目介绍了 HDFS 的基本知识, 主要练习了 HDFS Shell 常用命令, 掌握了 HDFS 的基本操作。同时, 使用 Java API 实现了 HDFS 文件操作的编程学习, 从而让读者了解了 HDFS 常用命令的实现原理。

3.4　思考与操作

一、单选题

1. 下面关于 HDFS 文件的写入的表述, 正确的是（　　）。

　　A. 支持多用户对同一个文件的写操作

　　B. 用户可以在文件中的任意位置进行修改

　　C. 默认将文件块复制成 3 份存放

　　D. 复制的文件块默认存在同一机架上

2. NameNode 在启动时自动进入安全模式, 在安全模式阶段, 说法错误的是（　　）。

　　A. 安全模式的目的是在系统启动时检查各个 DataNode 上数据块的有效性

　　B. 根据策略对数据块进行必要的复制或删除

　　C. 当数据块最小百分比数满足最小副本数条件时, 会自动退出安全模式

　　D. 文件系统允许有修改

3. 下列哪一项通常不与 NameNode 在一个节点上启动？（　　）

　　A. SecondaryNameNode　　　　　　　B. DataNode

　　C. ResourceManager　　　　　　　　D. NodeManager

4. 下面哪个程序负责 HDFS 数据存储？（　　）

　　A. NameNode　　　　　　　　　　　B. JobTrackers

　　C. DataNode　　　　　　　　　　　D. SecondaryNameNode

5. Hadoop 2.7.6 的 HDFS 默认 Block 的大小是（　　）。

　　A. 32MB　　　　B. 64MB　　　　C. 128MB　　　　D. 256MB

二、多选题

1. HDFS 无法高效存储大量小文件, 想让它能处理好小文件, 比较可行的改进策略不包括（　　）。

A．利用 SequenceFile、MapFile、Har 等方式归档小文件

B．多 Master 设计

C．将 Block 的大小适当调小

D．调大 NameNode 内存或将文件系统元数据存到硬盘中

2．关于 SecondaryNameNode，以下哪些表述是不正确的?（　　　）

A．它是 NameNode 的热备

B．它对内存没有要求

C．它的目的是帮助 NameNode 合并日志，减少 NameNode 的启动时间

D．SecondaryNameNode 应与 NameNode 部署到一个节点

3．运行 Hadoop 集群需要哪些守护进程?（　　　）

A．DataNode　　　B．NameNode　　　C．TaskTrackers　　　D．JobTrackers

4．以下哪些项属于 Hadoop 可以运行的模式?（　　　）

A．单机（本地）模式　　　　　　B．伪分布式模式

C．互联模式　　　　　　　　　　D．分布式模式

三、简答题

1．HDFS 是如何实现容错机制的？如果 DataNode 出现故障会怎么样？

2．简述 hadoop fs 和 hadoop dfs 的区别。

四、实操题

1．实验要求

利用 Java API 编程与 HDFS 实现交互。先编写一个上传程序，将下面一首宋词分行保存到 HDFS 中的一个文件内，该文件的名称为"sudongpo"。

夜饮东坡醒复醉，\n 归来仿佛三更。\n 家童鼻息已雷鸣。\n 敲门都不应，\n 倚杖听江声。\n 长恨此身非我有，\n 何时忘却营营？\n 夜阑风静縠纹平。\n 小舟从此逝，\n 江海寄余生。\n

然后编写一个程序，将 sudongpo 文件中的内容分行读取并打印出来，同时显示共有多少行。

2．实验目的

（1）熟悉 HDFS 文件交互操作 Java 编程的基本流程。

（2）熟悉 HDFS 下 Java 项目编译、打包、运行的基本操作。

（3）能读懂 HDFS 文件交互操作 Java 程序并适当修改。

3．实验工具和环境

HDFS、Eclipse。

4.　实验内容

HDFS 文件交互操作 Java 编程实验工作与记录手册

任务	子任务	执行过程	结果
写数据到 HDFS 文件中	自行分解任务		
读 HDFS 文件中的数据			
创建 HDFS 目录			
删除 HDFS 目录			

项目 4

HBase 伪分布式模式部署与使用

本项目将介绍如何完成基于 Ubuntu 环境的 HBase 伪分布式部署的工作。通过对本项目内容的学习，读者应熟练掌握 HBase 伪分布式部署的方法，以及 HBase 基本操作的命令。

4.1 HBase 介绍

HBase（Hadoop Database）是一个分布式的、面向列的开源数据库，该技术是一篇题目为"Bigtable：一个结构化数据的分布式存储系统"的 Google 论文的开源实现。就像 Bigtable（大表）利用了 Google 文件系统（File System）所提供的分布式数据存储一样，HBase 在 Hadoop 上提供了类似于 Bigtable 的能力。HBase 是 Apache 的 Hadoop 项目的子项目。HBase 不同于一般的关系数据库，它是一个适用于存储非结构化数据的数据库，并且 HBase 是基于列模式存储数据的，而不是基于行模式存储数据的。

HBase 是一个高可靠、高性能、面向列、可伸缩的分布式存储系统，利用 HBase 技术，可以在低成本的 PC 服务器上搭建起大规模的结构化存储集群。

HBase 是一个数据模型，类似于 Google 公司的 Bigtable 设计，可以用于快速随机访问海量的结构化数据。它利用了 HDFS 提供的容错能力。

HBase 与 HDFS 的关系如图 4-1 所示。HBase 提供对数据的随机实时读/写访问，它利用 HDFS 作为其底层存储系统。在 HDFS 中，HBase 既可以作为数据消费者（Data Consumer）读取数据，也可以作为数据生产者（Data Producer）写入数据。HBase 在 HDFS 之上，并提供了读（Read）/写（Write）访问。

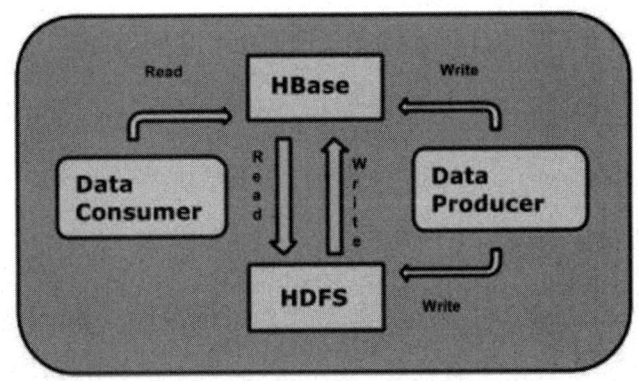

图 4-1　HBase 与 HDFS 的关系

4.2　安装 HBase

1. 下载 HBase 安装包

本书下载的 HBase 安装包为 hbase-1.1.5-bin.tar.gz，是已经编译好的稳定的版本。读者在做练习时，也可以下载更新的版本，如果是第一次安装 HBase，则尽量不要下载未编译的版本。

可以在 Linux 系统中下载 HBase 安装包，或者在 Windows 系统中下载 HBase 安装包后，将其复制到虚拟机上安装的 Ubuntu 系统的"~/下载"目录下。

2. 准备基础环境

HBase 伪分布式环境的数据需要存储在 HDFS 中，所以在配置 HBase 伪分布式环境之前需要有 Hadoop 环境。在终端中执行以下命令，启动 Hadoop 并查看进程的情况：

```
$ start-dfs.sh  #或 start-all.sh
$ jps
```

执行 jps 命令后，如果看到 NameNode、DataNode 和 SecondaryNameNode 这 3 个进程都已经成功启动，则表示 Hadoop 启动成功。

3. 安装 HBase

（1）将 HBase 安装包 hbase-1.1.5-bin.tar.gz 解压缩到/opt 目录中，命令如下：

```
$ sudo tar zxvf ~/下载/hbase-1.1.5-bin.tar.gz -C /opt
```

（2）将解压缩的文件夹名 hbase-1.1.5 修改为 hbase，以便使用，命令如下：

```
$ sudo mv /opt/hbase-1.1.5/ /opt/hbase
```

（3）配置环境变量。将 HBase 下的 bin 目录添加到环境变量 PATH 中，这样，启动 HBase 就无须到/opt/hbase 目录下，以便 HBase 的使用。使用 vim 编辑器打开~/.bashrc 文件，命令如下：

```
$ sudo vim ~/.bashrc
```

如果在此之前没有引入过 PATH，则需要在~/.bashrc 文件中的尾行添加以下内容：

```
export PATH=$PATH:/opt/hbase/bin
```

如果已经引入过 PATH，则需要在"export PATH"这行追加"：/opt/hbase/bin"，这里的
"："是分隔符。当然，本书在此实验练习之前已经安装过 Java、Hadoop 等，已经引入过 PATH。
HBase 环境变量的配置如图 4-2 所示。

```
X — □   终端 文件(F) 编辑(E) 查看(V) 搜索(S) 终端(T) 帮助(H)
# ~/.bashrc: executed by bash(1) for non-login shells.
# see /usr/share/doc/bash/examples/startup-files (in the package bash-doc)
# for examples

# If not running interactively, don't do anything
export ZOOKEEPER_HOME=/opt/zookeeper
PATH=$PATH:$ZOOKEEPER_HOME/bin

export JAVA_HOME=/opt/java/jdk1.8.0_171
export CLASSPATH=$JAVA_HOME/lib/
export PATH=$JAVA_HOME/bin:$PATH
export PATH JAVA_HOME CLASSPATH

export HADOOP_HOME=/opt/hadoop
export CLASSPATH=$CLASSPATH:$HADOOP_HOME/lib
export PATH=$PATH:$HADOOP_HOME/bin:$HADOOP_HOME/sbin:/opt/hbase/bin

case $- in
    *i*) ;;
        *) return;;
esac

# don't put duplicate lines or lines starting with space in the history.
-- 插入 --                                              16,68            顶端
```

图 4-2　HBase 环境变量的配置

编辑完成后，保存并退出，然后执行以下命令使上述配置在当前终端立即生效：

```
$ source ~/.bashrc
```

（4）添加 HBase 权限。将 HBase 下的所有文件的所有者修改为当前用户 hadoop（当然，
如果是其他用户名，就修改为相应的用户名）。命令如下：

```
$ cd /opt
$ sudo chown -R hadoop ./hbase      #所有者授权，如果已对/opt目录做过授权，则可以省略这一步
```

（5）查看 HBase 的版本，确定 HBase 是否安装成功，命令如下：

```
$ hbase version
```

在执行上述命令后，输出信息如图 4-3 所示。

```
2019-05-04 07:29:54,740 INFO  [main] util.VersionInfo: HBase 1.1.5
2019-05-04 07:29:54,744 INFO  [main] util.VersionInfo: Source code repository gi
t://diocles.local/Volumes/hbase-1.1.5/hbase revision=239b80456118175b340b2e562a5
568b5c744252e
2019-05-04 07:29:54,744 INFO  [main] util.VersionInfo: Compiled by ndimiduk on S
un May 8 20:29:26 PDT 2016
2019-05-04 07:29:54,744 INFO  [main] util.VersionInfo: From source with checksum
 7ad8dc6c5daba19e4aab081181a2457d
```

图 4-3　查看 HBase 的版本时的输出信息

由图 4-3 可知，HBase 已经安装成功，接下来将进行 HBase 伪分布式模式的部署。

4.3　HBase 伪分布式模式部署实践

HBase 有 3 种运行模式，分别是单机模式、伪分布式模式、分布式模式。本项目只讨论伪分布式模式。

要部署 HBase 伪分布式模式，以下先决条件很重要（比如没有配置 Java 环境变量，就会报错）：

（1）JDK 已经安装好并配置与生效了环境变量。

（2）Hadoop（单机模式不需要，伪分布式模式和分布式模式需要）已经安装完成并能启动。

（3）SSH 已经安装完成，可以实现免密登录。

上述 3 个先决条件满足之后，接下来，做 HBase 伪分布式模式部署任务。

1．HBase 配置文件的位置

切换到 HBase 的 conf 目录下并查看。命令如下：

```
$ cd /opt/hbase/conf/          #进入 HBase 配置路径
$ ls                           #查找 HBase 配置文件
```

可以发现 conf 目录下有配置文件 hbase-env.sh 和 hbase-si te.xml。

2．修改配置文件 hbase-env.sh

在 HBase 的 conf 目录下执行以下命令：

```
$ sudo vim hbase-env.sh
```

进入 vim 编辑器，按 i 键之后进入编辑状态，在文件的最后添加以下 3 行内容：

```
export JAVA_HOME=/opt/java/jdk1.8
export HBASE_CLASSPATH=/opt/hadoop/conf
export HBASE_MANAGES_ZK=true
```

在 hbase-env.sh 文件中，需要配置 JAVA_HOME、HBASE_CLASSPATH、HBASE_MANAGES_ZK 这 3 项内容。

JAVA_HOME 的值要查看~/.bashrc 文件中 JAVA_HOME 的配置路径并与其一致，因为在此之前，我们是通过线下安装的 JDK，所以当时自己定义的安装路径是/opt/java/jdk1.8。如果是在线安装，则 JDK 安装路径为/usr/lib/jvm/default-java。因此，我们需要注意按照自己的 JDK 安装方式和路径设置 JAVA_HOME 的值。

将 HBASE_CLASSPATH 的值设置为本机 Hadoop 安装目录下的 conf 目录（即/opt/hadoop/conf）。

将 HBASE_MANAGES_ZK 的值设置为 true，表示由 HBase 自己管理 ZooKeeper，不需要单独安装与运行另外的 ZooKeeper。

3. 修改配置文件 hbase-site.xml

在 HBase 的 conf 目录下执行以下命令：

```
$ sudo vim hbase-site.xml
```

修改配置文件 hbase-site.xml，指定 HBase 存放数据的位置及运行模式。在 <configuration>和</configuration>之间增加以下配置内容：

```
<property>
        <name>hbase.rootdir</name>
        <value>hdfs://localhost:9000/hbase</value>
</property>
<property>
        <name>hbase.cluster.distributed</name>
        <value>true</value>
</property>
```

具体修改如图 4-4 所示。

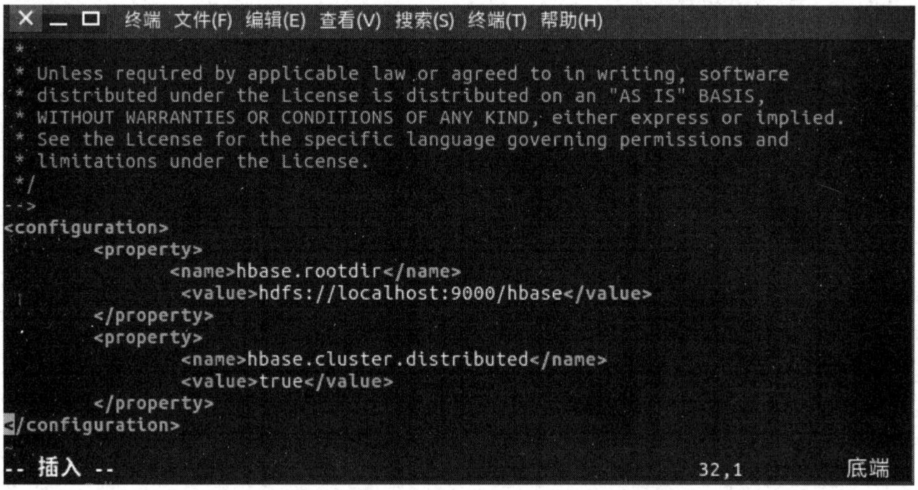

图 4-4　修改配置文件 hbase-site.xml

hbase.rootdir 用于指定 HBase 的存储目录，这个目录是 region server（region 是 HBase 在 HDFS 上保存数据的物理存储单元，region server 是其服务节点）的共享目录，用来持久化 HBase；hbase.cluster.distributed 用于设置 HBase 的运行模式，false 表示单机模式，true 表示分布式模式。

4. 启停 HBase

（1）启动 Hadoop（如果已经启动 Hadoop，则可以跳过该步骤），命令如下：

```
$ cd /opt/hadoop/sbin/
$ ./start-dfs.sh          #启动 Hadoop
$ jps            #查看进程启动情况
```

（2）启动 HBase，命令如下：

```
$ cd /opt/hbase/bin/
```

```
$ ./start-hbase.sh        #启动 HBase
$ jps
```

在启动 HBase 后，执行“jps”命令，如图 4-5 所示，如果启动的进程中有 HMaster（Master 服务器）、HQuorumPeer（HBase 管理的 ZooKeeper）、HRegionServer（Region 服务器）这 3 个进程，则说明 HBase 启动成功。

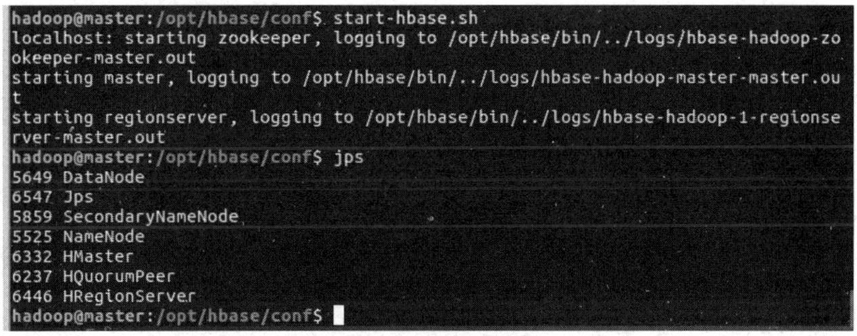

```
hadoop@master:/opt/hbase/conf$ start-hbase.sh
localhost: starting zookeeper, logging to /opt/hbase/bin/../logs/hbase-hadoop-zo
okeeper-master.out
starting master, logging to /opt/hbase/bin/../logs/hbase-hadoop-master-master.ou
t
starting regionserver, logging to /opt/hbase/bin/../logs/hbase-hadoop-1-regionse
rver-master.out
hadoop@master:/opt/hbase/conf$ jps
5649 DataNode
6547 Jps
5859 SecondaryNameNode
5525 NameNode
6332 HMaster
6237 HQuorumPeer
6446 HRegionServer
hadoop@master:/opt/hbase/conf$
```

图 4-5　启动 HBase 并查看进程启动情况

HRegionServer 一般和 DataNode 在同一台机器上运行，实现数据的本地性。

HMaster 管理 Region 服务器的列表并分配 Region，负责 Region 服务器的负载均衡，发现失效的 Region 服务器并重新分配其上的 Region，另外，HMaster 还有回收 HDFS 上的垃圾文件等功能。

HBase 只有一个 Master，但有许多个 Region 服务器，这些服务器负责存储和维护分配给自己的 Region，处理来自客户端的读写请求，负责切分在运行过程中变得过大的 Region。客户端不是直接从 Master 服务器上读取数据，而是通过 ZooKeeper 来获得 Region 的位置信息，从 Region 上读取数据。

Region 是 HBase 存储和管理数据的基本单位。一个表中可以包含一个或多个 Region。每个 Region 只能被一个 Region 服务器提供服务，一个 Region 服务器可以同时服务多个 Region。

（3）在终端中执行“hbase shell”命令，进入 HBase Shell 界面，如图 4-6 所示。

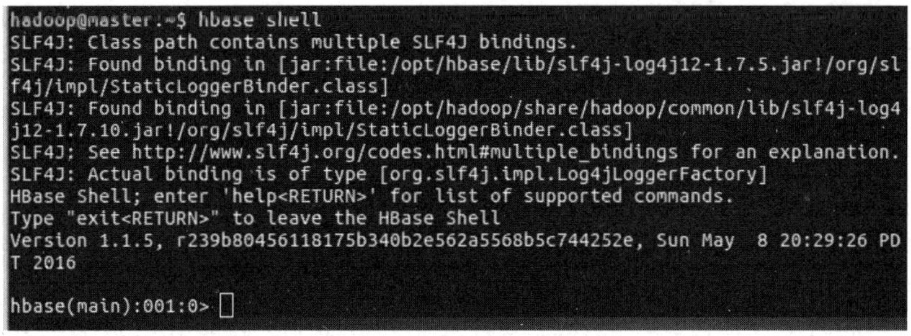

```
hadoop@master:~$ hbase shell
SLF4J: Class path contains multiple SLF4J bindings.
SLF4J: Found binding in [jar:file:/opt/hbase/lib/slf4j-log4j12-1.7.5.jar!/org/sl
f4j/impl/StaticLoggerBinder.class]
SLF4J: Found binding in [jar:file:/opt/hadoop/share/hadoop/common/lib/slf4j-log4
j12-1.7.10.jar!/org/slf4j/impl/StaticLoggerBinder.class]
SLF4J: See http://www.slf4j.org/codes.html#multiple_bindings for an explanation.
SLF4J: Actual binding is of type [org.slf4j.impl.Log4jLoggerFactory]
HBase Shell; enter 'help<RETURN>' for list of supported commands.
Type "exit<RETURN>" to leave the HBase Shell
Version 1.1.5, r239b80456118175b340b2e562a5568b5c744252e, Sun May  8 20:29:26 PD
T 2016

hbase(main):001:0>
```

图 4-6　进入 HBase Shell 界面

执行“exit”命令，可以退出 HBase Shell 界面，回到 Ubuntu 系统的终端界面。

（4）停止 HBase 运行，命令如下：

```
$ stop-hbase.sh
```

要注意HBase启动和关闭的顺序。启动HBase的顺序是：先启动Hadoop，再启动HBase。关闭HBase的顺序是：先关闭 HBase，再关闭 Hadoop。

所以，启动和关闭 Hadoop 与 HBase 的顺序一定是：启动 Hadoop→启动 HBase→关闭 HBase→关闭 Hadoop。在进行 Hadoop 和 HBase 操作时，如果要退出，一定要规范地执行相关的关闭命令，以保证系统下一次还能正常启动。

4.4 HBase Shell 常用操作命令实践

使用 HBase Shell 命令可以比较容易地对 HBase 数据库进行系列操作。在使用 HBase Shell 命令操作 HBase 数据之前，需要先启动 Hadoop（HDFS），再启动 HBase，然后进入 HBase Shell 界面。具体操作命令与执行顺序现排列如下：

```
$ start-dfs.sh    #启动 Hadoop
$ start-hbase.sh  # 启动 HBase
$ hbase Shell
```

在 Shell 命令提示符状态下，我们就可以执行 HBase Shell 命令了。

4.4.1 HBase 表结构形式和常用的表操作命令

1. HBase 表结构形式

HBase 表的表结构如表 4-1 所示。

表 4-1 HBase 表的表结构

行键	列簇：CF1		列簇：CF2	
	列：Name	列：Age	列：Phone	列：address
001	张三	18	13000000000	上海
002	李四	19	13000000000	北京

HBase 表由行键、列和列簇组成。

行键（RowKey）可理解成 MySQL 数据库中数据表的主键列。对于 HBase 而言，创建 HBase 表时并不需要自行创建行键，系统会默认一个属性作为行键，通常把添加数据操作中跟在表名后面的第一个数据作为行键。

列（Column）可理解成 MySQL 数据库中数据表的列，列既可以属于某个列簇，也可以不属于任何列簇。

列簇（ColumnFamily）是 HBase 新引入的概念。引入列簇机制的原因有二：一是将多个列聚合成一个列簇，可以将一个宽表切分成几个不那么宽的表，使得查询时将一整行的数据以列簇的形式返回；二是对应到文件存储结构，不同的列簇会写入不同的文件。表 4-1 有两个列簇，分别是 CF1 和 CF2。

2. HBase 常用的表操作命令

HBase 常用的表操作命令如表 4-2 所示。

表 4-2　HBase 常用的表操作命令

操作	命令表达式
创建表	create '表名称','列名称 1','列名称 2','列名称 N'
显示表详细信息（包括表结构）	describe '表名称'
列出 HBase 数据库中存在的所有表	list
添加记录	put '表名称','行名称','列名称:','值'
查看记录	get '表名称','行名称'
查看表中的记录总数	count '表名称'
删除记录	delete '表名','行名称','列名称'
删除一个表	先要屏蔽该表，才能对该表进行删除，第一步的命令为"disable '表名称'"，第二步的命令为"drop '表名称'"
使表有效	enable '表名称'（对应地，使表无效的命令为"disable '表名称'"）
查看表中的所有记录	scan '表名称'
查看表的某个列中的所有数据	scan '表名称' , ['列名称']
测试表是否存在	exists '表名称'
退出 HBase Shell 界面	exit

4.4.2　案例 4-1：在 HBase 数据库中创建表和删除表

1. 创建表

在关系数据库（如 MySQL 数据库等）中，需要首先创建数据库，然后才能在数据库中创建表，但在 HBase 数据库中，则不需要创建数据库，直接创建表就可以。

假设创建一个名称为"student"的表，该表的属性有 name、sex、age、dept、course（这些属性既可能是列，也可能是列簇，这要在输入数据时确定）。HBase Shell 命令如下：

```
hbase(main):001:0> create 'student','name','sex','age','dept','course'
```

创建表的过程如图 4-7 所示。

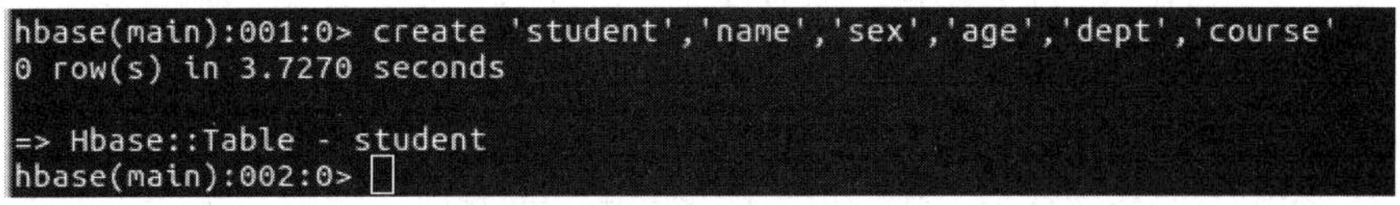

图 4-7　创建 student 表的过程

创建表时并没有指明行键的名称，因为系统会默认把在输入数据时跟在表名后面的第一个数据作为行键。行键的具体实现在后面的内容中将会介绍到。

在创建 student 表之后，可以通过 describe 命令查看 student 表的详细信息。命令如下：

```
hbase(main):003:0> describe 'student'
```

上述命令执行后，会显示 student 表的所有列属性信息。

在创建 student 表后，可以通过 list 命令查看 HBase 数据库中的所有表，如图 4-8 所示。

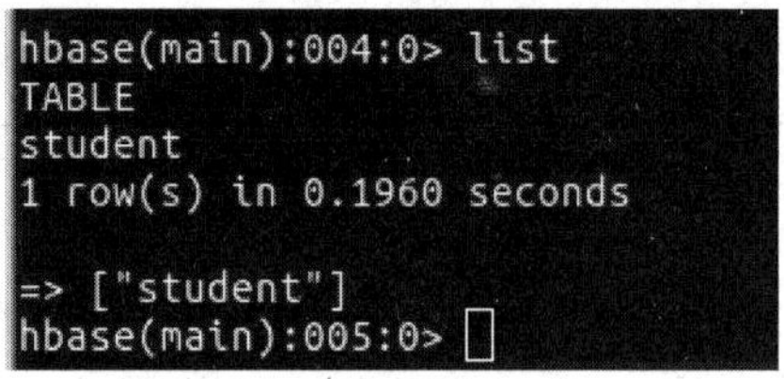

图 4-8　查看 HBase 数据库中的所有表

2. 删除表

在删除表前要先使表失效，再删除表，命令执行过程如下：

```
hbase(main):005:0> disable 'student'          #屏蔽表
0 row(s) in 2.5270 seconds
hbase(main):007:0> drop 'student1'            #删除表
0 row(s) in 1.3580 seconds
hbase(main):008:0> list                       #查看表
TABLE
0 row(s) in 0.0230 seconds

=> []
```

3. 快捷键介绍

在 HBase Shell 界面中，也可以使用键盘上的上下箭头键（↑↓）实现对历史操作命令的选择，在删除 student 表之后，使用上下箭头键找到创建表命令，再次将 student 表建好，下面还要对新建的 student 表做数据操作。

HBase Shell 命令也可以使用 Tab 键自动补全命令。

4.4.3　案例 4-2：HBase 数据库基本操作

本节主要介绍 HBase 数据库的添加数据、修改数据、查看数据、删除数据等操作。

1. 添加数据（修改数据）

在添加数据时，HBase 数据库会自动为添加的数据添加一个时间戳（Timestamp），所以在需要修改数据时，直接添加数据即可，HBase 数据库会生成一个新的版本，从而完成数据修改，旧的版本依旧保留，系统会定时回收垃圾数据，只留下最新的几个版本，保存的版本数可以在创建表时指定。在默认情况下，HBase 数据库只存储 3 个版本的历史数据。

在 HBase 数据库中，用于添加数据的命令是 put，输入以下命令：

```
hbase(main):002:0> put 'student','950001','name','LiMing'
```

执行上述命令，就可以向 student 表中添加学号为 950001、名字为 LiMing 的一行数据，其行键为 950001。

添加"sex"列数据，命令如下：

```
hbase(main):004:0> put 'student','950001','sex','女'
```

接下来，再为"950001"行中的"course"列簇的"math"列（"math"列在建表时并没有声明）添加一个数据，命令如下：

```
hbase(main):005:0> put 'student','950001','course:math','80'
hbase(main):006:0> put 'student','950001','course:English','91'
```

列簇名加":"之后紧跟的就是该列簇下的列的名称，可以在输入数据时定义列簇中的列。

注意：在向 HBase 表中添加数据时，一次只能为一个表的一行的一个列（也就是一个单元格）添加一个数据，所以直接用 HBase Shell 命令添加数据的效率很低。在实际应用中，一般都是利用编程来实现 HBase 表的数据操作任务。

2. 查看数据

在添加数据后，可以查看数据是否添加成功。HBase 数据库中有两个用于查看数据的命令，分别是 get 命令和 scan 命令。get 命令用于查看表的某个行中的所有数据，scan 命令用于查看某个表的全部数据。例如，查看 student 表的 950001 行的数据和查看 student 表的全部数据，命令如下：

```
hbase(main):007:0> get 'student','950001'        #查看 student 表的 950001 行的数据
COLUMN                CELL
 course:English         timestamp=1557141496560, value=91
 course:math           timestamp=1557141215192, value=80
 name:                 timestamp=1557140623196, value=LiMing
 sex:                  timestamp=1557196808071, value=\xE5\xA5\xB3
4 row(s) in 0.2590 seconds
hbase(main):008:0> scan 'student'                #查看 student 表的全部数据
ROW                  COLUMN+CELL
 950001               column=course:English, timestamp=1557141496560, value=91
 950001               column=course:math, timestamp=1557141215192, value=80
 950001               column=name:, timestamp=1557140623196, value=LiMing
 950001               column=sex:, timestamp=1557196808071, value=\xE5\xA5\xB3
1 row(s) in 0.2150 seconds
```

由上述命令的执行结果可知，汉字并不能直接显示，因为 HBase 是以二进制形式存储数据的，但读取汉字是没有问题的，将从 HBase 中读取到的数据原封不动地插入 HBase 的另一个表也是没有问题的，但不能直接显示。

在查询数据时，默认会查询出最新的数据，如果指定查询的历史版本数（如有效取值为 1～5），就可以查看修改前的历史数据。当然，在创建表时，一定要先指定保存的版本数（假设指定为 5）。关于 HBase 表的历史版本的内容，这里就不做介绍了，感兴趣的读者可自行学习。

3．删除数据

在 HBase 中，用于删除数据的命令是 delete 命令和 deleteall 命令，它们的区别是：delete 命令用于删除一个数据，是 put 命令的反向操作；deleteall 命令用于删除一行数据。

（1）使用 delete 命令删除 student 表中"sex"列的数据，并查看表中是否还有该列的数据，命令如下：

```
hbase(main):018:0> delete 'student','950001','sex'      #删除"sex"列的数据
hbase(main):019:0> get 'student','950001'               #查看表中是否还有"sex"列的数据
```

（2）使用 deleteall 命令删除 student 表中"950001"行的数据，并查看表的全部数据，命令如下：

```
hbase(main):020:0> deleteall 'student','950001'         #删除"950001"行的数据
hbase(main):021:0> scan 'student'                       #查看表的全部数据
```

HBase 属于列簇数据库，是 NoSQL 数据库的一种，是 Hadoop 生态系统中的重要一员，借助 Hadoop 的力量，HBase 获得了很好的发展，得到了广泛的应用。

本项目主要介绍了 HBase 的安装，以及如何使用 HBase Shell 命令创建表、删除表，并对表中的数据进行添加、修改、删除、查询等操作。

4.5　思考与操作

一、单选题

1．HBase 依靠（　　）存储底层数据。

    A．HDFS　　　　　B．Hadoop　　　　　C．Memory　　　　　D．MapReduce

2．HBase 来源于以下哪一项？（　　）

    A．The Google File System　　　　　B．MapReduce

    C．BigTable　　　　　D．Chubby

3．解压缩以.tar.gz 结尾的 HBase 压缩包使用的 Linux 命令是（　　）。

    A．tar -zxvf　　　B．tar -zx　　　　C．tar -s　　　　　D．tar -nf

4．下列更新 HBase 表中数据的语句书写正确的是（　　）。其中语句中的"users"是表名（以下题目相同）。

    A．update users. xiaoming set info.age=1

    B．update 'users','xiaoming','info.age','29'

    C．put 'users','xiaoming','info.age'

    D．put 'users','xiaoming','info.age','29'

5．在 HBase Shell 操作中，下列哪个命令用于删除整行？（　　）

    A．delete from 'users'.'xiaoming'

    B．delete table from 'xiaoming'

    C．deleteall 'users','xiaoming'

    D．deleteall 'xiaoming'

6．在 HBase Shell 操作中，可以使用下面哪个命令对数据表进行行数统计？（　　）

　　A．select count(0) from 'users'　　　　B．sum 'users'

　　C．count 'users'　　　　　　　　　　　D．truncate 'users'

7．下面对 HBase 的描述哪些是不正确的？（　　）

　　A．不是开源的　　　　　　　　　　　B．是面向列的

　　C．是分布式的　　　　　　　　　　　D．是一种 NoSQL 数据库

8．下列哪些选项是安装 HBase 前所必须安装的？（　　）

　　A．Scala　　　　　B．JDK　　　　　C．Shell Script　　　　D．Java Code

二、判断题

1．HBase 是一套高性能的分布式数据集群，必须在大型机或高性能的服务器上进行搭建。（　　）

2．HBase 是 Apache 的 Hadoop 项目的子项目，利用 Hadoop HDFS 作为其文件存储系统，适用于存储非结构化数据。（　　）

3．MapReduce 程序可以直接读取 HBase 内存储的数据内容。（　　）

4．使用 delete 命令可以对 HBase 中的一个表进行删除操作。（　　）

5．使用 insert 命令可以对 HBase 中的一个表进行添加数据操作。（　　）

6．使用 create 命令可以在 HBase 中进行添加新表操作。（　　）

7．HBase 适合进行多表联合查询及复杂性读写操作。（　　）

8．HBase 允许创建空表，不需要建立列簇。（　　）

三、简答题

试述 HBase 主服务器 Master 和 Region 服务器的功能及作用。

四、实操题

1．实验要求

（1）创建学生表 scores，列为 grade（年级），列簇为 course（课程），学生姓名 name 作为行健的代码。

（2）查看创建的学生表 scores 的详细信息的代码。

（3）向 scores 表中添加一些数据，其中"course"列簇要求有"math"（数学）和"art"（艺术）两列。数据格式如下表所示。

name	grade	course	
		math	art
John	1	84	87
Jack	2	100	89

（4）全表扫描 scores 表中的数据。

（5）获取 Jack 的数学成绩。

2. 实验目的

（1）熟悉 HBase 操作的环境。

（2）了解 HBase 表结构形式。

（3）基本掌握在 HBase 中创建表、添加数据、查询数据的操作方法。

3. 实验工具和环境

启动 Hadoop，启动 HBase，进入 HBase Shell 界面。

4. 实验内容

HBase 基本操作实验工作与记录手册

任务	执行过程	结果
启动 Hadoop	参见 4.2 节	
启动 HBase	参见 4.3 节	
进入 HBase Shell 界面	参见 4.3 节	
列出 HBase 数据库中存在的所有表	参见表 4-2	
创建表	参见表 4-2	
显示表详细信息（包括表结构）	参见表 4-2	
添加数据	参见表 4-2	
查看表中的所有数据	参见表 4-2	
查看表的某个行中的所有数据	参见表 4-2	
对表中的行数进行统计	参见表 4-2	

项目 5

MapReduce 基础编程实践

本项目将介绍 MapReduce 的工作机制和开发方法，包括 MapReduce 基本原理、MapReduce 的工作过程、MapReduce 的工作过程细节，以及如何进行 MapReduce 程序开发。

5.1 MapReduce 介绍与基本原理

MapReduce 与 HDFS 并称 Hadoop 的两大核心。一个是大数据运算框架，另一个是大数据存储系统，解决了大数据运算与存储两大核心难题。

MapReduce 是一种分布式的计算模型，由 Google 公司提出，主要用于搜索领域，解决海量数据的计算问题。MapReduce 也是一种并行编程模型，用于大规模数据集（大于 1TB）的分布式运算。

5.1.1 MapReduce 在现实生活中的例子描述

MapReduce 框架的核心是 Map 函数和 Reduce 函数，这二者由应用程序开发者负责具体实现，由 MapReduce 框架负责调用与运行。MapReduce 的运行过程可以通过现实生活中的例子做一个简单的类比。

例子：某校图书馆要统计图书数量，该校图书馆有 10 个书架，管理员为了加快统计速度，找来了 10 个同学，每个同学负责统计一个书架的图书数量。具体分工如下：

张同学统计书架 1 的图书数量；

王同学统计书架 2 的图书数量；

刘同学统计书架 3 的图书数量；

……

李同学统计书架 10 的图书数量。

过了一会儿，10 个同学陆续到管理员处汇报自己的统计数字，管理员把各个数字加起来，就得到了图书总数。

这个过程就可以理解为 MapReduce 的工作过程。它实现了 MapReduce 中的两个核心操作，即 Map 和 Reduce。

- Map：管理员分配哪个同学统计哪个书架，每个同学都进行相同的"统计"操作，这个过程就是 Map。
- Reduce：将每个同学的统计结果进行汇总，这个过程是 Reduce。

5.1.2　通过案例拆解 MapReduce 的工作过程

下面通过单词统计（WordCount）这个经典案例来分析 MapReduce 是如何工作的。

有一个文本文件被分成了 4 份（分别为 Text1、Text2、Text3 和 Text4），并分别放到了 4 台服务器中存储。这个过程是在输入时进行分片（又称分区[Portition]）存储的过程。每个存储节点就是一个 Map 节点。

Text1：the weather is good

Text2：today is good

Text3：good weather is good

Text4：today has good weather

最后，要统计出 4 个节点中每个单词的出现次数。

MapReduce 的核心思想是"分而治之"，就是把一个大的数据集拆分为多个小数据块在多台机器上并行处理。也就是说，MapReduce 会将一个大的任务拆分为许多小的 Map 任务在多台机器上并行执行，每个 Map 任务运行在各自的数据存储节点上，减少传输开销。最后，将相同的 Map 任务结果进行 Reduce 合并形成最终结果。

下面从 Map 和 Reduce 两个操作分析 MapReduce 的具体实现过程。

1. Map 操作的具体处理过程

1）拆分

拆分（Split）就是将单词与出现的次数形成一个键值对，以(key,value)的形式作为中间结果暂时保存起来。每个单词只要出现一次就将键值对中的值记为"1"，以该单词为键。下面将各个 Map 节点的文本拆分为键值对。

（1）Map 节点 1 的输入为"the weather is good"，输出为(the,1)、(weather,1)、(is,1)、(good,1)，如图 5-1 所示。

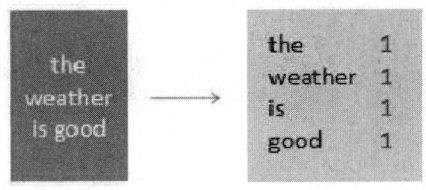

图 5-1　Map 节点 1 的输入与输出

（2）Map 节点 2 的输入为 "today is good"，输出为(today,1)、(is,1)、(good,1)，如图 5-2 所示。

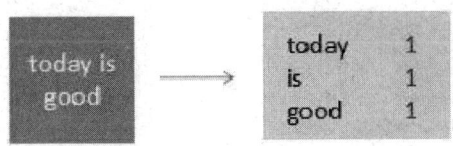

图 5-2　Map 节点 2 的输入与输出

（3）Map 节点 3 的输入为 "good weather is good"，输出为(good,1)、(weather,1)、(is,1)、(good,1)，如图 5-3 所示。

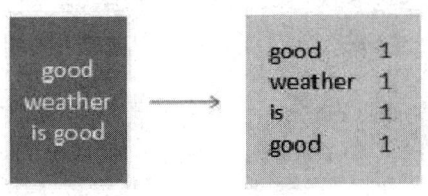

图 5-3　Map 节点 3 的输入与输出

（4）Map 节点 4 的输入为 "today has good weather"，输出为(today,1)、(has,1)、(good,1)、(weather,1)，如图 5-4 所示。

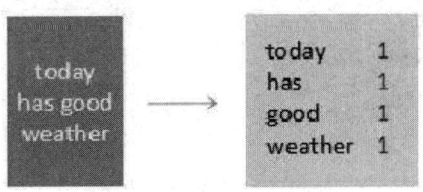

图 5-4　Map 节点 4 的输入与输出

2）排序

在每个节点对(key,value)键值对进行排序（Sort），为合并（Combine）、归并（Merge）等做好基础工作。各个 Map 节点键值对排序后的结果如下所述。

（1）Map 节点 1 键值对排序后的结果如图 5-5 所示。

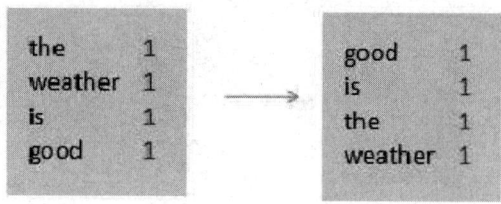

图 5-5　Map 节点 1 键值对排序后的结果

（2）Map 节点 2 键值对排序后的结果如图 5-6 所示。

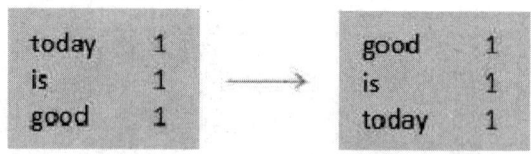

图 5-6　Map 节点 2 键值对排序后的结果

（3）Map 节点 3 键值对排序后的结果如图 5-7 所示。

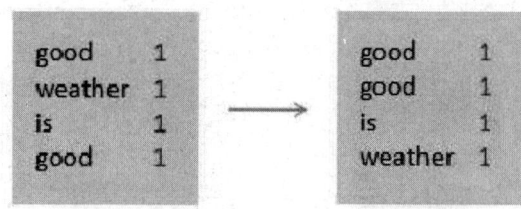

图 5-7　Map 节点 3 键值对排序后的结果

（4）Map 节点 4 键值对排序后的结果如图 5-8 所示。

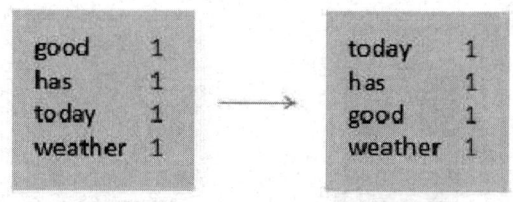

图 5-8　Map 节点 4 键值对排序后的结果

3）合并

将每个节点(key,value)相同键的值相加形成新的(key,value)。合并（Combine）的作用就是在 Map 端（各个 Map 节点）对输出先做一次合并（其实相当于一个 Reduce），以减少传输到 Reduce 的数据量。各个 Map 节点键值对合并后的结果如下所述。

（1）Map 节点 1 键值对合并后的结果如图 5-9 所示。

（2）Map 节点 2 键值对合并后的结果如图 5-10 所示。

good	1
is	1
the	1
weather	1

图 5-9   Map 节点 1 键值对合并后的结果

good	1
is	1
today	1

图 5-10   Map 节点 2 键值对合并后的结果

（3）Map 节点 3 键值对合并后的结果如图 5-11 所示。

（4）Map 节点 4 键值对合并后的结果如图 5-12 所示。

good	2
is	1
weather	1

图 5-11   Map 节点 3 键值对合并后的结果

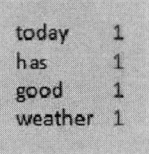

today	1
has	1
good	1
weather	1

图 5-12   Map 节点 4 键值对合并后的结果

我们也把 Map 操作中拆分之后进行排序和合并等处理的过程称为 Shuffle（洗牌）。从无序的(key,value)到有序的(key,value)，这个过程用 Shuffle（洗牌）来称呼也是非常形象的。

2. 汇总统计（Reduce 操作的具体处理过程）

每个 Map 节点都完成 Map 映射操作任务以后，就要进入完全的 Reduce 操作阶段，进行总的合并。

例如，使用了 3 个 Reduce 节点，需要对上面 4 个 Map 节点的结果进行重新组合，比如将 26 个字母按照字母顺序分成 3 段，分配给 3 个 Reduce 节点。Reduce 操作的处理过程如图 5-13 所示。

将 Map 节点的结果拆分后交给不同的 Reduce 节点进行统计，计算出最终结果。以上所述就是最基本的 MapReduce 工作过程。

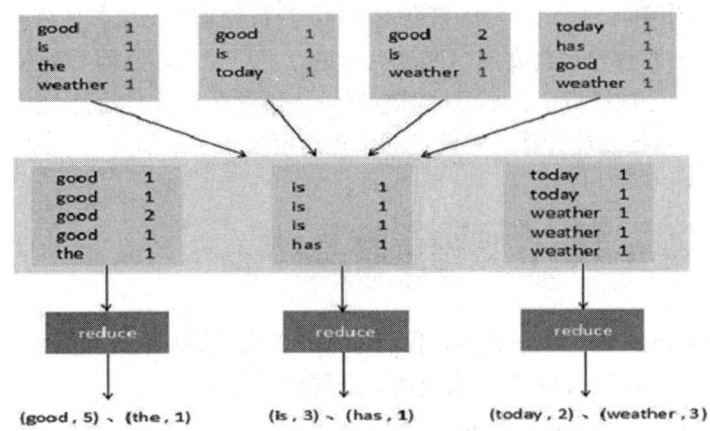

图 5-13   Reduce 操作的处理过程

5.1.3　MapReduce 的工作过程概括

MapReduce 的工作过程可以概括为"输入→Split→Map→Shuffle→Reduce→输出"。

我们以输入文本分片"Deer Bear River"、"Car Car River"和"Deer Car Bear"，每个分片对应一个 Map 节点，形成 3 个 Map 任务为例，整个 MapReduce 的工作过程如图 5-14 所示。

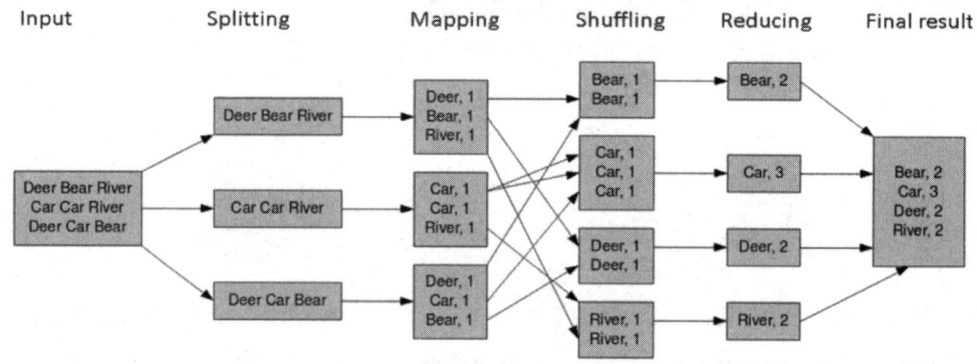

图 5-14　MapReduce 的工作过程

输入的文件会被切分成多个块，每个块都有一个 Map Task（Map 任务）支持。

在 Map 操作中，MapReduce 框架调用 Map 函数对输入的每个<key,value>进行处理，也就是完成 Map<K1,V1>→List(<K2,V2>)的映射操作。

Map 操作的输出结果会先写到内存缓冲区中，然后由缓冲区写到磁盘上。默认的缓冲区大小是 100MB（该值可以通过 mapred-site.xml 文件中的 io.sort.mb 的配置项配置），溢出的百分比是 0.8，也就是说，当缓冲区中存放的数据达到 80MB 时就会往磁盘上写。如果 Map 操作的输出结果没有达到 80MB，则最终也是要写到磁盘上的，因为它最终还是要形成文件。

一个 Map 节点的输出可能有多个这样的文件，这些文件最终会合并成一个文件，这就是这个 Map 节点的输出文件。这个过程是在 Shuffle 阶段完成的。

在 Reduce 操作中，每个 Reduce 任务对 Map 函数处理的结果按照用户定义的 Reduce 函数（编写 Reduce 程序也是将要学习的重点）进行汇总计算，从而得到最后的结果。

在 MapReduce 处理过程中会不停地对数据进行落盘（存盘）处理，因此，MapReduce 是基于硬盘的一种数据处理计算，对硬盘的传输速度要求是很高的。

5.2　MapReduce 编程思路

在了解 MapReduce 的工作过程后，我们思考一下用代码实现时需要做哪些工作呢？下面仍以单词统计（WordCount）案例来说明，需要做以下工作：

● 在 4 个服务器中启动 4 个 Map 任务。
● 每个 Map 任务读取目标文件，每读一行就拆分一下单词，并记下单词出现了一次。

- 目标文件的每行都处理完成后，需要把单词进行排序。
- 在 3 个服务器上启动 Reduce 任务。
- 每个 Reduce 任务获取一部分 Shuffle 阶段处理后的结果。
- 启动 Reduce 任务进行汇总统计，输出最终的结果数据。

通过上述表述可知，要完成这样一个编程任务需要做的工作还是很多的。但不用担心，MapReduce 是一个非常优秀的编程模型框架，已经把绝大多数的工作做完了，我们只需要关心以下两部分内容即可：

- Map 处理逻辑——对传进来的一行数据如何处理？输出什么信息？
- Reduce 处理逻辑——对传进来的 map 处理结果如何处理？输出什么信息？

在编写好上述两个核心业务逻辑之后，只需要几行简单的代码把 Map 处理逻辑和 Reduce 处理逻辑装配成一个 job（作业），然后提交给 Hadoop 集群就可以了。

MapReduce 是进行离线大数据处理时经常要使用的计算模型，MapReduce 的计算过程被封装得很好，我们只使用 Map 函数和 Reduce 函数。至于其他的复杂细节，例如如何启动 Map 任务和 Reduce 任务、如何读取文件、如何对 Map 结果进行排序、如何把 Map 结果数据分配给 Reduce 任务、Reduce 任务如何把最终结果保存到文件等，MapReduce 框架都帮我们做好了，后面结合示例就比较容易理解了。

5.3　MapReduce 编程实践：单词统计（WordCount）案例

通过在 Java 项目中添加 MapReduce 编程支持功能、编写程序、编译与打包及运行程序等过程完成单词统计（WordCount）案例的 MapReduce 编程实践。

5.3.1　在 Java 项目中添加 MapReduce 编程支持功能

1. 创建 Java 项目

启动 Eclipse，创建项目"WordCount"，然后在 src 目录下创建类"WordCountMapReduce"，现在的目录结构如图 5-15 所示。

2. 为项目添加 JAR 包

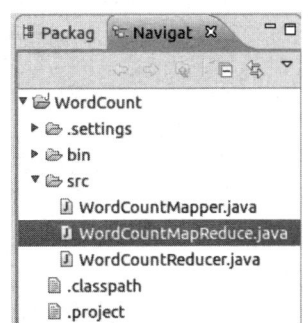

图 5-15　Java 项目的目录结构

在"Navigator"窗口或"Package Explorer"窗口中，右击创建的 Java 项目的名称，在弹出的快捷菜单中选择"Properties"命令，打开"Properties for WordCount"对话框，在该对话框左侧列表框中选择"Java Build Path"，在右侧选择"Libraries"选项卡，然后单击"Add External JARs..."按钮，在弹出的"JAR Selection"对话框中，添加/opt/hadoop/share/hadoop/hdfs 目录下的 JAR

包和/opt/hadoop/share/hadoop/hdfs/lib 目录下的所有 JAR 包，以及/opt/hadoop/share/hadoop/common 目录下的 JAR 包和/opt/hadoop/share/hadoop/common/lib 目录下的所有 JAR 包，这些 JAR 包是支持 HDFS 的 JAR 包，提供对 HDFS 编程的 API 接口的支持；添加/opt/hadoop/share/hadoop/mapreduce 目录下的所有 JAR 包，/opt/hadoop/share/hadoop/mapreduce/lib 目录下的 JAR 包可不添加，这些 JAR 包是支持 MapReduce 的 JAR 包，提供对 MapReduce 编程的 API 接口的支持。JAR 包全部添加完成后，如图 5-16 所示。

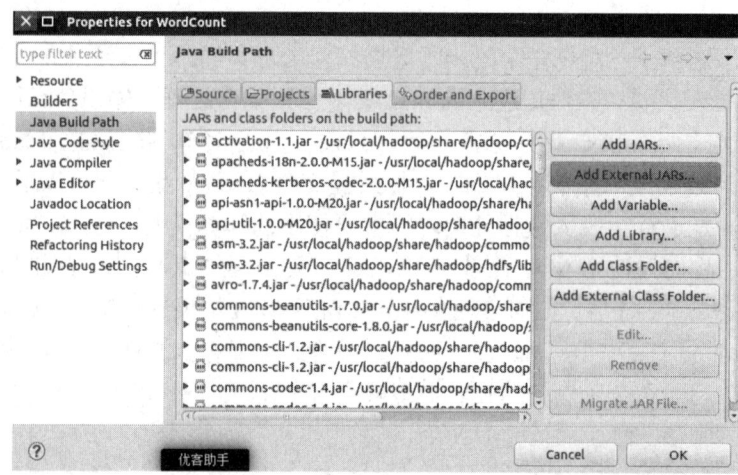

图 5-16　为 Java 项目添加支持 HDFS 和 MapReduce 的 JAR 包

3. 选择 JRE 版本

JRE 版本应为 1.5 以上的版本，在如图 5-16 所示的对话框中单击"Add Library..."按钮，在弹出的"Add Library"对话框的"Add Library"界面中，在列表内默认选择"JRE System Library"选项，如图 5-17 所示，单击"Next>"按钮。

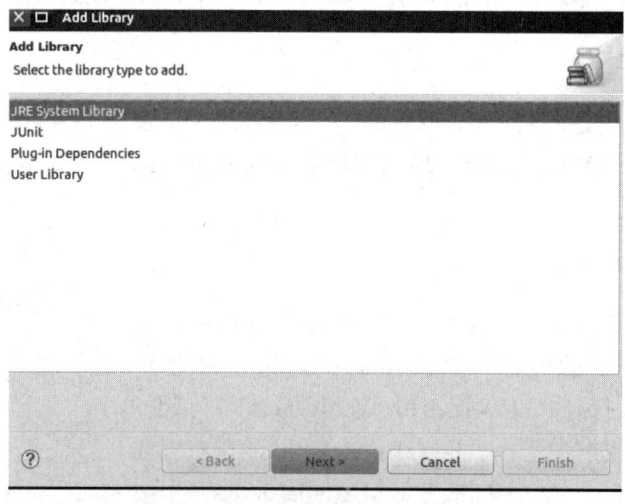

图 5-17　"Add Library"界面

进入"JRE System Library"界面，如图 5-18 所示，选择当前机器安装的最新版本的 JDK，然后单击"Finish"按钮。

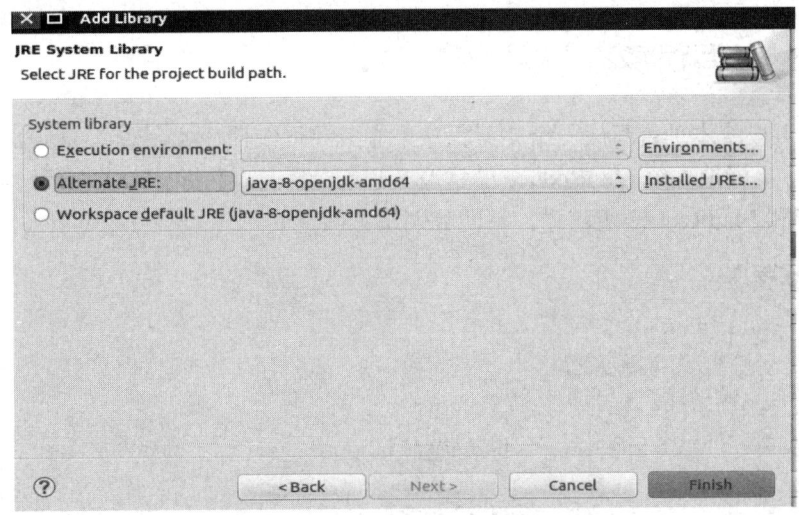

图 5-18　"JRE System Library"界面

注意：如果 Java 项目已经存在其他的 JRE，则可以通过单击如图 5-16 所示的对话框中右侧的"Remove"按钮将其移除。

4. 选择 Java 编译版本

Java 编译版本应为 1.5 以上的版本，在如图 5-16 所示的对话框的左侧列表框中选择"Java Compiler"，在"Compiler compliance level："右侧的下拉列表中选择"1.7"选项，如图 5-19 所示。

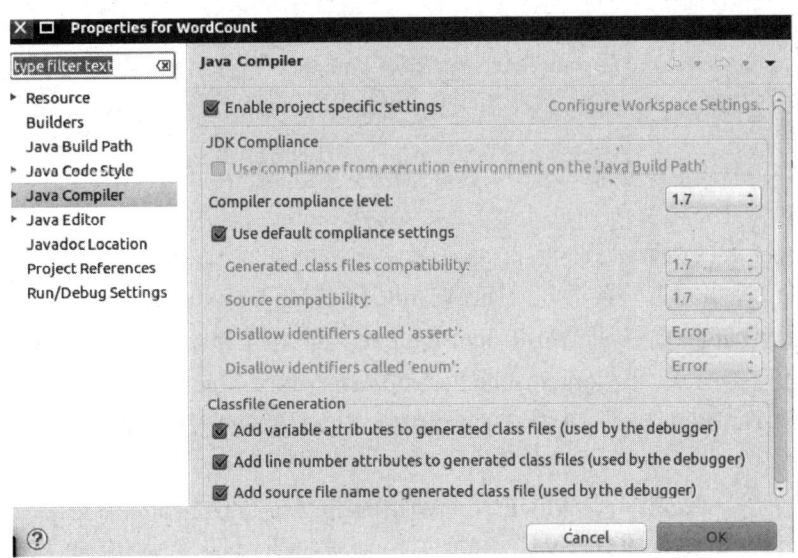

图 5-19　选择 Java 编译版本

注意：有时候，如果 Java 项目仍然不能编译，则可以取消勾选图 5-19 所示对话框中的"Enable project specific settings"复选框试试。

5.3.2　编写程序

我们本可以将本项目写成一个完整程序来完成单词统计任务，包括 Map 部分和 Reduce 部分。但为了更好地理解 MapReduce 编程及其思想，我们将其拆分为 3 个程序：Map 程序、Reduce 程序和 MapReduce 主程序，下面分别进行叙述。

1．Map 程序

Map 程序如下：

```
import java.io.IOException;
import org.apache.hadoop.io.IntWritable;
import org.apache.hadoop.io.LongWritable;
import org.apache.hadoop.io.Text;
import org.apache.hadoop.mapreduce.Mapper;

public class WordCountMapper extends Mapper<LongWritable,Text,Text,IntWritable>{
    @Override
    protected void map(LongWritable key,Text value,Context context)//重写map()方法
        throws IOException,InterruptedException{
        //得到输入的每行数据
        String line=value.toString();
        //通过空格分隔
        String[] words=line.split(" ");
        //循环遍历输出
        for(String word:words){
            context.write(new Text(word), new IntWritable(1));
        }
    }
}
```

语句解读如下。

1）Mapper 类的原型

上述 Map 程序的第一条语句"class WordCountMapper extends Mapper<LongWritable, Text,Text,IntWritable>"表明 WordCountMapper 类继承自 Mapper 类，而 Mapper 类的原型（包括路径部分）为"org.apache.hadoop.mapreduce.Mapper<KEYIN、VALUEIN、KEYOUT、VALUEOUT>"，其中有 4 个泛型，分别是 KEYIN、VALUEIN、KEYOUT、VALUEOUT。

前面两个泛型 KEYIN、VALUEIN 分别指的是 Map 方法的输入参数 key、value 的类型；后面两个泛型 KEYOUT、VALUEOUT 分别指的是 Map 方法的输出参数 key、value 的类型。

2）Mapper 类的方法

Mapper 类有 4 个方法，分别是 setup()、map()、cleanup()和 run()。

（1）setup()：该方法在 run()方法执行前先被调用，并且只调用 1 次，通常用于初始化，一般用来进行一些执行 map()方法前的准备工作。

（2）map()：该方法承担主要的处理工作。map()方法的源代码如下：

```
protected void map(KEYIN key, VALUEIN value, Context context) throws IOException,
InterruptedException {
context.write((KEYOUT) key, (VALUEOUT) value);
}
```

上面 map()方法的输入参数 key、value 的类型就是继承 Mapper 类语句中定义的 KEYIN、VALUEIN，每个键值对都会调用一次 Map 方法。在 Mapper 类的原型中，Map 方法默认并没有对输入的 key 和 value 进行任何处理，通常需要我们根据业务逻辑覆盖重写。

输出参数则通过 context.write()方法输出，输出参数 key、value 的类型就是继承 Mapper 类语句中定义的 KEYOUT、VALUEOUT。输出结果键值对写入 context。

context 对象在 Hadoop MapReduce 中扮演着至关重要的角色，它用于在 Map 方法和 Reduce 方法之间传递数据及其他运行状态信息。在 Map 方法中，处理后的键值对通过调用 context.write()方法写入 context，这样它们就可以被传递给后续的 Reduce 方法。当 Reduce 方法处理完这些键值对后，它同样会将结果写入 context，随后 Hadoop 框架负责将这些结果写入 HDFS 进行持久化存储。通过这种方式，context 对象确保了在 MapReduce 作业中数据的正确流动和处理。

（3）cleanup()：该方法仅被 MapReduce 框架执行一次，在执行 Map 任务后，进行相关变量或资源的释放工作。

（4）run()：该方法提供了 setup()→map()→cleanup()的执行模板。当调用到 map()方法时，通常会先执行一个 setup()方法，最后会执行一个 cleanup()方法。

在上面的 Map 程序中仅重写了 Mapper 类的 map()方法，读者可以按照上述说明自行进行 map()方法的参数类型与泛型类型的对应分析，以及 context.write()方法的输出参数与继承关系的分析。

2. Reduce 程序

Reduce 程序如下：

```
import java.io.IOException;
import java.util.Iterator;
import org.apache.hadoop.io.IntWritable;
import org.apache.hadoop.io.Text;
import org.apache.hadoop.mapreduce.Reducer;

public class WordCountReducer extends Reducer<Text,IntWritable,Text,IntWritable>{
    private IntWritable result = new IntWritable();
```

```
    @Override
    public void reduce(Text key, Iterable<IntWritable> values, Context context)
throws IOException, InterruptedException {
        int sum = 0;
        IntWritable val;
        for(Iterator<IntWritable> i$ = values.iterator(); i$.hasNext(); sum +=
val.get()) {
            val = i$.next();
        }
        this.result.set(sum);
        context.write(key, this.result);
    }
}
```

语句解读如下。

1）Reducer 类的原型

Reducer 类的原型为 “ org.apache.hadoop.mapreduce.Reducer<KEYIN 、 VALUEIN 、
KEYOUT、VALUEOUT>”，其中有 4 个泛型，分别是 KEYIN、VALUEIN、KEYOUT、
VALUEOUT。前面两个泛型 KEYIN、VALUEIN 分别指的是 Reduce 方法的输入参数 key、
value 的类型；后面两个泛型 KEYOUT、VALUEOUT 分别指的是 Reduce 方法的输出参数
key、value 的类型。

2）Reducer 类的方法

与 Mapper 类相同，Reducer 类也有 4 个主要的方法，分别是 setup()、cleanup()、reduce()、
run()。

这里仅介绍 reduce()方法，其源代码如下：

```
protected void reduce(KEYIN key, Iterable<VALUEIN> values, Context context ) throws
IOException, InterruptedException {
for(VALUEIN value: values) {
context.write((KEYOUT) key, (VALUEOUT) value);
}
}
```

与 Mapper 类相似，Reducer 类的方法的输出结果也写入 context。这里输入参数 key、
value 的类型就是继承 Reduce 类语句中定义的 KEYIN、VALUEIN，但 VALUEIN 的前面多
了 Iterable，表示 VALUEIN 是可迭代的。为什么要增加可迭代？

一个集合对象要表明自己支持迭代，就必须实现 Iterable 接口，然而要实现 Iterable 接
口，就需要为 foreach 语句提供一个迭代器（Iterator）。Iterator 是迭代器类，Iterable 是接口。
这样集合对象就可以调用 Iterator 类的方法。

Iterator 类有 3 个方法，分别是 hasNext()、next()、remove()。

一般来讲，Iterable 接口和 Iterator 类都是结合着使用的。比如，在本程序中：

```
Iterable<IntWritable> values; //将 value 定义为支持迭代的 Iterable 接口
Iterator<IntWritable> i$=values.iterator(); //使用 iterator()方法
```

```
i$.hasNext();
val = i$.next();
```

先使用 hasNext()方法判断集合中是不是已经没有元素了，如果集合中还有元素，就使用 next()方法获取当前集合中的元素，然后把指针往后移一位指向下一个元素。

在 Reducer 类的原型中，Reducer 类的方法提供了处理输入的 key、value 的遍历，这是默认实现，输入数据的处理通常需要我们根据业务逻辑覆盖重写。输出参数则通过 context.write()方法输出，输出参数 key、value 的类型就是继承 Reducer 类语句中定义的 KEYOUT、VALUEOUT。

3. MapReduce 主程序

MapReduce 主程序如下：

```java
import Java.io.IOException;
import org.apache.hadoop.conf.Configuration;
import org.apache.hadoop.fs.Path;
import org.apache.hadoop.io.IntWritable;
import org.apache.hadoop.io.Text;
import org.apache.hadoop.mapreduce.Job;
import org.apache.hadoop.mapreduce.lib.input.FileInputFormat;
import org.apache.hadoop.mapreduce.lib.output.FileOutputFormat;

public class WordCountMapReduce {
    public static void main(String[] args) throws IOException,
ClassNotFoundException, InterruptedException{
        //创建 Configuration 对象实例
        Configuration conf=new Configuration();
        //创建 Job 对象实例，第一个参数是 Hadoop 配置信息，第二个参数是 Job 对象实例的名字
        Job job=Job.getInstance(conf,"wordcount");
        //设置 Job 对象实例的主类，该处的参数填写项目的主类名称
        job.setJarByClass(WordCountMapReduce.class);
        //设置 Mapper 类，该处的参数填写项目的 Mapper 类名称
        job.setMapperClass(WordCountMapper.class);
        //使用 Combiner()方法提高 Map 和 Reduce 程序效率
        job.setCombinerClass(WordCountReducer.class);
        //设置 Reducer 类，该处的参数填写项目的 Reducer 类名称
        job.setReducerClass(WordCountReducer.class);
        //设置 Map 方法输出的 key 和 value 的类型，该处参数与项目 Mapper 类输出参数的类型一致
        job.setMapOutputKeyClass(Text.class);
        job.setMapOutputValueClass(IntWritable.class);
        //设置 Reduce 方法输出的 key 和 value 的类型,该处参数与项目 Reducer 类输出参数的类型一致
        job.setOutputKeyClass(Text.class);
        job.setOutputValueClass(IntWritable.class);
        //设置输入目录与输出目录,输入目录是 main()方法数组参数的第 1 个元素,输出目录是 main()
方法数组参数的第 2 个元素
        FileInputFormat.setInputPaths(job, new Path(args[0]));
```

```
        FileOutputFormat.setOutputPath(job, new Path(args[1]));
        //提交job
        boolean b = job.waitForCompletion(true);
        if(!b){
            System.out.println("wordcount 任务失败");
        }
    }
}
```

语句解读如下。

1）Hadoop 中的 Configuration 类介绍

Configuration 是 Hadoop 中五大组件（HDFS、MapReduce、YARN、HBase、Hive）的公用类，处于 org.apache.hadoop.conf.Configuration 目录下。这个类是作业（job）的配置信息类，任何 job 的配置信息必须通过 Configuration 类传递。通过 Configuration 类可以实现在多个 Map 任务和多个 Reducer 任务之间共享信息。

Configuration 类的工作包含加载配置文件和获取配置信息，其共有 3 个构造方法，分别是 Configuration()、Configuration(boolean loadDefaults)、Configuration(Configuration other)。

其中，无参方法会生成一个加载了默认配置文件的 Configuration 对象。这是我们经常使用的实例化方法，上面 MapReduce 主程序中的语句"Configuration conf=new Configuration();"就使用该方法。

Configuration 对象初始化（获得配置信息）时主要做两步：读取默认文件和读取 site 级别的文件。

（1）读取默认文件：Hadoop 的 Configuration 对象在初始化时会读取 CLASSPATH 中的默认配置文件，如 core-default.xml、hdfs-default.xml 和 yarn-default.xml 等文件，以获取 Hadoop 框架的默认配置。

（2）读取 site 级别的文件：site 级别的文件是指 HADOOP_HOME/etc/hadoop/*-site.xml 配置文件，这些 site 级别的文件也会被加载到 CLASSPATH 中，然后 Configuration 对象才能够进行加载。

Configuration 类之所以能够读取配置文件中的配置信息，是因为 Configuration 类实现了 Iterable 接口和 Writable 接口。实现 Iterable 接口是为了迭代，迭代出 Configuration 对象加载到内存中的所有键值对；实现 Writable 接口是为了实现 Hadoop 框架要求的序列化，可以将内存中的键值对序列化到硬盘。

2）MapReduce 程序任务设置与提交的一般步骤

（1）创建 Configuration 对象实例。

（2）创建 Job（作业）对象实例，对 Job 对象实例做注册说明。

（3）设置 Job 的主类，该处的参数填写项目的主类名称。

（4）设置 Mapper 类，该处的参数填写项目的 Mapper 类名称。

（5）使用 Combiner()方法提高 Map 和 Reduce 程序效率（可以省略）。

（6）设置 Reducer 类，该处的参数填写项目的 Reducer 类名称。

（7）设置 Map 方法输出的 key 和 value 的类型，该处参数与项目 Mapper 类输出参数的类型一致。

（8）设置 Reduce 方法输出的 key 和 value，该处参数与项目 Reducer 类输出参数的类型一致。

（9）设置输入目录与输出目录，输入目录是 main()方法数组参数的第 1 个元素，输出目录是 main()方法数组参数的第 2 个元素。

（10）编译与打包，提交 job。

5.3.3　编译与打包及运行程序

第一步，在终端中执行以下命令，启动 Hadoop：

```
$ start-dfs.sh
```

在终端中执行 jps 命令查看进程情况，确保 NameNode 和 DataNode 已经启动。然后在本地系统的/opt 目录下创建一个新目录 MyApp（如果该目录已经存在，则可以不必再创建），用于保存 Java 项目打包后的文件包。

```
$ sudo mkdir -p /opt/MyApp
$ sudo chown -R hadoop /opt/MyApp   #授权，允许向该目录写文件
```

第二步，在 Eclipse 下，对 WordCount 项目进行编译，得到.class 文件。右击项目名称 WordCount，在弹出的快捷菜单中选择"Run AS"|"Java Application"命令，会打开"Select Java Application"对话框，如图 5-20 所示。

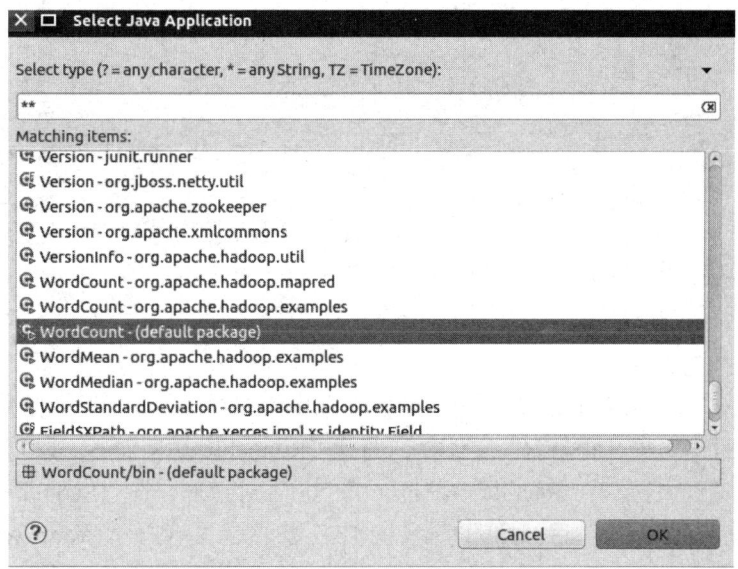

图 5-20　"Select Java Application"对话框

在如图 5-20 所示的对话框的搜索框中输入"W"，缩小选择范围，选择正确的项目名称，注意括号中的包名（路径名）与自己程序中定义的包名一致，如图 5-21 所示，单击"OK"按钮。

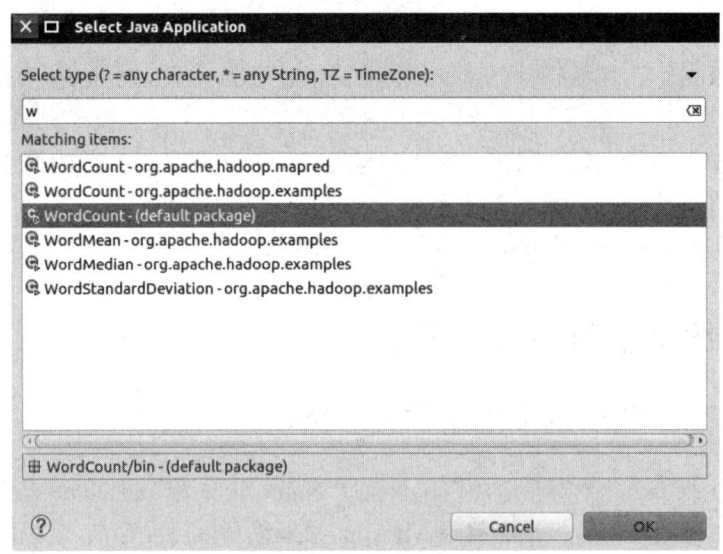

图 5-21　缩小选择范围后选择正确的项目名称

运行项目之后，查看 bin 目录，可以发现编译之后的类，如图 5-22 所示。

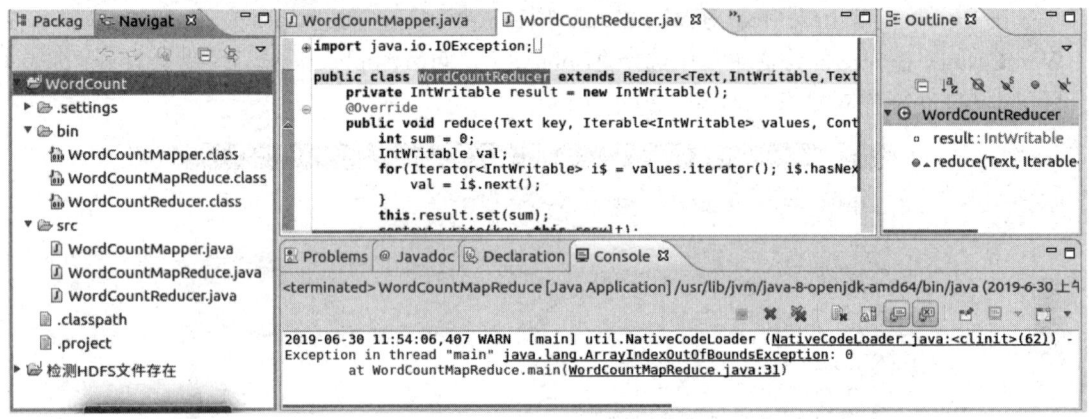

图 5-22　查看编译后的结果

第三步，打包。

右击项目名称 WordCount，在弹出的快捷菜单中选择"Export"命令，在弹出的"Export"对话框的列表框中，展开"Java"文件夹，选择"Runnable JAR file"，如图 5-23 所示。单击"Next>"按钮，打开"Runnable JAR File Export"对话框，在"Launch configuration"下拉列表中选择相应的项目名称和项目主类名称，这里选择"WordCountMapReduce-WordCount"选项（"-"的前面是项目主类名称，"-"的后面是项目名称），在"Export destination"下拉列表中选择 JAR 包输出的路径，该路径应先建好，这里选择在第一步创建的/opt/MyApp，然后为生成的 JAR 包起一个名字，比如 WordCount.jar，如图 5-24 所示，单击"Finish"按钮。在随后的提示中均单击"OK"按钮即可。完成后，在终端中执行命令，查看打包后的结果，如图 5-25 所示。

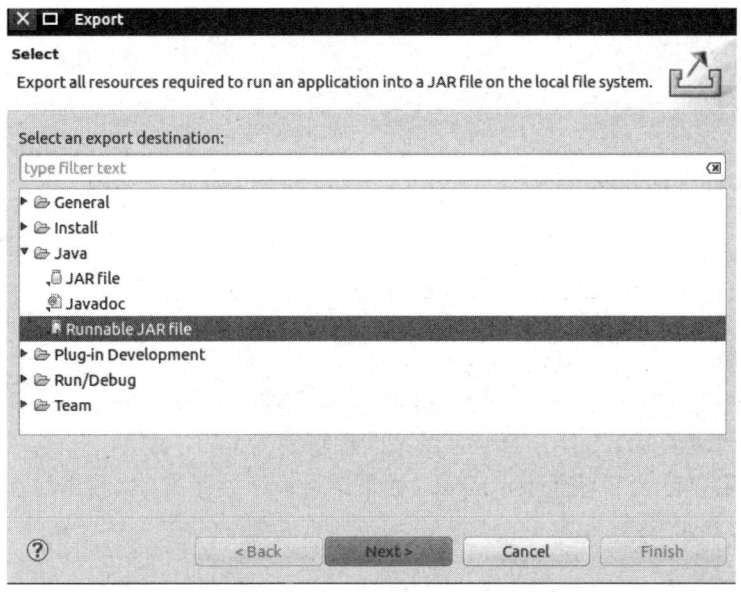

图 5-23   "Export" 对话框

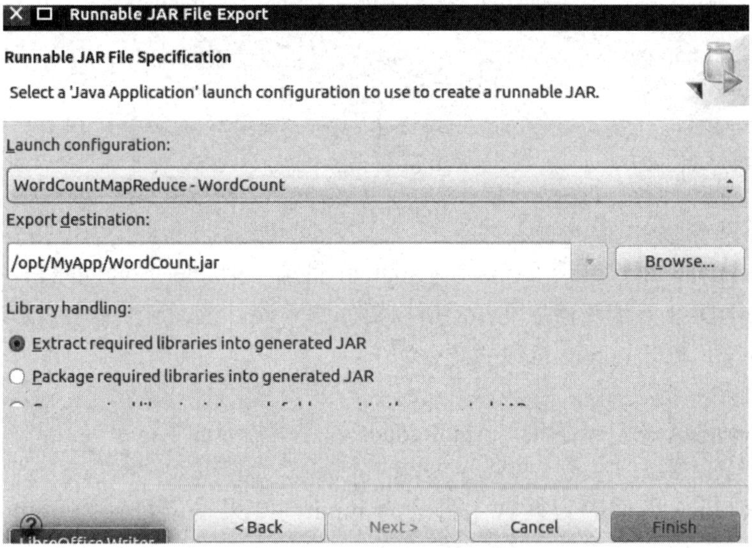

图 5-24   "Runnable JAR File Export" 对话框

图 5-25   查看打包后的结果

第四步，建立文本文件，并将其发送到 HDFS 中的相应目录下，执行 MapReduce 程序，查看统计结果。

（1）使用 vim 编辑器或其他方法，在本地文件系统中创建两个文本文件：t1.txt 文件和 t2.txt 文件。

在 t1.txt 文件中保存以下内容：

```
hello word
hello word
hello China
```

在 t2.txt 文件中保存以下内容：

```
你好 世界
你好 中国
```

（2）将 t1.txt 文件和 t2.txt 文件传送到 HDFS 中的相关目录下。

如果未创建 HDFS 用户目录，则可以先创建 Hadoop 用户目录，命令如下：

```
$ hdfs dfs -mkdir -p /user/hadoop    #创建 HDFS 用户目录
$ hdfs dfs -ls .        #不出现错误表示 Hadoop 用户目录创建成功
```

如果已经创建了 HDFS 用户目录，就不能重新创建了。

在 HDFS 用户目录下创建目录 input（如果该目录已经存在，则将该目录下的所有文件删除即可），命令如下：

```
$ hdfs dfs -mkdir input
```

将 t1.txt 文件和 t2.txt 文件传送到 input 目录中，命令如下：

```
$ hdfs dfs -put t1.txt input
$ hdfs dfs -put t2.txt input
$ hdfs dfs -ls input
19/04/15 12:05:41 WARN util.NativeCodeLoader: Unable to load native-hadoop library
for your platform... using builtin-java classes where applicable
Found 2 items
-rw-r--r--   3 hadoop supergroup         34 2019-04-15 12:05 input/t1.txt
-rw-r--r--   3 hadoop supergroup         30 2019-04-15 12:05 input/t2.txt
```

（3）如果 HDFS 用户目录下已经存在 output 目录，则删除。output 目录将被定位为输出目录，因为 HDFS 不能覆盖原文件，所以要先删除该目录。当然也可以命名其他目录名称作为输出目录。删除 output 目录的命令如下：

```
$ hdfs dfs -rm -r output
```

（4）在/opt/MyApp 目录下执行 MapReduce 程序。命令如下：

```
$ hadoop jar WordCount.jar input output
```

该 MapReduce 程序的数据输入目录为 input，结果输出目录为 output，这两个目录均处于 HDFS 用户目录下。如果这两个目录处于其他位置，则可以使用全路径形式表示。

（5）查看统计结果。命令与结果如下：

```
$ hdfs dfs -cat output/*
19/04/15 12:29:05 WARN util.NativeCodeLoader: Unable to load native-hadoop library
for your platform... using builtin-java classes where applicable
China   1
hello   3
word    2
世界    1
中国    1
```

你好　2

统计结果存放在 output 目录下，只需将该目录下的所有文件显示出来，即可看到单词的统计结果。

5.4　MapReduce 编程项目：计算学生的平均成绩

项目要实现的目标是：计算学生的平均成绩。有语文、数学、英语 3 个文件，每个文件中均包括学生姓名和成绩，格式为"姓名　成绩"（姓名与成绩之间用空格隔开）。

1、自拟 3 个成绩文件

其中一个文件（代表一个科目）中的内容如下，文件名自定。其他科目成绩文件自拟。

```
小明 65
小强 57
小红 80
小飞 93
小刚 78
小木 82
```

将各个科目成绩文件发送到 HDFS 中的 input 目录（或其他目录）下。

2. 完整程序

完整程序如下：

```java
import java.io.IOException;
import java.util.Iterator;
import java.util.StringTokenizer;
import org.apache.hadoop.conf.Configuration;
import org.apache.hadoop.fs.Path;
import org.apache.hadoop.io.FloatWritable;
import org.apache.hadoop.io.Text;
import org.apache.hadoop.mapreduce.Job;
import org.apache.hadoop.mapreduce.Mapper;
import org.apache.hadoop.mapreduce.Reducer;
import org.apache.hadoop.mapreduce.lib.input.FileInputFormat;
import org.apache.hadoop.mapreduce.lib.output.FileOutputFormat;
import org.apache.hadoop.util.GenericOptionsParser;
/**
 * 计算学生的平均成绩
 * 学生成绩以每科一个文件输入
 * 文件内容为：姓名 成绩
 * @author daT dev.tao@gmail.com
```

```
    */
 public class AverageScore {
     public static class AverageMapper extends Mapper<Object, Text, Text,
 FloatWritable>{
         @Override
         protected void map(Object key, Text value, Context context)
                 throws IOException, InterruptedException {
             String line = value.toString();//输入一行数据
             //以回车符分隔数据
             StringTokenizer tokens = new StringTokenizer(line,"\n");
             while(tokens.hasMoreTokens()){
                 String tmp = tokens.nextToken();//读取一行数据
                 //将一行数据以空格或Tab键分隔
                 StringTokenizer sz = new StringTokenizer(tmp);
                 String name = sz.nextToken();//读取用空格分隔后的第一组数据，即姓名
                 //读取用空格分隔后的第二组数据，即成绩
                 float score = Float.valueOf(sz.nextToken());
                 //转换格式，写入context
                 Text outName = new Text(name);
                 FloatWritable outScore = new FloatWritable(score);
                 context.write(outName, outScore);
             }
         }
     }
     public static class AverageReducer extends Reducer<Text, FloatWritable, Text,
 FloatWritable>{
         @Override
         protected void reduce(Text key, Iterable<FloatWritable> value,Context
 context)
                 throws IOException, InterruptedException {
             float sum = 0;//合计总成绩
             int count = 0;//各科统计
             //Shuffle之后得到<名字,<成绩1,成绩2,成绩3...>>，所以一个value对应一门课程
 的成绩
             for(FloatWritable f:value){
                 sum += f.get();
                 count ++;
             }
             //平均成绩
             FloatWritable averageScore = new FloatWritable(sum/count);
     context.write(key, averageScore);
         }
     }
     public static void main(String[] args) throws IOException,
 ClassNotFoundException, InterruptedException{
```

```
System.out.println("Begin");
Configuration conf = new Configuration();
String[] otherArgs = new GenericOptionsParser(conf, args).getRemainingArgs();
if(otherArgs.length<2){
    System.out.println("please input at least 2 arguments");
    System.exit(2);
}
Job job = new Job(conf,"Average Score");
job.setJarByClass(AverageScore.class);
job.setMapperClass(AverageMapper.class);
job.setCombinerClass(AverageReducer.class);
job.setReducerClass(AverageReducer.class);
job.setOutputKeyClass(Text.class);
job.setOutputValueClass(FloatWritable.class);
FileInputFormat.addInputPath(job, new Path(otherArgs[0]));
FileOutputFormat.setOutputPath(job, new Path(otherArgs[1]));
System.exit(job.waitForCompletion(true)?0:1);
System.out.println("End");
    }
}
```

上面的程序将 Mapper 类、Reducer 类和主类放在了一个文件中。

3. 程序分析

1）StringTokenizer 类拆分字符串

拆分原理：StringTokenizer 类拆分字符串的原理是通过生成 StringTokenizer 对象，然后运用对象的属性来处理字符串拆分。StringTokenizer 类有 3 个构造方法，分别是具有一个参数的构造方法、具有两个参数的构造方法、具有三个参数的构造方法。这里只介绍前两个构造方法：

```
public StringTokenizer(String str)
public StringTokenizer(String str,String delim)
```

其中，参数 str 表示要解析的字符串；参数 delim 表示分隔符。当构造方法为一个参数时，delim 为默认值，默认的分隔符包括空白字符、制表符\t、换行符\n、回车符\r 和换页符\f。分隔符字符本身不作为标记。

2）StringTokenizer 类的主要方法

StringTokenizer 类的主要方法如表 5-1 所示。

表 5-1　StringTokenizer 类的主要方法

StringTokenizer 类方法名称	使用说明
String nextToken()	用于逐个获取字符串中的语言符号（单词）
boolean hasMoreTokens()	用于判断所要分析的字符串中是否还有语言符号，如果有，则返回 true，否则返回 false
int countTokens()	用于获取所要分析的字符串中一共含有多少个语言符号

3）Map 程序完成的任务

Map 程序将完成以姓名为键、以分数为值的元素映射。Map 程序通过 context 机制传送到 Reducer 类接收。

具体上机完成本实例，可依照单词统计（WordCount）案例的执行过程，先在本地建立文本文件，启动 Hadoop，将文件上传到 HDFS 中的 input 目录下；依次在 Eclipse 中创建 Java 项目，编译程序并打包到本地文件夹下，最后运行 MapReduce 程序，查看统计结果。

本项目的重点是通过 MapReduce 编程了解 MapReduce 的基本原理，熟悉 MapReduce 的 Map 任务和 Reduce 任务是如何实现的，掌握 MapReduce 的完整工作过程。

5.5　思考与操作

一、单选题

1. 下列说法错误的是（　　）。

　　A．Map 函数将输入的元素转换成<key,value>形式的键值对

　　B．Hadoop 框架是用 Java 语言实现的，MapReduce 应用程序则一定要用 Java 语言编写

　　C．不同的 Map 任务之间不能互相通信

　　D．MapReduce 框架采用了 Master/Slave 架构，包括一个 Master 和若干个 Slave

2. HBase 依赖（　　）提供强大的计算能力。

　　A．Zookeeper　　　B．Chubby　　　C．RPC　　　　　D．MapReduce

3. 在使用 MapReduce 程序 WordCount 进行单词统计时，对于文本行 "good book good man"，经过 WordCount 程序的 Map 方法处理后直接输出的中间结果应该是（　　）。

　　A．("good",1)、("good",1)、("book",1)和("man",1)

　　B．("good",1,1)、("book",1)和("man",1)

　　C．("good",(1,1))、("book",1)和("man",1)

　　D．("good",2)、("book",1)和("man",1)

4. 在使用 MapReduce 程序 WordCount 进行单词统计时，对于文本行 "good book good man"，经过 WordCount 程序的 Reduce 方法处理后的结果是（　　）。

　　A．("good",2)("book",1)("man",1)

　　B．("book",1)("good",2)("man",1)

　　C．("good",1,1)("book",1)("man",1)

　　D．("book",1)("good",1)("good",1)("man",1)

5. 下列关于 Hadoop MapReduce 的叙述错误的是（　　）。

　　A．MapReduce 采用"分而治之"的思想

　　B．MapReduce 的输入和输出都是键值对的形式

　　C．MapReduce 将计算过程划分为 Map 任务和 Reduce 任务

D. MapReduce 的设计理念是"数据向计算靠拢"

6. Hadoop MapReduce 计算的流程是（   ）。

  A. Map 任务→Shuffle→Reduce 任务

  B. Map 任务→Reduce 任务→Shuffle

  C. Reduce 任务→Map 任务→Shuffle

  D. Shuffle→Map 任务→Reduce 任务

7. 在编写 MapReduce 程序时，下列叙述错误的是（   ）。

  A. Reduce 函数所在的类必须继承自 Reducer 类

  B. Map 函数的输出就是 Reduce 函数的输入

  C. Reduce 函数的输出默认是有序的

  D. 启动 MapReduce 进行分布式并行计算的方法是 start()

二、多选题

1. 下列关于 MapReduce 的说法正确的是（   ）。

  A. MapReduce 是一种计算框架

  B. MapReduce 来源于 Google 公司的学术论文

  C. MapReduce 程序只能用 Java 语言编写

  D. MapReduce 隐藏了并行计算的细节，方便使用

2. 对于 MapReduce 与 HBase 的关系，下列哪些描述是正确的？（   ）

  A. 两者不可或缺，MapReduce 是 HBase 可以正常运行的保证

  B. 两者不是强关联关系，没有 MapReduce，HBase 可以正常运行

  C. MapReduce 可以直接访问 HBase

  D. 它们之间没有任何关系

3. 对于 MapReduce 的体系结构，以下说法正确的是（   ）。

  A. 分布式编程架构

  B. 以数据为中心，更看重吞吐率

  C. 分而治之的思想

  D. 将一个任务分解成多个子任务

4. MapReduce 为了保证任务的正常执行，采用（   ）等多种容错机制。

  A. 重复执行

  B. 重新开始整个任务

  C. 推测执行

  D. 直接丢弃执行效率低的作业

5. 关于 MapReduce 的 Shuffle 过程，以下说法正确的是（   ）。

  A. Shuffle 分为 Map 任务端的 Shuffle 和 Reduce 任务端的 Shuffle

  B. Map 任务的输出结果不是立即写入磁盘，而是首先写入缓存

  C. 并非所有场合都可以使用合并操作

D．每个 Reduce 任务真正开始之前，大部分时间都在从 Map 端获取所需的数据

三、简答题

1．MapReduce 的 Shuffle 过程包含哪几个阶段？分别做什么工作？Shuffle 的数据量是由什么决定的？

2．阐述 Map 和 Reduce 两部分之间的编程联系。

四、实操题

1．实验要求

使用 MapReduce 编程实现单词统计。

2．实验目的

（1）熟悉 MapReduce 编程的基本思路。
（2）掌握 Map 编程实现技术。
（3）掌握 Reduce 编程实现技术。
（4）熟悉 MapReduce 主程序 main() 方法的配置环节。
（5）掌握 MapReduce 程序的编译、打包与运行。

3．实验工具和环境

Ubuntu 系统、启动 HDFS、words.txt 文件（该文件可在本书提供的电子资源中找到，读者也可以自己组织形成）。

4．实验内容

使用 MapReduce 编程实现单词统计实验工作与记录手册

任务	执行过程	结果
启动 Hadoop		
在 Eclipse 或 IDEA 中配置开发环境		
编写 Mapper 类		
编写 Reducer 类		
编写 main() 方法		
程序打包		
将 words.txt 文件上传到 HDFS 中的相关目录下		
将 JAR 包运行在 Hadoop 集群上实现效果展示		

项目6

Hive 伪分布式模式部署与使用

Hive 是建立在 Hadoop 之上的数据仓库基础构架。它提供了一系列的工具，可以用来进行数据提取、转化、加载（ETL），这是一种基于 Hadoop 的存储、查询和分析大规模数据的机制。Hive 定义了简单的类 SQL 查询语言，称为 HiveQL（简称 HQL），它允许熟悉 SQL 的用户查询数据，也可以将类 SQL 语句转换为 MapReduce 任务进行计算与运行。其优点是学习成本低，可以通过类 SQL 语句快速实现简单的 MapReduce 统计，而不必开发专门的 MapReduce 应用程序，十分适合数据仓库的统计分析。

6.1 Hive 的特点

1．Hive 适用场景

Hive 构建在基于静态批处理的 Hadoop 之上，Hadoop 通常都有较高的延迟，并且在作业提交和调度时需要大量的开销。因此，Hive 并不能够在大规模数据集上实现低延迟、快速的查询，例如，Hive 在几百兆字节的数据集上执行查询一般有分钟级的时间延迟。

Hive 查询操作过程严格遵守 Hadoop MapReduce 的作业执行模型，Hive 将用户的 HiveQL 语句通过解释器转换为 MapReduce 作业提交到 Hadoop 集群上，Hadoop 监控作业执行过程，然后返回作业执行结果给用户。Hive 并非为联机事务处理而设计，它并不提供实时的查询和基于行级的数据更新操作。Hive 的最佳使用场合是大数据集的批处理作业，如网络日志分析等。

2．Hive 数据存储格式

首先，Hive 既没有专门的数据存储格式，也没有为数据建立索引，用户可以非常自由地组织 Hive 中的表，只需要在创建表时指定 Hive 数据中的列分隔符和行分隔符，Hive 就可以解析数据。

其次，Hive 中所有的数据都存储在 HDFS 中，Hive 中包含表（Table）、外部表（External Table）、分区（Partition）和桶（Bucket）等数据模型。Hive 中的表和数据库中的表在概念上是类似的，每个表在 Hive 中都有一个相应的目录来存储数据。外部表指向已经在 HDFS 中存在的数据。

3．Hive 元数据存储

Hive 将元数据存储在数据库（如 MySQL、Derby 等）中。Hive 中的元数据包括表的名称、表的列和分区及其属性、是否为外部表、表的数据所在的目录等。

总之，Hive 的数据存储在 HDFS 中，大部分的查询由 MapReduce 完成。

6.2 Hive 伪分布式模式部署实践

安装与配置 Hive 的难点是配置 MySQL 数据库负责保存 Hive 元数据的过程。

6.2.1 安装与配置 Hive

1．下载并解压缩 Hive 安装包

将 Hive 安装包下载或复制到虚拟机上安装的 Ubuntu 系统的"~/下载"目录下，在终端中执行解压缩命令：

```
$ sudo tar zxvf ~/下载/apache-Hive-1.2.1-bin.tar.gz -C /opt  #解压缩到/opt目录中
$ cd /opt/                          #进入/opt目录
$ sudo mv apache-Hive-1.2.1-bin Hive   #改名
$ sudo chown -R hadoop Hive          #授权，如果已对/opt目录授权，则这一步可省略
```

2．配置环境变量

为了方便使用，我们把 Hive 命令添加到环境变量中。在终端中执行"sudo vim ~/.bashrc"命令，使用 vim 编辑器打开~/.bashrc 文件，在该文件中的最前面一行添加以下内容：

```
export HIVE_HOME=/opt/Hive
export PATH=$PATH:$HIVE_HOME/bin
```

并在配置文件中检查是否已经配置了环境变量 HADOOP_HOME（如果之前没有配置环境变量 HADOOP_HOME，则按照 2.3.2 节的内容完成相应配置）。配置完成后，按键盘上的 ESC 键退出 vim 编辑状态，然后执行":wq"命令，保存后退出编辑器。在终端中执行"source ~/.bashrc"命令，使配置立即生效。

3．Hive 配置

在终端中执行以下命令，使用 vim 编辑器打开/opt/Hive/conf 目录下的 Hive-site.xml 文件：

```
$ cd /opt/Hive/conf/
$ sudo vim Hive-site.xml
```

在 Hive-site.xml 文件中添加以下配置信息：

```
<?xml version="1.0" encoding="UTF-8" standalone="no"?>
<?xml-stylesheet type="text/xsl" href="configuration.xsl"?>
<configuration>
  <property>
    <name>javax.jdo.option.ConnectionURL</name>
    <value>jdbc:mysql://localhost:3306/Hive?createDatabaseIfNotExist=true</value>
    <description>JDBC connect string for a JDBC metastore</description>
  </property>
  <property>
    <name>javax.jdo.option.ConnectionDriverName</name>
    <value>com.mysql.jdbc.Driver</value>
    <description>实现元数据存储的 JDBC 驱动程序类名</description>
  </property>
  <property>
    <name>javax.jdo.option.ConnectionUserName</name>
    <value>Hive</value>
    <description>用于存储 Hive 元数据的数据库名</description>
  </property>
  <property>
    <name>javax.jdo.option.ConnectionPassword</name>
    <value>Hive</value>
    <description>用于连接元数据库的密码</description>
  </property>
</configuration>
```

元数据（Metadata）是关于数据的数据，它提供了关于数据的内容、属性、来源、上下文或其他特征的信息。Hive 的元数据主要包括关于数据库、表、分区、列、数据类型及其他相关元素的定义和属性。

配置完成后，按键盘上的 ESC 键退出 vim 编辑状态，然后执行"":wq""命令，保存并退出 vim 编辑器。

注意，在 Hive-site.xml 文件中，我们设置了用于存储 Hive 元数据的数据库名为"Hive"，这就需要在 MySQL 中建立一个名称为"Hive"的 MySQL 数据库；同时，我们也确定了连接元数据库的密码为"Hive"，这也需要在后面的操作中实现。

6.2.2　安装与配置 MySQL 读写 Hive 元数据库

MySQL 是非常流行的关系型数据库管理系统应用软件之一。这里采用 MySQL 数据库保存 Hive 的元数据，而不是采用 Hive 自带的 Derby 数据库来存储元数据。

1. 安装 MySQL

使用以下命令即可进行 MySQL 在线安装（注意：安装前先更新一下软件源，以获得最新版本）：

```
$ sudo apt update  #更新软件源
$ sudo apt install mysql-server  #安装 MySQL
```

安装过程会提示设置 MySQL 当前用户的密码，如图 6-1 所示，需连续输入两次设置的密码（请记住自己设置的密码，这是第一次登录 MySQL 的密码，为了便于记忆，不妨设置为"123456"）。密码设置完成后，等待自动安装即可。

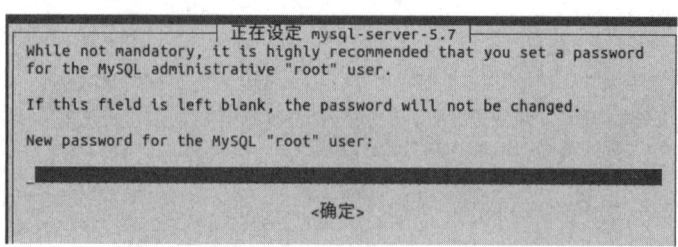

图 6-1　提示设置 MySQL 当前用户的密码

MySQL 在线安装命令会安装 apparmor、mysql-client-5.7、mysql-common、mysql-server、mysql-server-5.7 和 mysql-server-core-5.7 等包。因此，无须再安装 mysql-client（客户端）等。默认安装完成就启动了 MySQL。

2. 下载 MySQL JDBC 驱动程序

JDBC（Java DataBase Connectivity，Java 数据库连接）是一种用于执行 SQL 语句的 Java API，可以为多种关系数据库提供统一访问，它由一组用 Java 语言编写的类和接口组成。JDBC 与 Microsoft 公司的 ODBC 一样，两者都是用于访问关系数据库的编程接口。

为了让 Hive 能够连接到 MySQL 数据库，需要下载 MySQL JDBC 驱动程序安装包。可以先从 MySQL 官网下载 mysql-connector-java-5.1.46.tar.gz，然后将安装包复制到虚拟机上安装的 Ubuntu 系统的"~/下载"目录下。

打开终端，解压缩安装包并把解压缩后的 Java 连接 MySQL 的驱动程序（JDBC 驱动程序）"mysql-connector-java-5.1.46/mysql-connector-java-5.1.46-bin.jar"复制到 Hive 安装路径的 lib 目录下。命令如下：

```
$ cd ~
$ sudo tar zxvf ~/下载/mysql-connector-java-5.1.46.tar.gz
$ cp mysql-connector-java-5.1.46/mysql-connector-java-5.1.46-bin.jar
/opt/Hive/lib
```

需要注意的是，如果使用低于 mysql-connector-java-5.1.46-bin.jar 版本的 JAR 包，则会影响到 Hive 表的删除操作。

也可以直接下载 mysql-connector-java-5.1.46-bin.jar，并将其复制到/opt/Hive/lib 目录中。

3. 启动、停止 MySQL 服务器和登录及退出 MySQL Shell 界面

使用 MySQL，实际要搞清其两个状态：一是 MySQL 服务器（MySQL Server）状态，二是 MySQL 的终端（MySQL Shell）状态。

MySQL 一旦安装完成，MySQL 服务器应该自动启动，重新开机也会保持 MySQL 服务器处于启动状态。可以在终端中执行以下命令来检查 MySQL 服务器是否正在运行：

```
$ sudo netstat -tap | grep mysql
```

如果 MySQL 节点处于 LISTEN（监听）状态，则表示 MySQL 服务器启动成功，如图 6-2 所示。

```
hadoop@hadoop:/opt/hive/conf$ sudo netstat -tap | grep mysql
tcp        0      0 localhost:mysql        *:*              LISTEN      13968/mysqld
```

图 6-2　MySQL 服务器启动成功标志

但在一些情况下，可能关闭了 MySQL 服务器。如果 MySQL 服务器没有启动或处于关停状态，则可以通过以下启动、停止 MySQL 服务器命令分别完成启动、停止任务：

```
$ service mysql start        #启动 MySQL 服务器
$ service mysql stop         #关闭 MySQL 服务器
$ service mysql restart      #重启 MySQL 服务器
```

只要 MySQL 服务器处于启动状态，就可以登录 MySQL 数据库客户端，即通过以下命令进入 MySQL Shell 界面：

```
$ mysql -u root -p
```

-u 表示选择登录的用户名，-p 表示登录的用户密码（该密码是安装 MySQL 时设置的密码），执行上述命令后会提示输入密码（Enter password），此时输入安装 MySQL 时设置的密码就可以登录 MySQL Shell 界面，如图 6-3 所示。

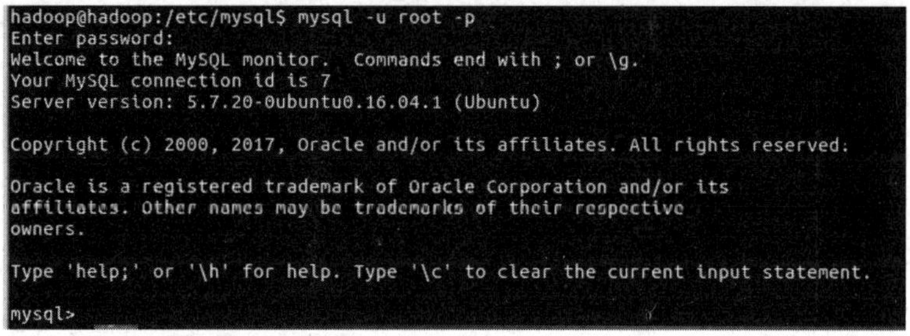

```
hadoop@hadoop:/etc/mysql$ mysql -u root -p
Enter password:
Welcome to the MySQL monitor.  Commands end with ; or \g.
Your MySQL connection id is 7
Server version: 5.7.20-0ubuntu0.16.04.1 (Ubuntu)

Copyright (c) 2000, 2017, Oracle and/or its affiliates. All rights reserved.

Oracle is a registered trademark of Oracle Corporation and/or its
affiliates. Other names may be trademarks of their respective
owners.

Type 'help;' or '\h' for help. Type '\c' to clear the current input statement.

mysql>
```

图 6-3　登录 MySQL Shell 界面

退出 MySQL Shell 界面的命令如下：

```
mysql> exit;
```

4. 修改 MySQL 登录密码

在 MySQL Shell 界面中，可以使用"select version();"命令查看 MySQL 的版本，如图 6-4 所示。

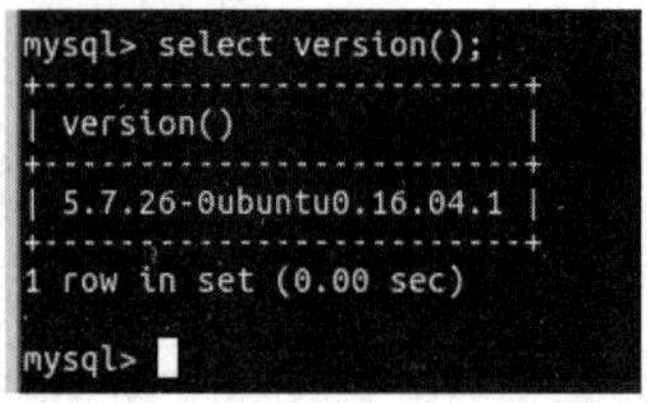

图 6-4 查看 MySQL 的版本

本书使用的是 MySQL 5.7.2，在早前的版本中，修改密码的命令会有所不同，读者可自行查看命令格式。这里，修改密码的命令如下（密码的长度应不少于 4 位）：

```
mysql> ALTER USER 'root'@'localhost' identified by '123456';      #修改密码
```

如果直接修改密码时出现错误提示，则先刷新权限关系，再修改密码，命令如下：

```
mysql> flush privileges;  #刷新权限关系
mysql> ALTER USER 'root'@'localhost' identified by '123456';      #修改密码
```

5. 在 MySQL 中新建数据库保存 Hive 的元数据

为了保存 Hive 的元数据（包括表的名称、表的属性、表的列和分区及其属性、表的数据所在的目录等），需要创建一个名称为"Hive"的 MySQL 数据库，这个数据库名与 /opt/Hive/conf/Hive-site.xml 文件中的以下配置内容对应：

```
<name>javax.jdo.option.ConnectionUserName</name>
<value>Hive</value>
```

在命令提示符"mysql>"后输入创建数据库的命令：

```
mysql> create database Hive;
```

6. 配置 MySQL 允许 Hive 接入

对 MySQL 进行权限设置，允许 Hive 连接到 MySQL。命令如下：

```
mysql> grant all on *.* to hive@localhost identified by 'hive';
mysql> flush privileges;                #刷新权限关系表
```

grant 语句的说明如下。

（1）all：表示将数据库操作的所有权限授予用户。

（2）on *.*：表示上述权限对所有数据库和表生效。

（3）to hive@localhost：将权限授予用户 hive，@前面的"hive"是指保存元数据的数据库名，这个数据库名与/opt/Hive/conf/Hive-site.xml 文件中的以下配置内容对应：

```
<name>javax.jdo.option.ConnectionUserName</name>
<value>hive</value>
<description>用于存储 Hive 元数据的数据库名</description>
```

（4）by 后面的"hive"是 Hive 配置的元数据连接密码，这个密码来自/opt/Hive/ conf/ Hive-site.xml 配置文件中的以下配置内容：

```
<name>javax.jdo.option.ConnectionPassword</name>
<value>hive</value>
```

7. 初始化数据库

在终端中执行以下命令，初始化数据库：

```
$ schematool -dbType mysql -initSchema
```

初始化数据库的作用是将 Hive 的元数据清除，恢复到初始状态。schematool 是 Hive 的工具命令，在 Linux 系统下执行（不是在 Hive 下执行）。在首次启动 Hive 时，可不必执行初始化数据库命令。在执行初始化数据库命令后，原来 Hive 中创建的数据库和表都会被清除，因此要慎重使用该命令。

8. 启动 Hive

Hive 是基于 Hadoop 的数据仓库，会把用户的查询语句自动转换为 MapReduce 任务执行，并把结果返回给用户。因此，在启动 Hive 之前，需要先启动 Hadoop。命令如下：

```
$ cd /opt/hadoop/
$ ./sbin/start-dfs.sh      #启动 Hadoop
$ cd /opt/Hive/
$ ./bin/Hive          #启动 Hive
```

因为我们已经配置了环境变量 PATH，所以不指定具体的启动路径也是可以的。Hive 启动之后，进入 Hive Shell 界面，如图 6-5 所示。

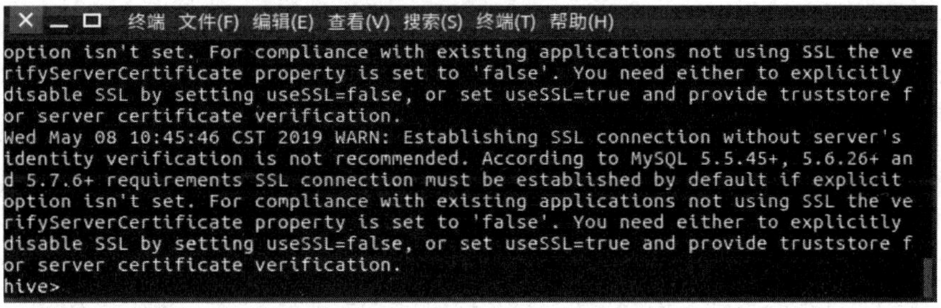

图 6-5　Hive Shell 界面

9. 退出 Hive

退出 Hive 的命令如下：

```
Hive> quit;
```

6.3　MySQL 数据库操作

6.3.1　常用命令介绍

注意：MySQL 中每个命令的后面都要以英文分号"；"结尾。

1. MySQL 数据库操作的常用命令

MySQL 数据库操作的常用命令如表 6-1 所示。

表 6-1 MySQL 数据库操作的常用命令

MySQL 数据库操作	命令表达式
显示数据库	show databases;
创建数据库	create database 数据库名;
显示数据库中的表	第一步，打开数据库：use 数据库名; 第二步，显示数据库中的所有表：show tables;
显示数据表的表结构	use 数据库名; describe 表名;
显示表中的记录	use 数据库名; select * from 表名;
创建表	use 数据库名; create table 表名(字段及属性设定列表);
添加记录	insert into person values(与字段对应的值列表);
修改记录	update person set 修改字段=新值 where 条件字段名=条件值;
删除记录	delete from person where 条件字段名=条件值;
删除数据库和删除表	drop database 数据库名; drop table 表名;
查看 MySQL 的版本	show variables like 'version'; 或者：select version();

2. 常用命令的使用

【案例 6-1】显示数据库。

```
mysql> show databases;
```

MySQL 刚安装就会有两个数据库：mysql 和 test。mysql 库非常重要，该库中有 MySQL 的系统信息，修改密码和新增用户实际上就是用这个库中的相关表进行操作的。

【案例 6-2】创建数据库与表。

例如，创建一个名字为"aaa"的数据库，命令如下：

```
mysql> create database aaa;
```

在刚创建的 aaa 数据库中创建表 person，该表中有 id（序号，自动增长）、xm（姓名）、xb（性别）、csny（出身年月）这 4 个字段。命令如下：

```
mysql> use aaa;
mysql> create table person(id int auto_increment not null primary key, xm
varchar(10),xb varchar(2),csny date);
```

auto_increment 表示自动增长，not null 表示非空，primary key 表示主键，这是对 id 字段的定义。

【案例 6-3】查看表结构。可以使用 describe 命令查看刚建立的表的表结构。

```
mysql> describe person;
```

查看结果如图 6-6 所示。

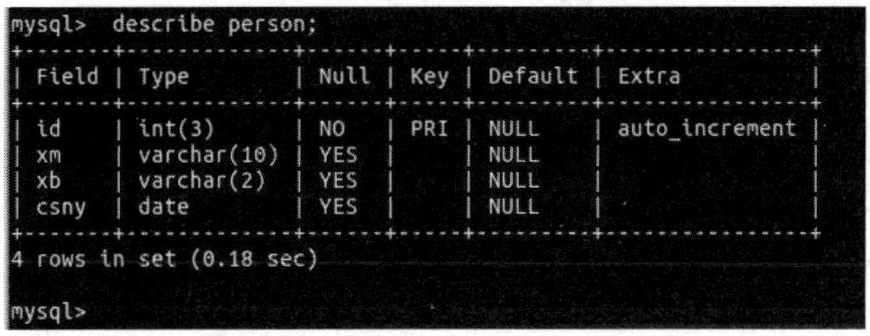

```
mysql>  describe person;
+-------+-------------+------+-----+---------+----------------+
| Field | Type        | Null | Key | Default | Extra          |
+-------+-------------+------+-----+---------+----------------+
| id    | int(3)      | NO   | PRI | NULL    | auto_increment |
| xm    | varchar(10) | YES  |     | NULL    |                |
| xb    | varchar(2)  | YES  |     | NULL    |                |
| csny  | date        | YES  |     | NULL    |                |
+-------+-------------+------+-----+---------+----------------+
4 rows in set (0.18 sec)

mysql>
```

图 6-6　查看 person 表的表结构

【案例 6-4】对表进行添加记录、查询记录、修改记录、删除记录操作。

向表中添加几条相关记录，命令如下：

```
mysql>insert into person values(null,'zhangsan','1','1997-01-02');
mysql>insert into person values(null,'lisi','0','1996-12-02');
```

注意，字段的值（'zhangsan','1','1997-01-02'）是使用两个英文的单撇号包围起来的，后面也是如此。

因为在创建表时设置了 id 自增，所以无须插入 id 字段，用 null 代替即可。

可以使用 select 命令来验证添加记录的结果，命令如下：

```
mysql> select * from person;
```

修改记录，如将“zhangsan”的出生年月修改为 1971-01-10，命令如下：

```
mysql> update person set csny='1971-01-10' where xm='zhangsan';
```

删除记录，如删除“zhangsan”的记录，命令如下：

```
mysql> delete from person where xm='zhangsan';
```

每次添加记录、修改记录和删除记录后，均可以使用 select 命令验证操作的结果。

6.3.2　无法登录 MySQL 的解决方法

能够启动 MySQL 服务器，却不能登录 MySQL，主要问题是密码设置有问题，可以重新修改密码。重新修改密码的具体步骤如下所述。

第一步，实现无密码登录 MySQL。

找到 MySQL 的安装目录中的/etc/mysql/mysql.conf.d 目录，该目录下有一个 mysqld.cnf 文件，使用管理员权限打开该文件，命令如下：

```
sudo vim /etc/mysql/mysql.conf.d/mysqld.cnf
```

在该文件中的最后一行添加以下内容（就是跳过验证的意思）：

```
skip-grant-tables
```

保存后退出。重启 MySQL 服务器，登录 MySQL，命令如下：

```
$ service mysql restart  #重启 MySQL 服务器，提示输入认证密码，即 Hadoop 用户密码
$ mysql                  #跳过验证，登录 MySQL，注意与有用户密码的不同
```

第二步，重新修改登录 MySQL 的密码。

进入 MySQL 命令状态，修改密码，命令如下：

```
mysql> ALTER USER 'root'@'localhost' identified by '123456';    #修改密码
```

如果直接修改密码时出现错误提示，则先刷新权限关系，再修改密码，命令如下：

```
mysql> flush privileges;
mysql> ALTER USER 'root'@'localhost' identified by '123456';   #修改密码
```

然后输入"quit;"退出 MySQL。

第三步，实现有密码登录 MySQL。

再次修改 mysqld.cnf 文件，将该文件中的"skip-grant-tables"这一行注释掉，保存后退出。重启 MySQL 服务器，执行以下命令：

```
$ service mysql stop
$ service mysql start
$ mysql -u root -p  #不可漏掉两个"-"；输入登录 MySQL 的密码，不是 Hadoop 密码
```

输入新设置的 MySQL 登录密码，即可登录 MySQL。

本项目讲述了 Hive 伪分布式模式部署与使用，重点介绍了配置实现 MySQL 数据库存储 Hive 元数据的过程。Hive 的配置比较简单，主要是确定使用 JDBC 连接 MySQL、利用 MySQL 数据库存储 Hive 的元数据内容。其次，本项目对 MySQL 数据库操作的常用命令做了一些介绍，这样，读者可以与项目 7 中将要介绍的 Hive 数据库操作命令进行比较学习，项目 7 中将会利用 Hive 进行项目级的数据操作练习。

6.4　思考与操作

一、判断题

1. Hive 中所有的数据都存储在 HDFS 中。（　　　）

2. Hive 既有专门的数据存储格式，也可以为数据建立专门的索引。（　　　）

3. Hive 中包含的数据模型有表（Table）、外部表（External Table）、分区（Partition）和桶（Bucket）。（　　　）

4. Hive 中的每个表在 Hive 中都有一个相应的目录来存储数据。（　　　）

5. Hive 将元数据存储在其自身的数据库中。（　　　）

6. Hive 中所有的数据查询由 MapReduce 完成。（　　　）

7. HiveQL 语句转换为 MapReduce 作业提交到 Hadoop 集群，在集群监控下将执行结果呈现给用户。（　　　）

8. Hive 定义了简单的类 SQL 查询语言，称为 HiveQL（简称 HQL），可以通过类 SQL 语句快速实现简单的 MapReduce 统计，而不必开发专门的 MapReduce 应用程序，十分适合数据仓库的统计分析。（　　　）

二、读 Hive 配置文件中的信息来判断 Hive 元数据库的实现情况

Hive 配置文件 Hive-site.xml 中的配置信息如下：

```
<property>
  <name>javax.jdo.option.ConnectionURL</name>
  <value>jdbc:mysql://localhost:3306/Hive?createDatabaseIfNotExist=true</value>
  <description>JDBC connect string for a JDBC metastore</description>
```

```
</property>
<property>
  <name>javax.jdo.option.ConnectionUserName</name>
  <value>Hive123</value>
</property>
<property>
  <name>javax.jdo.option.ConnectionPassword</name>
  <value>Hive1234567</value>
</property>
```

请问 Hive 的元数据使用何种关系数据库进行存储？存储 Hive 元数据的数据库的名称是什么？连接存储 Hive 元数据的数据库的密码是什么？

三、实操题

1. 实验要求

部署 Hive 伪分布式模式。

2. 实验目的

（1）掌握 Hive 伪分布式部署的主要配置。

（2）了解 MySQL 在线安装并熟悉 MySQL 登录操作。

（3）熟悉 MySQL 数据库的基本数据操作。

（4）学会 Hive 与 MySQL 数据库的连接操作。

3. 实验工具和环境

Ubuntu 系统、启动 Hadoop、apache-Hive-1.2.1-bin.tar.gz、mysql-connector-java-5.1.46. tar.gz。

4. 实验内容

部署 Hive 伪分布式模式实验工作与记录手册

任务	执行过程	结果
下载并解压缩 Hive 安装包		
配置环境变量与 Hive 配置		
安装 MySQL		
下载 MySQL JDBC 驱动程序		
启动、停止 MySQL 服务器和登录及退出 MySQL Shell 界面		
修改 MySQL 登录密码		
在 MySQL 中创建数据库保存 Hive 元数据		
配置 MySQL 允许 Hive 接入		
启动 Hive		

项目 7

数据分析与 Hive 数据库操作

本项目主要对人口收入数据进行相关分析。为了达成该目标，需要先把数据加载到 Hive 数据库中，然后使用 HQL 语句进行相关结果的统计与输出。

7.1 Hive 操作命令介绍及实践

Hive 数据库操作的常用命令如下所述（Hive 命令也是以分号结束，关键字不分大小写）。

（1）创建数据库，命令格式如下：

```
create database 数据库名;
```

（2）查看数据库，命令格式如下：

```
show databases;
```

（3）打开数据库，命令格式如下：

```
use 数据库名;
```

（4）创建表，命令格式如下：

```
create table 数据库名.表名(属性名 1 属性类型, 属性名 2 属性类型,…) row format delimited
fields terminated by ',';
```

创建表命令说明：

① 如果预先已经使用 use 命令打开了数据库，则可以省略数据库名，直接使用表名即可。

② 属性类型包括 bigint、int、float、string、boolean、varchar(n) 等。

③ 上述命令中的 "row format delimited fields terminated by ','" 表示指定字段的分隔符为逗号。这与 load 导入的文件字段之间的分隔符对应。如果导入的文件字段之间是以分隔符 "Tab" 分开的，则可以用 "\t" 代替逗号。命令中的引号一定是英文引号。

（5）查看数据库中的表，命令格式如下：

```
show tables;    #对已经打开的数据库；如果没有预先打开数据库，则需要添加数据库名
```

（6）模糊搜索表，命令格式如下：

```
show tables like '*name*';   #对已经打开的库
```

（7）查看表结构信息，命令格式如下：

```
desc 表名;   #对已经打开的库
```

（8）删除数据库，命令格式如下：

```
drop database 数据库名;
```

删除数据库之前需要先删除数据库中的所有表，即要删除的数据库必须是空的数据库。

（9）删除表，命令格式如下：

```
drop table 表名;   #预先打开数据库；如果没有预先打开数据库，则需要添加数据库名
```

注意：如果不能删除 Hive 表，则一般是 mysql-connector-java-5.1.46-bin.jar 的版本与 Hive 的版本不匹配造成的，可以通过使用更高版本的相应 JAR 包解决。

（10）将本地文件加载到 Hive 数据库的表中，命令格式如下：

```
load data local inpath '本地文件名' overwrite into table 表名;
```

上述命令中的关键字 overwrite 是覆盖，如果要将数据追加到 Hive 数据库的表中，则取消关键字 overwrite。

操作实例如下：

```
#/opt 目录授权
$ sudo chown -R hadoop /opt   #授权，如果已对/opt 目录授权，则这一步可以省略
$ start-dfs.sh
$ cd /opt/hive
$ ./bin/hive
```

在启动 Hive 后，Hive 的默认数据库是 default，直接在该数据库中创建表 t1，命令如下：

```
hive> create table t1(n1 int,n2 string) row format delimited fields terminated by
',';
```

另外，在 Ubuntu 系统中创建一个文本文件 t3，在该文件中保存以下内容：

```
10,20
1,30
2,99
4,wang
5,zhang
6,李丽
7,张三
```

将 t3 文件放置到/opt 目录下，并将 t3 文件中的内容导入表 t1。命令如下：

```
hive> load data local inpath '/opt/t3' overwrite into table t1;
```

需要注意的是，路径的斜杠为左斜"/"，不是右斜"\"。

如果要将 HDFS 文件加载到 Hive 数据库的表中，则取消关键字 local，将本地文件名修改为 Hadoop 相应目录及文件名即可。命令中的关键字大小写均可。对于不同文件格式的加载具体见后面的相关练习语句。

（11）导出数据到本地文件中，命令格式如下：;

```
insert overwrite local directory '本地路径' select * from 表名;
```

示例如下：

```
hive> insert overwrite local directory '/opt/hive/t2' select * from t1 where n1<=10;
```

上述命令用于将 t1 表中符合条件"n1<=10"的记录导入本地文件系统的/opt/hive/t2 目录中，在新创建的 t2 目录中生成"000000_0"文件。在执行该 Hive 命令后，可以回到终端查看新建文件中的内容。这时，导出的数据中的列与列之间的默认分隔符是^A（对应的 ASCII 码是\00001）。在终端中执行以下命令，查看结果：

```
$ cd /opt/Hive/t2
$ ls
$ cat *
```

可以看到出现特殊分隔符的结果，如图 7-1 所示。

```
hadoop@hadoop-ubuntu:~$ cd /opt/hive/t2
hadoop@hadoop-ubuntu:/opt/hive/t2$ ls
000000_0
hadoop@hadoop-ubuntu:/opt/hive/t2$ cat 000000_0
10 20
1 30
2 99
4 wang
5 zhang
6 李丽
7 张三
hadoop@hadoop-ubuntu:/opt/hive/t2$
```

图 7-1　使用默认分隔符时的结果

接下来，在上述命令中的"select"之前添加"row format delimited fields terminated by ','"来指定分隔符，命令如下：

```
hive> insert overwrite local directory '/opt/Hive/t2' row format delimited fields
terminated by ',' select * from t1 where n1<=10;
```

执行上述命令后，结果如图 7-2 所示，显然使用逗号做分隔符比使用默认分隔符^A 时的内容显示效果要好。

```
hadoop@hadoop-ubuntu:/opt/hive/t2$ cat 000000_0
10,20
1,30
2,99
4,wang
5,zhang
6,李丽
7,张三
hadoop@hadoop-ubuntu:/opt/hive/t2$
```

图 7-2　使用逗号做分隔符时的结果

注意：HQL 语句中的命令关键字不区分大小写。这一点与 Linux 命令不同。

7.2　HQL 中的"CASE WHEN THEN ELSE END"命令的用法

HQL 中的"CASE WHEN THEN ELSE END"命令是实现对数据表中已有数据进行赋值归类的有效手段。Case 命令可以嵌套到 SQL 语句中，具体嵌套实

现参见下面的 SELECT 实现语句。

1. Case 的格式及其意义

Case 具有两种格式：简单 Case 函数和 Case 搜索函数。下面分别举例说明。

1）简单 Case 函数举例

```
CASE sex
    WHEN '1' THEN '男'
    WHEN '2' THEN '女'
ELSE '其他' END
```

上述语句的执行过程是：测试 WHEN 后的条件表达式的值，如果其值为真，则返回 THEN 后面的表达式的值，否则测试下一个 WHEN 子句中的表达式的值，如果所有 WHEN 子句后的表达式的值都为假，则返回 ELSE 后面的表达式的值，如果在 CASE 语句中没有 ELSE 子句，则 CASE 表达式返回 NULL。

2）Case 搜索函数举例

```
CASE WHEN sex = '1' THEN '男'
    WHEN sex = '2' THEN '女'
ELSE '其他' END
```

上述语句的执行过程与简单 Case 函数语句的执行过程相同，只是 Case 搜索函数更灵活，可以使用多种组合形式。

上述两种格式可以实现相同的功能。简单 Case 函数的写法相对比较简洁，但是和 Case 搜索函数相比，功能方面会有些限制，比如写判断式，使用 Case 搜索函数可以组合不同字段或同一字段的不同判断条件来实现不同的要求，而使用简单 Case 函数则条件只能为单一字段的单一条件。

还有一个需要注意的问题，Case 函数只返回第一个符合条件的值，剩下的 Case 部分将会被自动忽略。比如，下面的 HQL 语句永远无法得到"第二类"这个结果：

```
CASE WHEN col_1 IN ('a', 'b') THEN '第一类'
    WHEN col_1 IN ('a') THEN '第二类'
ELSE '其他' END
```

下面通过实例来看一下使用 Case 函数都能做些什么事情。

2. Case 函数应用实例

【案例 7-1】已知一种数据，要求按照另一种方式进行分组与分析。已知部分国家的高净值人群数量如表 7-1 所示，创建表 Table_a。

表 7-1　部分国家的高净值人群数量

国家（country）	高净值人群数量（population）
中国	61587
美国	240575
加拿大	9325
英国	14367

续表

国家（country）	高净值人群数量（population）
法国	18776
日本	17013
德国	23078
墨西哥	2376
印度	5986

　　根据表 7-1 中的数据，统计亚洲和北美洲的高净值人群数量，应该得到如表 7-2 所示的结果。

表 7-2　亚洲和北美洲的高净值人群数量

洲	高净值人群数量小计
亚洲	84586
北美洲	252276
其他	56221

　　想要完成上述任务，需要怎么做？此时就可以使用 Case 函数。SQL（嵌套 HQL）代码如下：

```
SELECT SUM(population),
       CASE country
              WHEN '中国' THEN '亚洲'
              WHEN '印度' THEN '亚洲'
              WHEN '日本' THEN '亚洲'
              WHEN '美国' THEN '北美洲'
              WHEN '加拿大' THEN '北美洲'
              WHEN '墨西哥' THEN '北美洲'
       ELSE '其他' END
FROM Table_a
GROUP BY CASE country
              WHEN '中国' THEN '亚洲'
              WHEN '印度' THEN '亚洲'
              WHEN '日本' THEN '亚洲'
              WHEN '美国' THEN '北美洲'
              WHEN '加拿大' THEN '北美洲'
              WHEN '墨西哥' THEN '北美洲'
       ELSE '其他' END;
```

　　实现以上代码的操作步骤如下所述。

　　第一步，在 Excel 中输入国家（country）和高净值人群数量（population）数据，保存为 c_p.csv，csv 文件默认分隔符为逗号形式，默认保存的编码格式是"ANSI"。将 c_p.csv 文件使用记事本打开，以 UTF-8 编码格式重新保存，以避免汉字显示乱码。然后将该文件复制到 Ubuntu 系统的/opt 目录中（保证该目录是可访问的）。

　　第二步，在虚拟机的 Ubuntu 系统中启动 Hadoop，进入 Hive Shell 界面。命令如下：

```
$ start-dfs.sh
```

```
$ hive
```

第三步，创建数据库和与 c_p.csv 文件数据格式对应的表，并将 c_p.csv 文件中的数据导入新建的表。命令如下：

```
hive> create database table_ab;          #创建数据库 table_ab
hive> use table_ab;                      #打开数据库 table_ab
hive> create table table_a(country varchar(6),population int) row format delimited
fields terminated by ',';                #字段分隔符为逗号
hive> load data local  inpath '/opt/c_p.csv' overwrite  into  table table_a;
```

第四步，执行上述 Case 语句，得到结果。

【案例 7-2】使用与案例 7-1 相同的方法来判断工资的等级，并统计每个等级的人数。

SQL 代码如下：

```
SELECT
      CASE WHEN salary <= 2500 THEN '1 档'
          WHEN salary > 2500 AND salary <= 3600  THEN '2 档'
          WHEN salary > 3600 AND salary <= 4800  THEN '3 档'
          WHEN salary > 4800 AND salary <= 10000  THEN '4 档'
      ELSE NULL END name,
      COUNT(*)
FROM    Table_b
GROUP BY
      CASE WHEN salary <= 2500 THEN '1 档'
          WHEN salary > 2500 AND salary <= 3600  THEN '2 档'
          WHEN salary > 3600 AND salary <= 4800  THEN '3 档'
          WHEN salary > 4800 AND salary <= 10000  THEN '4 档'
      ELSE NULL END;
```

实现以上代码的操作步骤如下所述。

第一步，在 Excel 中输入姓名（name）和工资（salary）数据，保存为 salary.csv，将该文件以 UTF-8 编码格式重新保存，然后将该文件复制到 Ubuntu 系统的/opt 目录中。

第二步，在虚拟机的 Ubuntu 系统中启动 Hadoop，进入 Hive 命令界面。

第三步，创建数据库和与 salary.csv 文件数据格式对应的表，并将 salary.csv 文件中的数据导入新建的表，命令如下：

```
hive> use table_ab;        #打开数据库
hive> create table table_b(name varchar(6), salary float) row format delimited fields
terminated by ',';        #字段分隔符为逗号
hive> LOAD DATA LOCAL  INPATH '/opt/ salary.csv' OVERWRITE  into  table table_b;
```

第四步，执行上述 Case 语句，得到工资分档人数统计结果。

工资表由姓名和工资组成即可，读者可自己编辑完成。

7.3　单词统计

首先创建若干个需要分析的输入数据文件，然后编写 HQL 语句实现单词统计算法。

（1）创建测试单词的文件。在 Ubuntu 系统下的任何授权访问的目录中创建两个测试单词的文件 file1.txt 和 file2.txt，命令如下：

```
$ echo "hello world" > file1.txt
$ echo "hello world" > file2.txt
```

（2）将文件上传到 HDFS 中的相关目录下。命令如下：

```
$ hdfs dfs -mkdir input #在 Hadoop 当前用户目录下创建新目录
$ hdfs dfs -put file*.txt input/
```

（3）在 Hive 中创建一个 docs 表，预备加载外部数据。命令如下：

```
#表要在数据库中创建，可以打开一个已经存在的数据库，也可以新建一个数据库并打开
hive> create table docs(line string);
```

（4）在 Hive 中创建一个 words 表，预备接收分解后的单词。命令如下：

```
Hive> create table words(word string);
```

（5）将 HDFS 的 input 目录下的所有文件加载到 docs 表中。命令如下：

```
hive> load data inpath 'input' overwrite into table docs;
```

（6）将 docs 表中的数据根据空格拆分为单词，然后存入 words 表。命令如下：

```
hive> insert overwrite table words select explode(split(line,' ')) as word from docs;
#根据空格拆分单词
```

（7）进行单词统计。命令如下：

```
hive> select word, count(*) from words group by word;
```

单词统计结果如图 7-3 所示。

```
Total MapReduce CPU Time Spent: 0 msec
OK
hello    2
world    2
Time taken: 1.279 seconds, Fetched: 2 row(s)
```

图 7-3　单词统计结果

单词统计算法是最能体现 MapReduce 思想的算法之一。简单比较一下其在 MapReduce 中的编程实现和在 Hive 中的编程实现的不同点，优劣立显。首先，Hive 编写代码更少；其次，不必编译为 JAR 文件执行。HQL 语句最终实现是通过转换为 MapReduce 任务来完成的，但这是由 Hive 框架自动实现的，用户既不必关心具体细节，也不必纠结于复杂的 Java 语句结构，只需学习比较容易掌握的 HQL 语句即可，这是软件系统发展的必然。

7.4　人口收入数据综合分析

人口收入数据文件 person.csv 可从本书提供的电子资源中获得，该数据集从某个人口普查公开数据数据库中抽取而来，该数据集类变量为年收入是否超过 50K 美元，属性变量包含年龄、工作类型、教育程度等，分析各个因素对收入的影响。

7.4.1　项目实现目标

（1）将/opt/college/person.csv 文件上传到 HDFS 中的 college 目录下。

（2）在 Hive 中创建数据库和表，并将数据导入表。

（3）计算较高收入人群占整体数据的比例，将结果写入本地目录/opt/college011。要求结果四舍五入，保留两位小数。

（4）计算学位为学士（Bachelors）的人员在整体数据中的占比，将结果写入本地目录/opt/college012。要求结果四舍五入，保留两位小数。

（5）计算青年群体中高收入年龄层排行，将结果写入本地目录/opt/college013。对于结果中的二维数据，要求使用"\t"作为文件分隔符。

（6）计算男性群体中高收入职业排行，将结果写入本地目录/opt/college014。对于结果中的二维数据，要求使用"\t"作为文件分隔符。

（7）计算未婚人群中高收入职业排行，将结果写入本地目录/opt/college015。对于结果中的二维数据，要求使用"\t"作为文件分隔符。

（8）计算高收入群体中不同性别的占比，将结果写入本地目录/opt/college016。要求结果四舍五入，保留两位小数；对于结果中的二维数据，要求使用"\t"作为文件分隔符。

（9）分析教育程度对收入的影响，将结果写入本地目录/opt/college017。对于结果中的二维数据，要求使用"\t"作为文件分隔符。数据条件为高收入，对不同教育程度进行数量累加。

（10）计算不同收入人群的平均工作时间，将结果写入本地目录/opt/college018。要求结果四舍五入，保留整数；对于结果中的二维数据，要求使用"\t"作为文件分隔符。

7.4.2　数据结构分析与安全配置条件

1．数据结构

本节所使用的数据文件 person.csv 的结构（变量属性）如表 7-3 所示。

表 7-3　数据文件 person.csv 的结构（变量属性）

字段	类型	说明	字段	类型	说明
age	double	年龄	workclass	string	工作类型
fnlwgt	string	可代表的人数	edu	string	教育程度
edu_num	double	受教育时间	marital_status	string	婚姻状况
occupation	string	职业	relationship	string	关系
race	string	种族	sex	string	性别
gain	string	资本收益	loss	string	资本损失
hours	double	每周工作时长	native	string	原籍
income	string	收入			

2．Hive 安全配置

为了保证大数据集群的稳定性，默认禁用了 SemanticException 笛卡儿产品，类似非全等 join（非 inner join）是禁止的。

```
#设置是否严格检查笛卡儿积操作，当设置为 false 时是不严格，可以进行笛卡儿积操作，类似进行 join 操
作；反之，当设置为 true 时不可以进行笛卡儿积操作，不能进行 join 操作
hive> set hive.strict.checks.cartesian.product=false
#nonstrict 表示非严格模式，如果设置为 strict，则表示严格模式
hive> set hive.mapred.mode=nonstrict
```

笛卡儿积会针对多表的每条数据做连接操作。Hive 默认不允许进行笛卡儿积操作，设置 hive.strict.checks.cartesian.product 的值为 false，表示允许进行笛卡儿积操作，也就是说，可以进行 join 操作。

7.4.3　目标实现操作

1．基本操作

1）数据上传

对/opt 目录授权，保障 hadoop 用户在该目录下可以进行读写操作，命令如下：

```
$ sudo chown -R hadoop /opt    #授权，如果已对/opt 目录授权，则这一步可以省略
$ mkdir -p /opt/college
```

将 person.csv 文件复制到/opt/college 目录中。然后在 HDFS 上创建/college 目录，并将数据上传到该目录中，命令如下：

```
#在 HDFS 上创建/college 目录
$ hadoop fs -mkdir -p /college
#将数据上传到 HDFS 中的/college 目录下
$ hadoop fs -put /opt/college/person.csv /college/
#查看 HDFS 文件
$ hadoop fs -ls /college/
```

2）创建数据库和表

（1）进入 Hive 客户端，创建数据库 hive，并使用。

（2）创建表 person。在 hive 数据库中创建与 person.csv 文件具有相同数据结构的表 person，命令如下：

```
hive> create table person (age double,
workclass string,
fnlwgt string,
edu string,
edu_num double,
marital_status string,
occupation string,
relationship string,
race string,
sex string,
gain string,
loss string,
```

```
hours double,
native string,
income string
) row format delimited fields terminated by ',';
```

3）将 person.csv 文件中的数据导入 person 表

可以从本地将 person.csv 文件中的数据导入 person 表，命令如下：

```
hive> load data local inpath '/opt/college/person.csv' overwrite into table person;
```

也可以从 HDFS 将 person.csv 文件中的数据导入 person 表，命令如下：

```
hive> load data inpath '/college/person.csv' overwrite into table person;
```

查看导入 person 表内的数据（只显示前 10 行记录），命令如下：

```
hive> select * from person limit 10;
```

4）统计表数据

统计表数据，将统计结果写入本地目录/opt/college000/01 中。对于结果中的二维数据，要求使用 "\t" 作为文件分隔符。命令如下：

```
hive> insert overwrite local directory '/opt/college000/01/' row format delimited
fields terminated by '\t' Select count(*) from person;
```

统计结束后，可以到/opt/college000/01 目录下查看统计结果，如图 7-4 所示。

图 7-4   查看统计结果

2. 数据分析

（1）计算较高收入人群占整体数据的比例，将结果写入本地目录/opt/college011。要求结果四舍五入，保留两位小数。命令如下：

```
hive> insert overwrite local directory '/opt/college011/'
    select round((t2.v / t4.s),2)
    from (select count(*) as v from person t1 where t1.income = '>50k') t2
    join (select count(*) as s from person t3) t4;
```

上述命令执行后，可以到/opt/college011 目录下查看计算结果，如图 7-5 所示。

图 7-5   查看较高收入人群占整体数据的比例的计算结果

（2）计算学位为学士（Bachelors）的人员在整体数据中的占比，将结果写入本地目录/root/college012。要求结果四舍五入，保留两位小数。命令如下：

```
hive> insert overwrite local directory '/opt/college012/'
select round((t2.v / t4.s),2)
from (select count(*) as v from person t1 where t1.edu='bachelors') t2
join (select count(*) as s from person t3) t4;
```

（3）计算青年群体中高收入年龄层排行，将结果写入本地目录/opt/college013。对于结果中的二维数据，要求使用"\t"作为文件分隔符；先按照年龄进行降序排序，再按照年龄进行升序排序。说明：结果数据为排行前 10，年龄为 15～34 岁的人员为青年，收入大于50K 美元的人员为高收入群体。命令如下：

```
hive> insert overwrite local directory '/opt/college013/'
  row format delimited fields terminated by '\t'
  select age,count(*) as sum from person
  where age>=15 and age <=34 and income = '>50K'
  group by age
  order by sum desc,age asc limit 10;
```

（4）计算男性群体中高收入职业排行，将结果写入本地目录/opt/college014。对于结果中的二维数据，要求使用"\t"作为文件分隔符；先按照职业数量进行降序排序，再按照职业进行升序排序。说明：结果数据为排行前 5。命令如下：

```
hive> insert overwrite local directory '/opt/college014/'
  row format delimited fields terminated by '\t'
  select occupation,count(*) as sum from person
  where sex = 'Male' and income = '>50K'
  group by occupation
  order by sum desc,occupation asc limit 5;
```

（5）计算未婚人群中高收入职业排行，将结果写入本地目录/opt/college015。对于结果中的二维数据，要求使用"\t"作为文件分隔符；先按照职业数量进行降序排序，再按照职业进行升序排序。说明：结果数据为排行前 5，marital_status 为婚姻状况，Never-married为未婚。命令如下：

```
hive> insert overwrite local directory '/opt/college015/'
  row format delimited fields terminated by '\t'
  select occupation,count(*) as sum from person
  where marital_status = 'Never-married' and income = '>50K'
  group by occupation
  order by sum desc,occupation asc limit 5;
```

（6）计算高收入群体中不同性别的占比，将结果写入本地目录/opt/college016。要求结果四舍五入，保留两位小数；对于结果中的二维数据，要求使用"\t"作为文件分隔符；按照比例进行降序排序。命令如下：

```
hive> insert overwrite local directory '/opt/college016/'
  row format delimited fields terminated by '\t'
  select t2.sex,round((t2.v / t4.s),2)
  from (select t1.sex as sex, count(*) as v from person t1 where t1.income = '>50K'
```

```
group by sex order by v desc ) t2
join (select count(*) as s from person t3 where t3.income = '>50K') t4;
```

（7）分析教育程度对收入的影响，将结果写入本地目录/opt/college017。对于结果中的二维数据，要求使用"\t"作为文件分隔符；先按照各教育程度（edu）统计数量进行降序排序，再按照教育程度（edu）名称进行升序排序。说明：对高收入（大于 50K 美元）人群按照不同教育程度进行数据统计。命令如下：

```
hive> insert overwrite local directory '/opt/college017/'
    row format delimited fields terminated by '\t'
    select edu,count(*) as sum from person
    where income = '>50K'
    group by edu
    order by sum desc,edu asc ;
```

（8）计算不同收入人群的平均工作时间，将结果写入本地目录/opt/college018。对于结果中的二维数据，要求使用"\t"作为文件分隔符；先按照平均工作时间的统计结果进行降序排序，再按照教育程度名称进行升序排序。说明：根据收入类型对平均工作时间进行计算，要求结果四舍五入，保留整数。命令如下：

```
hive> insert overwrite local directory '/opt/college018/'
    row format delimited fields terminated by '\t'
    select income,round(avg(hours)) as sum from person
    group by income
    order by sum desc,edu asc ;
```

7.5 思考与操作

一、单选题

1．Hive 默认的存放位置是（   ）。

　　A．/user/Hive　　　　　　　　　　　B．/user/Hive/warehouse

　　C．/user/Hive/default　　　　　　　　D．/user/default

2．在查询表中的数据时，如果要去除重复列，则可以使用关键字（   ）。

　　A．limit　　　　　B．unique　　　　　C．distinct　　　　D．stinct

3．"select if(2<1,100,200) from student limit 1"的返回值是（   ）。

　　A．100　　　　　　B．200　　　　　　C．2　　　　　　　D．1

提示："if(2<1,100,200)"相当于一个三目运算，"limit 1"表示找到一条记录就不再继续扫描。

4．在对查询出的数据进行排序时，可以使用关键字（   ）指定为降序排序。

　　A．asc　　　　　　B．desc　　　　　　C．esc　　　　　　D．des

5．可以使用 HQL 语句（   ）创建 Hive 数据库。

　　A．create databases　　　　　　　　B．create database

C．add database   D．add databases

6．在 Hive 中，如果要从一个数据库切换到另一个数据库，则可以使用关键字（   ）。

A．use   B．change   C．get   D．uses

7．在 Hive 中，如果要直接删除非空数据表，则可以添加关键字（   ）。

A．limited   B．terminated   C．cascade   D．scade

8．在创建 Hive 表时，如果要指定字段之间的分隔符，则可以使用（   ）。

A．fields terminated by

B．row format delimited fields terminated by

C．map keys terminated

D．collection items terminated by

二、实操题

1．实验要求

导入"女装市场行情.csv"文件中的数据到 Hive 数据库的表内，并对其进行统计分析。

2．实验目的

（1）掌握创建 Hive 数据库和表的基本方法。
（2）掌握将本地文件中的数据导入 Hive 表内的方法。
（3）掌握使用 HQL 基本语句进行统计分析的方法。

3．实验工具和环境

启动 Hadoop 和 Hive。

4．实验内容

HQL 操作实验工作与记录手册

任务	执行过程	结果
启动 Hadoop 和 Hive		
分析"女装市场行情.csv"文件的数据结构		
创建 Hive 数据库		
创建表		
导入"女装市场行情.csv"文件中的数据到 Hive 数据库的表内		
统计不同二级类目出现的次数		
统计不同二级类目的买家数、交易金额的合计值和客单价平均值		

注意："女装市场行情.csv"文件可在本书提供的电子资源中找到。

项目 8

Spark 安装与基础编程

Hadoop 还存在很多已知限制，尤其是 MapReduce。MapReduce 编程的复杂度高，一般不易掌握。在大多数分析中，都必须用很多步骤将 Map 任务和 Reduce 任务串接起来。这造成类 SQL 的计算或机器学习需要专门的系统来进行。更糟的是，MapReduce 要求每个步骤间的数据要序列化到磁盘，计算过程中伴随着不停的"落盘"操作，这意味着 MapReduce 作业的 I/O 成本很高，导致交互式分析和迭代算法（Iterative Algorithms）的开销很大。而事实是，几乎所有的最优化和机器学习都是需要迭代的。

为了解决这些问题，基于内存缓存的 Spark 作为快速、通用分布式计算范式，很快就流行起来。Spark 使用函数式编程范式扩展了 MapReduce 模型，以支持更多计算类型，可以涵盖广泛的工作流，这些工作流之前被实现为 Hadoop 上的特殊系统。Spark 使用内存缓存来提升性能，因此进行交互式分析也足够快速（就如同使用 Python 解释器与集群进行交互一样）。内存缓存同时提升了迭代算法的性能，这使得 Spark 非常适合处理数据理论任务，特别是机器学习。

8.1 Spark 的安装（Python 版）实践

Spark 部署模式主要有 4 种：Local 模式（单机模式）、Standalone 模式（使用 Spark 自带的简单集群管理器）、YARN 模式（使用 YARN 作为集群管理器）和 Mesos 模式（使用 Mesos 作为集群管理器）。

由于 Spark 是使用 Scala 语句编写的计算软件，在安装 Spark 以后，里面就自带了 Scala 环境，因此不需要额外安装 Scala。本书使用的是 Ubuntu 16.04，而 Ubuntu 16.04 已经自带了 Python 3.5，因此就不需要重新安装 Python 了。本书也将以 Python 3 语法进行介绍。

本书的 Spark（Python 版）的具体运行环境如下：

- Ubuntu 16.04 以上。
- Hadoop 2.7.1 以上。
- Java JDK 1.8 以上。
- Spark 2.3.3 以上。
- Python 3.4 以上。

8.1.1　下载 Spark 安装文件

本项目接续前面的项目，在前面的项目中，我们已经安装了 Ubuntu 16.04、Hadoop 2.7.3 和 JDK 1.8，并部署了 HDFS，而且 Ubuntu 16.04 自带 Python 3.5。因此，我们只需在此基础上安装 Spark 即可。

本书的电子资源中有 Spark 安装文件 "spark-2.3.3-bin-hadoop2.7.tgz"（也可以从 Spark 官网上下载该文件），只需将该文件复制到 "/home/hadoop/下载" 目录中即可。

8.1.2　安装与配置 Spark

下载完 Spark 安装文件，就可以进行安装任务了。

1. 解压缩 Spark 安装文件

解压缩 Spark 安装文件的命令如下：

```
$ cd ~/下载
$ sudo tar -zxvf spark-2.3.3-bin-hadoop2.7.tgz -C /opt/  #已对/opt目录用户授权
$ cd /opt
$ mv spark-2.3.3-bin-hadoop2.7/ spark
```

2. 配置 spark-env.sh 文件

在解压缩 Spark 安装文件后，还需要修改 Spark 的配置文件 spark-env.sh，在修改前先将其模板文件 spark-env.sh.template 复制为该配置文件。命令如下：

```
$ cd /opt/spark
$ sudo cp ./conf/spark-env.sh.template ./conf/spark-env.sh
```

然后执行 "sudo vim ./conf/spark-env.sh" 命令，即使用 vim 编辑器打开 spark-env.sh 文件，在该文件中的第一行添加以下配置信息：

```
export SPARK_DIST_CLASSPATH=$(/opt/hadoop/bin/hadoop classpath)
```

上面这条配置信息的作用是让 Spark 具备从 HDFS 中读写数据的能力；如果没有配置上述信息，则 Spark 就只能读写本地数据，而无法读写 HDFS 中的数据。

3. 修改环境变量

在终端中执行以下命令，使用 vim 编辑器打开~/.bashrc 文件：

```
$ vim ~/.bashrc
```

在~/.bashrc 文件中添加以下内容：

```
export JAVA_HOME=/opt/java/jdk1.8
export CLASSPATH=$JAVA_HOME/lib/
export PATH=$JAVA_HOME/bin:$PATH
export HADOOP_HOME=/opt/hadoop
export CLASSPATH=$CLASSPATH:$HADOOP_HOME/lib
export PATH=$PATH:$HADOOP_HOME/bin:$HADOOP_HOME/sbin
#如果原文件中已对 Java 和 Hadoop 环境变量做过配置，则只添加以下部分即可
export SPARK_HOME=/opt/spark
export PYTHONPATH=$SPARK_HOME/python:$SPARK_HOME/python/lib/py4j-0.10.7-src.zip:
$PYTHONPATH
export PYSPARK_PYTHON=python3
export PATH=$PATH:$SPARK_HOME/bin
```

如果忘记了之前安装 Java 的路径，则可以通过以下命令查找：

```
$ whereis java
```

~/.bashrc 文件中必须包含 JAVA_HOME、HADOOP_HOME、SPARK_HOME、PYTHONPATH、PYSPARK_PYTHON、PATH 等环境变量。如果已经设置了某些环境变量，则不需要重新添加设置。由于我们是在前面项目安装过 Java 和 Hadoop 的基础上完成的 Spark 安装，因此，Java 和 Hadoop 环境变量配置已经存在。

另外，环境变量 PYTHONPATH 主要是为了在 Python 3 中引入 pyspark 库，对于不同版本的 Spark，其 py4j-0.10.7-src.zip 文件名是不同的，因此要先进入相应目录（$SPARK_HOME/python/lib）下查看具体名称，再对环境变量 PYTHONPATH 的相应值进行修改。环境变量 PYSPARK_PYTHON 主要用于设置运行 pyspark 的 Python 版本。

4．使环境变量生效

在终端中执行以下命令，使环境变量生效：

```
$ source ~/.bashrc
```

5．验证 Spark 是否安装成功

通过运行 Spark 自带的一个示例程序，验证 Spark 是否安装成功。在/opt/spark 目录下执行以下命令：

```
$ bin/run-example SparkPi 2>&1 | grep "Pi is"
```

执行上述命令的结果如图 8-1 所示，表示 Spark 安装成功。

图 8-1　运行 Spark 自带的示例程序的结果

8.1.3　在 pyspark 中运行代码

由于设置了环境变量 PYSPARK_PYTHON，因此可以在任意路径下直接使用以下命令

启动 pyspark：

```
$ pyspark
```

在启动 pyspark 后，就会进入 pyspark 运行界面，如图 8-2 所示。

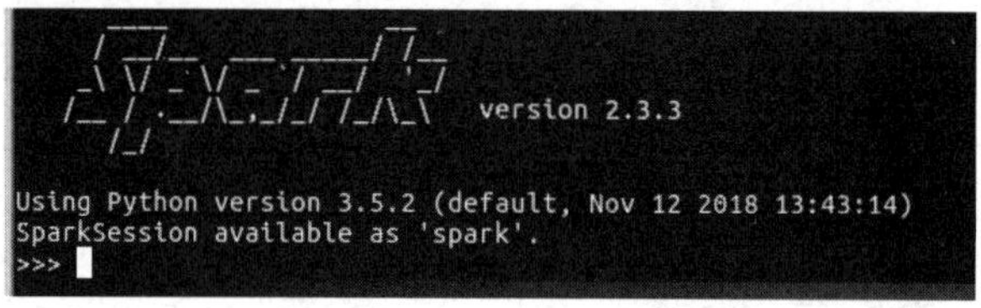

图 8-2　pyspark 运行界面

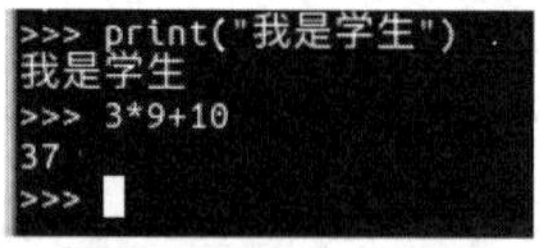

图 8-3　使用 Python 语句进行试验

由图 8-2 可以看到，Spark 的版本号为 2.3.3，Python 的版本号为 3.5.2。现在，可以在图 8-2 所示的界面中输入 Python 代码进行调试了，可按图 8-3 所示的内容自行试验。

最后，可以使用 "exit()" 命令退出 pyspark。也可以直接按 Ctrl+D 组合键退出 pyspark。

8.1.4　Spark 独立应用程序编程案例实践

如果在使用 Spark 的过程中需要用到 HDFS，就要启动 Hadoop。如果只是读写本地文件，则不必启动 Hadoop。下面通过 Spark API 编写一个独立应用程序（下面的 Spark 程序因为没有用到 HDFS，所以就没有启动 Hadoop）。

【案例 8-1】在 Spark 中编写与运行 Python 程序。

使用 Python 进行 Spark 编程比使用 Java 和 Scala 进行 Spark 编程要简单得多。这里先新建一个 Python 程序文件 test.py，然后使用 vim 编辑器打开该文件，命令如下：

```
$ cd ~
$ vim test.py
```

在 test.py 文件中添加以下程序代码：

```
from pyspark import SparkContext
sc = SparkContext('local', 'test')
logFile = "file:///opt/spark/README.md"
logData = sc.textFile(logFile, 2).cache()
numAs = logData.filter(lambda line: 'a' in line).count()
numBs = logData.filter(lambda line: 'b' in line).count()
print('含有字母 "a" 的行数: %s, 含有字母 "b" 的行数: %s' % (numAs, numBs))
```

保存代码后，执行以下命令：

```
$ python3 ~/test.py
```

得到的结果如下：

```
含有字母 "a" 的行数: 61, 含有字母 "b" 的行数: 30
```

这样，我们就学会了如何在 Spark 中编写与运行 Python 程序。下面，我们就要学习 Spark 的基本概念，掌握 RDD 操作，学会上面程序中出现的主要语句的含义和方法，驾驭 pyspark

的一些常用方法，从而在 Spark 中写出符合要求的 Python 程序。

8.2　Spark 的一些基本概念

在具体讲解 Spark 之前，需要先了解一些相关的概念。

1. RDD

RDD 是 Resilient Distributed Dataset（弹性分布式数据集）的缩写，是分布式内存的一个抽象概念，提供了一种高度受限的共享内存模型（即 RDD 是只读的分区记录集合）。只能基于稳定的物理存储中的数据集来创建 RDD，或者通过在其他 RDD 上执行确定的转换操作（如 map、join 和 group by）来创建 RDD，然而这些限制使得实现容错的开销很低。

一个 RDD 就是一个分布式对象集合，RDD 作为数据结构，本质上是一个只读的分区记录集合，每个 RDD 可以分成多个分区，每个分区就是一个数据集片段，并且一个 RDD 的不同分区可以被保存到集群中不同的节点上，从而可以在集群中的不同节点上进行并行计算。

2. DAG

DAG 是 Directed Acyclic Graph（有向无环图）的缩写，用于反映 RDD 之间的依赖关系。

3. Executor

Executor（执行者）是运行在工作节点（Worker Node）上的一个进程，负责运行任务，并为应用程序存储数据。

4. Driver

在 Local 模式下，Driver（驱动程序）就是执行一个 Spark 应用程序的 main()函数和创建 SparkContext 的进程，它包含这个应用程序的全部代码。

5. Application

Application（应用程序）是用户编写的 Spark 应用程序。

6. Task

Task（任务）是运行在 Executor（执行者）上的工作单元。

7. Job

一个 Job（作业）包含多个 RDD 及作用于相应 RDD 上的各种操作。

8. Stage

Stage（阶段）是作业的基本调度单位。一个作业会被分为多组任务，每组任务被称为"阶段"，或者被称为"任务集"。

8.3 RDD 编程操作

Spark 是以 RDD 概念为中心运行的。RDD 编程是 Spark 开发的核心，在 Spark 中，对数据的操作包括创建 RDD、转化已有 RDD、调用 RDD 操作进行求值等。

8.3.1 RDD 操作的两种类型

对开发者而言，RDD 可以看作 Spark 的一个对象，它本身运行于内存中。例如，读文件是一个 RDD，对文件进行计算是一个 RDD，结果集也是一个 RDD，不同分片之间的依赖、不同数据之间的依赖、key-value 形式的 map 映射数据等都可以看作 RDD。

Spark 中针对 RDD 的操作包括 RDD 转换操作（即创建 RDD）和 RDD 行动操作，也就是说，RDD 操作分为"转换"（Transformation）和"行动"（Action）两种操作类型，也是两个操作阶段。两类操作的主要区别是，转换操作接受 RDD 并返回 RDD，而行动操作则接受 RDD 但是返回非 RDD（即输出一个值或结果）。RDD 操作是一种"惰性操作"，在转换操作阶段并没有实施真正的"计算"，而是在行动操作阶段才真正实施转换。

1. RDD 转换操作

对 RDD 而言，每次转换操作都会产生不同的 RDD，供给下一个"转换"使用。转换得到的 RDD 是"惰性"求值的。也就是说，整个转换过程只是记录了转换的轨迹，并不会发生真正的计算，只有在遇到行动操作时才会发生真正的计算，从源头关系开始，进行物理的转换操作。常用的 RDD 转换操作如表 8-1 所示。

表 8-1 常用的 RDD 转换操作

类型	转换操作	含义
一般 RDD	map(func)	返回一个新的 RDD，该 RDD 由每个输入元素经过 func()函数转换后组成
	filter(func)	返回一个新的 RDD，该 RDD 由经过 func()函数计算后返回值为 true 的输入元素组成
	flatMap(func)	类似于 map(func)，但是每个输入元素可以被映射为零个或多个输出元素（所以 func()函数应该返回一个序列，而不是单一元素）
键值对 RDD	groupByKey()	在一个(K,V)的 RDD 上调用，返回一个(K, Iterator[V])的 RDD
	reduceByKey(func, [numTasks])	在一个(K,V)的 RDD 上调用，返回一个(K,V)的 RDD，使用指定的 Reduce 函数将相同 key 的值聚到一起，与 groupByKey()函数类似，Reduce 任务的个数可以通过第二个可选的参数来设置
	sortByKey([ascending], [numTasks])	在一个(K,V)的 RDD 上调用，K 必须实现 Ordered 接口，返回一个按照 key 进行排序的(K,V)的 RDD

2. RDD 行动操作

行动操作是真正触发计算的地方。当 Spark 程序执行到行动操作时，才会执行真正的计算，从文件或数组中加载数据，完成一次又一次的转换操作，最终完成行动操作得到结果。常用的 RDD 行动操作如表 8-2 所示。

表 8-2　常用的 RDD 行动操作

行动操作	含义
count()	返回 RDD 数据集中的元素个数
collect()	以数组的形式返回 RDD 数据集中的所有元素
first()	返回 RDD 数据集中的第一个元素
take(n)	以数组的形式返回 RDD 数据集中的前 n 个元素
reduce(func)	通过 func()函数（输入两个参数并返回一个值）聚合数据集中的元素
foreach(func)	将 RDD 数据集中的每个元素传递到 func()函数中运行

8.3.2　创建 RDD 操作实践案例

1. 相关知识点

1）Spark Shell 界面的"sc"的概念

Spark Shell 界面是 Spark 的命令界面，默认设置的 Spark Shell 界面是支持 Scala 编程的一种运行界面，本书修改为 Python 编程环境。pyspark 运行界面是一种启动 Python 编程环境的 Spark Shell 界面，以下统一称为 Spark Shell 界面。

每个 Spark 应用程序都需要一个 Spark 环境，这个 Spark 环境为 Spark RDD API 交互实现提供主要的入口点。在 Spark Shell 界面下有一个专有的 SparkContext 已经创建好了，变量名为"sc"，负责预配置 Spark 环境；同时提供一个名为"spark"的变量，负责预配置 Spark 会话。变量 sc 只在 Spark Shell 界面下使用，在 Python 独立程序中则需要先导入 SparkContext，再定义变量 sc。变量 sc 就是 Spark RDD 编程的入口，"sc"实际上就是 SparkContext 的缩写。

2）SparkContext

SparkContext 在 Spark 应用程序的执行过程中起着主导作用，它负责与应用程序和 Spark 集群进行交互，包括申请集群资源、创建 RDD、实现累加及广播变量等。

任何 Spark 应用程序的编写都是从 SparkContext 开始的。SparkContext 是整个应用程序的入口，无论是从本地文件系统中读取文件还是从 HDFS 中读取文件，或者通过集合并行化获得 RDD，都要先创建 SparkContext 对象，然后使用 SparkContext 对象对 RDD 进行创建和后续的转换操作。Spark Shell 界面内操作命令中的"sc"即代表 SparkContext 对象。使用 SparkContext 创建 RDD 的方法主要有两种：textFile()方法（从文件创建）和 parallelize()方法（从数组创建）。

3）创建 RDD 的两种方式

第一种方式是读取一个外部数据集。比如，从本地文件系统中加载数据集，或者从 HDFS、HBase、Cassandra、Amazon S3 等外部数据源中加载数据集。Spark 可以支持文本文件、SequenceFile 文件（Hadoop 提供的 SequenceFile 文件是一个由二进制序列化过的

key-value 形式的字节流组成的文本存储文件）和其他符合 Hadoop InputFormat 格式的文件。

第二种方式是调用 SparkContext 对象的 parallelize()方法，在 Driver 中一个已经存在的集合（数组）上创建 RDD。

2. 从文件系统中加载数据创建 RDD（第一种创建方式）

【案例 8-2】从本地文件系统中加载数据创建 RDD。

步骤一：在本地 Ubuntu 系统的/home/hadoop 目录下创建文本文件 C，在该文本文件中输入以下内容后保存。

```
Hello China
Hello World
你好 世界
你好 中国
```

步骤二：启动 Hadoop，将 word.txt 文件上传到 HDFS 中。命令如下：

```
$ start-dfs.sh
$ hdfs dfs -put word.txt .    #如果 HDFS 用户目录不存在，则自行创建
```

步骤三：启动 pyspark，在 pyspark 下从本地文件系统和 HDFS 中加载数据。

Spark 采用 textFile(URL)方法从文件系统中加载数据创建 RDD，该方法把文件的 URL 作为参数，这个 URL 既可以是本地文件系统的地址，也可以是 HDFS 的地址，还可以是 Amazon S3 的地址等。

启动 pyspark 后，执行以下命令：

```
>>> lines = sc.textFile("file:///home/hadoop/word.txt")  #加载本地文件
>>> type(lines)          #查看 lines 的类型
<class 'pyspark.rdd.RDD'>  #是一个 RDD
```

可以使用行动操作 foreach(print)方法直接对 RDD 对象进行遍历显示，命令如下：

```
>>> lines.foreach(print)
```

遍历显示的 RDD 对象如图 8-4 所示。

也可以使用 RDD 对象的 collect()方法获得数组（也可以理解为列表），然后对该数组进行 for 遍历输出，如图 8-5 所示。

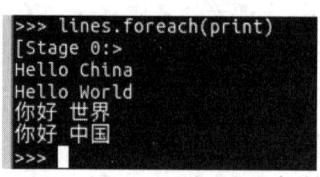

图 8-4　使用 foreach(print)方法遍历显示 RDD 对象

图 8-5　使用 collect()方法进行遍历输出

【案例 8-3】从 HDFS 中加载数据创建 RDD。

在 Spark Shell 界面中，可以使用下面任意一条命令完成从 HDFS 中加载数据：

```
>>> lines = sc.textFile("hdfs://localhost:9000/user/hadoop/word.txt")  #加载 HDFS 文件
>>> lines = sc.textFile("/user/hadoop/word.txt")  #加载 HDFS 文件
>>> lines = sc.textFile("word.txt")  #加载 HDFS 文件
```

注意，上面的 3 条命令是完全等价的命令，只不过使用了不同的目录形式，读者可以使用其中任意一条命令完成数据加载操作。

至此，我们清楚了，当从本地文件系统中加载数据创建 RDD 时，textFile()方法的文件名参数使用"file://"+完整路径+文件名；当从 HDFS 中加载数据创建 RDD 时，直接使用 HDFS 的路径+文件名即可。

3. 通过并行集合（数组）创建 RDD（第二种创建方式）

可以调用 SparkContext 对象的 parallelize()方法，在 Driver 中一个已经存在的集合（数组）上创建 RDD。在 Spark Shell 界面中执行以下命令：

```
>>> nums = [1,2,3,4,5]
>>> rdd = sc.parallelize(nums)
```

查看 RDD 对象的结果如图 8-6 所示。

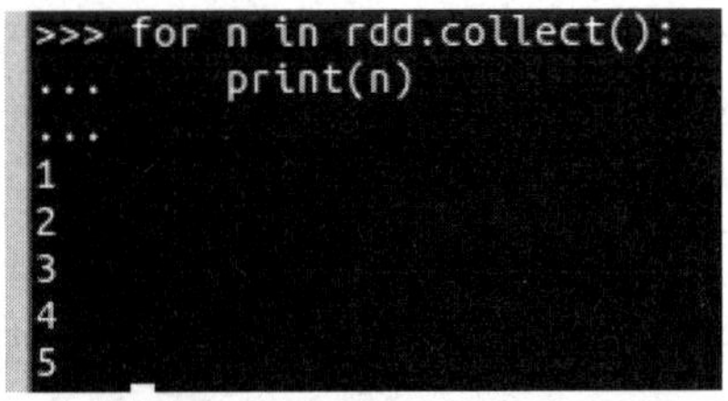

图 8-6　查看 RDD 对象的结果

4. 使用 Spark 独立应用程序编程完成 RDD 常见的转化操作和行动操作

针对各个元素的转化操作，先试验常用的 map()、filter()和 flatMap()函数。下面提供实例分别介绍使用方法。

【案例 8-4】计算 RDD 中各个值的平方。

使用 map()函数就可以计算 RDD 中各个值的平方。map()函数将接收一个函数，把这个函数用于 RDD 的每个元素，将函数的返回值作为结果 RDD 中对应元素的值。

在 Ubuntu 系统本地自定义目录下，使用 vim 编辑器创建 test1.py 文件，在该文件中输入以下内容：

```
from pyspark import SparkContext
#从定义 SparkContext 开始编程，第一个参数 local[*]是本地 CPU 资源，第二个参数是说明
sc = SparkContext('local[*]', 'test1')
nums = sc.parallelize([1,2,3,4])  #parallelize()转换操作，创建 RDD
squared = nums.map(lambda x : x * x).collect() #map()转换及 collect()行动操作返回列表
for num in squared:   #遍历输出
    print(num,end=' ')
print('')
```

在 test1.py 文件的路径下执行以下命令：

```
$ python3 test1.py
```

得到的结果为"1 4 9 16"，这是列表[1,2,3,4]中的各个元素的平方输出。

【案例 8-5】从列表[1,2,3,4]中获得大于 2 的值。

为了完成这个具有过滤条件的任务，需要使用 filter()函数。filter()函数将接收一个函数，并将 RDD 中满足该函数的元素放入新的 RDD 中返回。

在 Ubuntu 系统本地自定义目录下，使用 vim 编辑器创建 test2.py 文件，在该文件中输入以下内容：

```
from pyspark import SparkContext
sc = SparkContext('local[*]', 'test2')
nums = sc.parallelize([1,2,3,4])
squared = nums.filter(lambda x : x > 2).collect()
for num in squared:
    print(num)
```

在 test2.py 文件的路径下执行以下命令：

```
$ python3 test2.py
```

上述命令执行后，会得到"3"和"4"的竖列输出。

可以将列表 sc.parallelize([1,2,3,4])修改为 range(1,5)，效果是相同的，读者可自行试验。也就是说，Python 的基本语句都是可以灵活使用的。

【案例 8-6】切分单词。

切分单词会使一个列表中的一个元素按照空格拆分为多个元素，这时使用 map()函数就不行了，此时可以使用 flatMap()函数。flatMap()函数可以将每个输入元素映射为零个或多个输出元素，因此该函数通常用来切分单词。因为是多个元素的返回，所以这就是一个迭代器（Iterator）。迭代器是可序列化的。

在 Ubuntu 系统本地自定义目录下，使用 vim 编辑器创建 test3.py 文件，在该文件中输入以下内容：

```
from pyspark import SparkContext
sc = SparkContext('local[*]', 'test3')
words = sc.parallelize(["hello word","hi"])   #创建RDD
#下面语句的详细解释可参考 8.3.3 节中相关语句的解读
word = words.flatMap(lambda line : line.split(" "))
word.foreach(print)   #遍历 RDD 对象
```

在 test3.py 文件的路径下执行以下命令：

```
$ python3 test3.py
```

上述命令执行后，会得到如图 8-7 所示的结果。

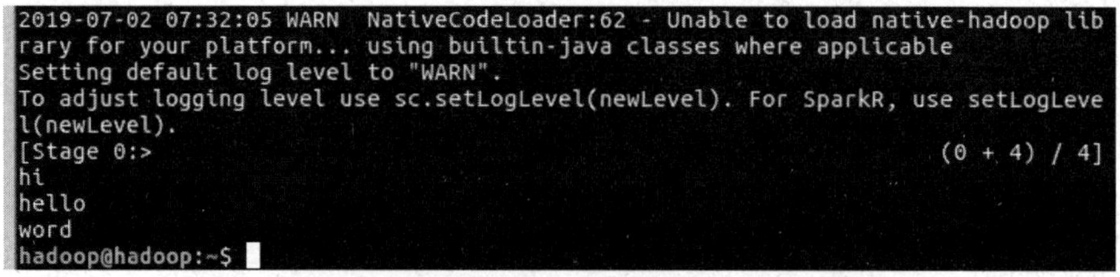

图 8-7　使用 flatMap()函数切分单词后的结果

通过实例比较，我们可以发现 flatMap()函数和 map()函数的区别：map()函数的使用结果是原有 RDD 列表的元素个数与转换后的 RDD 列表的元素个数是一致的，而 flatMap()函数的使用结果则是原有 RDD 列表的元素个数与转换后的 RDD 列表的元素个数是不一致的。

拓展训练：将案例 8-4 和案例 8-5 的遍历方法修改为 foreach(print)，重新编程。

8.3.3 键值对 RDD 的创建案例

通过以下 4 个案例说明键值对 RDD 的创建。

【案例 8-7】从文件系统中加载数据创建键值对 RDD（第一种创建方式）。

使用 8.3.2 节创建的已经上传到 HDFS 中的 word.txt 文件，将其加载为 RDD。为此，需先启动 Hadoop，然后查看 HDFS 用户目录下是否存在 word.txt 文件，文件如下：

```
$ start-dfs.sh
$ hdfs dfs -ls    #查看 HDFS 用户目录下是否存在 word.txt 文件
```

启动 pyspark，执行以下命令：

```
>>> lines = sc.textFile("word.txt")
>>> pairRDD = lines.flatMap(lambda line : line.split(" ")).map(lambda word :
(word,1))
>>> pairRDD.foreach(print)
```

键值对 RDD 对象的遍历结果如图 8-8 所示。

```
>>> pairRDD.foreach(print)
[Stage 0:>                                              (0 + 2) / 2]
('Hello', 1)
('China', 1)
('Hello', 1)
('World', 1)
('你好', 1)
('世界', 1)
('你好', 1)
('中国', 1)
>>>
```

图 8-8　键值对 RDD 对象的遍历结果

前两条命令的解读如下：

（1）lines 包含了多行文本内容。

（2）"lines.flatMap(lambda line : line.split(" "))" 会遍历 textFile 中的每行文本内容，当遍历到其中一行文本内容时，会把文本内容赋给变量 line，并执行 Lambda 表达式 "line : line.split(" ")"。

（3）"line : line.split(" ")" 是一个 Lambda 表达式，冒号的左边表示输入参数，冒号的右边表示函数中执行的处理逻辑，这里执行 "line.split(" ")"，也就是针对 line 中的一行文本内容，采用空格作为分隔符进行单词切分，从一行文本内容切分得到由很多个单词构成的单词集合。

（4）对于 lines 中的每行文本内容，都会使用 Lambda 表达式得到一个单词集合，最终，多行文本内容就得到多个单词集合。lines.flatMap()操作就把这多个单词集合"拍扁"得到一个大的单词集合。

（5）针对这个大的单词集合，执行 map()操作，也就是 "map(lambda word : (word, 1))"，这个 map()操作会遍历这个大的单词集合中的每个单词，当遍历到其中一个单词时，就把当前这个单词赋给变量 word，并执行 Lambda 表达式"word：(word,1)"，这个 Lambda 表达式的含义是：word 作为函数的输入参数，然后执行函数处理逻辑，这里会执行"(word,1)"，也就是针对输入的 word 构建得到一个元组（tuple），形式为(word,1)，key 是 word，value 是 1（表示该单词出现 1 次）。

（6）最后得到一个 RDD，这个 RDD 中的每个元素都是(key,value)形式的元组。

【案例 8-8】通过并行集合（列表）创建键值对 RDD（第二种创建方式）。

在 Spark Shell 界面中执行以下命令：

```
>>> list = ["Hadoop","Spark","Hive","Spark"] #定义列表
>>> rdd = sc.parallelize(list) #由列表转换为 RDD
>>> pairRDD = rdd.map(lambda word : (word,1)) #由 RDD 转换为键值对 RDD
>>> pairRDD.foreach(print) #使用 print()函数遍历 RDD
```

结果如图 8-9 所示。

```
>>> list = ["Hadoop","Spark","Hive","Spark"]  #定义列表
>>> rdd = sc.parallelize(list) #由列表转换为RDD
>>> pairRDD = rdd.map(lambda word : (word,1))  #由RDD转换为键值对RDD
>>> pairRDD.foreach(print) #使用print()函数遍历RDD
('Spark', 1)
('Hadoop', 1)
('Spark', 1)
('Hive', 1)
>>>
```

图 8-9 通过并行集合（列表）创建键值对 RDD

下面介绍常用的键值对 RDD 转换操作。

常用的键值对 RDD 转换操作包括 reduceByKey()、groupByKey()、keys()、values()、count()、mapValues(func)等，下面通过实例来分别介绍。

1）reduceByKey(func)

reduceByKey(func)的功能是使用 func()函数合并具有相同键的值。比如，reduceByKey((a,b) => a+b)有 4 个键值对：("spark",1)、("spark",2)、("hadoop",3)和("hadoop",5)，对具有相同 key 的键值对进行合并后的结果是("spark",3)、("hadoop",8)。可以看出，在"(a,b) => a+b"这个 Lambda 表达式中，a 和 b 都是指 value，比如，对于两个具有相同 key 的键值对("spark",1)和("spark",2)，a 就是 1，b 就是 2。

在 Ubuntu 系统本地自定义目录下，使用 vim 编辑器创建 test4.py 文件，在该文件中输入以下内容：

```
from pyspark import SparkContext
sc = SparkContext( 'local[*]', 'test3')
words = sc.parallelize(["hello word","hi","I love hadoop","I love Spark","Spark is
fast than hadoop"])
word = words.flatMap(lambda line : line.split(" ")).map(lambda word :(word,1))
#word.foreach(print)
word.reduceByKey(lambda a,b : a+b).foreach(print)
```

在 test2.py 文件的路径下执行以下命令：

```
$ python3 test4.py
```

上述命令执行后，会得到如图 8-10 所示的结果。

```
[Stage 0:>
('hello', 1)
('word', 1)
('hi', 1)
('hadoop', 2)
('is', 1)
('I', 2)
('fast', 1)
('than', 1)
('Spark', 2)
('love', 2)
```

图 8-10　reduceByKey()转换操作的结果

2）groupByKey()

groupByKey()的功能是对具有相同键的值进行分组。比如，采用 groupByKey()对由 4 个键值对("spark",1)、("spark",2)、("hadoop",3)和("hadoop",5)构成的 RDD 进行处理，得到的结果是("spark",[1,2])和("hadoop",[3,5])。

【案例 8-9】groupByKey()分组练习。

在 Ubuntu 系统本地自定义目录下，使用 vim 编辑器创建 test5.py 文件，在该文件中输入以下内容：

```
from pyspark import SparkContext
sc = SparkContext('local[*]', 'test5')
lines = sc.textFile("word.txt")
rdd = lines.flatMap(lambda line : line.split(" ")).map(lambda word :(word,1))
result = rdd.groupByKey().collect()
res = [(x, sorted(y)) for (x, y) in result]
print('groupBy 后的结果：')
rdd.groupByKey().foreach(print)
print('正常显示的结果：\n{}'.format(res))
```

在执行上述程序前要确保 Hadoop 已经启动，并且在 HDFS 用户目录下存在 word.txt 文件。在 test5.py 文件的路径下执行以下命令：

```
$ python3 test5.py
```

上述命令执行后，会得到如图 8-11 所示的结果。

```
groupBy后的结果:
('中国', <pyspark.resultiterable.ResultIterable object at 0x7ffb84820dd8>)
('世界', <pyspark.resultiterable.ResultIterable object at 0x7ffb829dfe80>)
('China', <pyspark.resultiterable.ResultIterable object at 0x7ffb84820dd8>)
('你好', <pyspark.resultiterable.ResultIterable object at 0x7ffb829df7b8>)
('Hello', <pyspark.resultiterable.ResultIterable object at 0x7ffb84820dd8>)
('World', <pyspark.resultiterable.ResultIterable object at 0x7ffb829dff60>)
正常显示的结果:
[('China', [1]), ('你好', [1, 1]), ('Hello', [1, 1]), ('World', [1]), ('中国', [
1]), ('世界', [1])]
```

图 8-11　groupByKey()转换操作的结果

3）keys()

keys()的功能是把键值对 RDD 中的 key 返回形成一个新的 RDD。比如，采用 keys()对由 4 个键值对("spark",1)、("spark",2)、("hadoop",3)和("hadoop",5)构成的 RDD 进行处理，

得到的结果是一个新 RDD，其内容是{"spark","spark","hadoop","hadoop"}。

【案例 8-10】使用 keys()获取由键组成的 RDD。

示例程序如下：

```
from pyspark import SparkContext
sc = SparkContext('local[*]', 'test')
rdd = sc.parallelize([('spark',1),('spark',2),('hadoop',3),('hadoop',5)])
rdd.foreach(print)
rdd.keys().foreach(print)
```

4）values()

values()的功能是把键值对 RDD 中的 value 返回形成一个新的 RDD。比如，采用 values()对由 4 个键值对("spark",1)、("spark",2)、("hadoop",3)和("hadoop",5)构成的 RDD 进行处理，得到的结果是另一个新 RDD，其内容是{1,2,3,5}。

将案例 8-10 的示例程序中的 keys()替换为 values()即可实现。

5）count()

count()的功能是计算 RDD 中元素的个数，返回一个 int 值，可以通过 print()输出。

具体编程实验提示：将案例 8-10 的示例程序中的最后一句"rdd.keys().foreach(print)"修改为"print(rdd.count())"即可。

6）mapValues(func)

我们经常会遇到一种情形：只想对键值对 RDD 的 value 部分进行处理，而不同时对 key 和 value 部分进行处理。对于这种情形，Spark 提供了 mapValues(func)，它的功能是对键值对 RDD 中的每个 value 都应用一个函数，但是 key 不会发生变化。

比如，对由 4 个键值对("spark",1)、("spark",2)、("hadoop",3)和("hadoop",5)构成的 pairRDD，如果要实现各个键值对中的键不变，其值在原来的基础上增加 1 的要求，则执行 pairRDD.mapValues(lambda x : x+1)转换操作，就可以得到一个新的符合要求的键值对 RDD，它包含 4 个键值对：("spark",2)、("spark",3)、("hadoop",4)和("hadoop",6)。

编程实验提示：将案例 8-10 的示例程序中已经产生的 RDD 再做一次 mapValues(func)转换操作即可。

8.4 从 RDD 到 DataFrame 实践

本节将先介绍 Spark SQL 和 Dataframe 的关系，然后介绍创建 JSON 和 CSV 格式的样例数据文件，并从中读取数据生成 DataFrame 的过程。

8.4.1 Spark SQL 和 DataFrame

1. Spark SQL 介绍

Spark SQL 是用于处理结构化数据和半结构化数据的 Spark 高级模块，既可以从一般文件中读取数据，然后在 Spark 应用程序内通过 SQL 语句对数据进行交互式查询，进而实现数据分析需求，也可以通过标准数据库连接器（JDBC/ODBC）连接传统的关系数据库，取出并转化关系数据库中的表，利用 Spark SQL 进行数据分析。

结构化数据是指记录内容具有明确的结构信息且数据集内的每条记录都符合结构规范的数据集合，是使用二维表结构进行逻辑表达和实现的数据集合。可以类比传统数据库中的表来理解该定义，所谓的"明确的结构信息"就是由预定义的表头（Schema）表示的每条记录由哪些字段组成，以及各个字段的名称、类型、属性等信息。

半结构化数据是指具有一定的结构但不符合传统关系数据库的严格表格或列结构格式的数据。它通常以文本形式存在，可以包含一些标签、标记或元数据，但是不要求严格的表格或列的结构。

结构化数据源包括 CSV 文件、ORC 文件（ORC 文件格式是 Hive 的一种文件存储格式，可以提高 Hive 表的读、写及处理数据的性能）、Hive 表、Parquet 文件（新型列式存储格式，具有降低查询成本、高效压缩等优点，广泛应用于大数据存储、分析等领域）；半结构化数据源包括 JSON 文件、XML 文件等。

2. Spark SQL 实现的途径——DataFrame

如果需要处理的数据集是典型的结构化数据源，则可以在 Spank 应用程序中引入 Spark SQL 模块。首先读取待处理数据并将其转化为 Spark SQL 的核心数据抽象——DataFrame，然后调用 DataFrame API 来对数据进行分析处理，也可以将 DataFrame 注册成表，直接使用 SQL 语句在表上进行交互式查询。

3. RDD 与 DataFrame 的区别

RDD 和 DataFrame 均为 Spark 平台对数据的一种抽象、一种组织方式，但是两者的地位或者说设计目的却截然不同。RDD 是整个 Spark 平台的存储、计算及任务调度的逻辑基础，更具有通用性，适用于各类数据源；而 DataFrame 则是只针对结构化数据源的高层数据抽象，其中在 DataFrame 对象的创建过程中必须指定数据集的结构信息，所以 DataFrame "生来"便具有专用性的数据抽象，只能读取具有鲜明结构的数据集。

从应用角度看，DataFrame 的定义与 RDD 类似，即都是 Spark 平台用于分布式并行计算的不可变分布式数据集合。RDD 只是一条一条数据的集合，并不了解每条数据的内容是怎样的；而 DataFrame 与 RDD 最大的不同在于，DataFrame 明确地了解每条数据由几个命名字段组成。也就是说，可以形象地理解为：RDD 是由一条一条数据组成的一维表，DataFrame 是多行数据都有共同清晰的列划分的三维表。

从概念角度看，Spark 中的 DataFrame 与关系型数据库中的表、R 和 Python 中 DataFrame（数据框）是等价的，只不过 Spark 中的 DataFrame 在底层实现了更多优化。

从编程角度来看，Spark 中的 DataFrame 是 Spark SQL 模块所需处理的结构化数据的核心抽象，即在 Spark 应用程序中如果想要使用简易、方便的 SQL 接口对数据进行分析，则首先需将所处理数据源转化为 DataFrame 对象，然后在 DataFrame 对象上调用各种 API 来实现需求。

DataFrame 的推出，让 Spark 具备了处理大规模结构化数据的能力，不仅比原有的 RDD 转化方式更加简单易用，还获得了更高的计算性能。

8.4.2　创建样例数据文件

为了完成生成 DataFrame 的任务，需要创建 3 个样例数据文件。

1．创建 JOSN 格式的样例数据文件

使用 hadoop 用户登录 Ubuntu 系统，在用户家目录（~）即/home/hadoop 目录下创建样例数据文件 people.json（可使用 vim 编辑器创建），在该文件中输入以下内容：

```
{"name":"Michael"}
{"name":"Andy", "age":30}
{"name":"Justin", "age":19}
```

2．创建文本样例数据文件

在相同目录下创建样例数据文件 people.txt，并在该文件中输入以下内容（分别代表姓名、年龄和评分 3 列数据）：

```
张三,29,78.82
李四,30,89.9
王五,19,92.34
```

3．创建 CSV 格式的样例数据文件

可在 Windows 系统中创建样例数据文件 people.csv，并以 UTF-8 编码格式保存，然后将该文本复制到本地系统的用户家目录（~）下。people.csv 文件中的内容可设计为如图 8-12 所示的形式。

	A	B	C
1	name	age	score
2	张三	29	78.8
3	李四	30	89.9
4	王五	27	92.34

图 8-12　people.csv 文件中的内容

4．将 3 个样例数据文件上传到 HDFS

启动 Hadoop，将样例数据文件上传到 HDFS 用户目录（/user/hadoop）中，命令如下：

```
$ start-dfs.sh
$ hdfs dfs -put people.json .
$ hdfs dfs -put people.txt .
$ hdfs dfs -put people.csv .
```

这 3 个样例数据文件是生成 Spark DataFrame 的基础。下面将详细讲述从不同格式的文件中读取数据生成 DataFrame 的过程。

8.4.3 从 JSON 文件和 CSV 文件中读取数据生成 DataFrame

JOSN 文件和 CSV 文件均具备 Schema 模式,即具有表头结构的形式。

【案例 8-11】从本地 people.json 文件中读取数据生成 DataFrame 并显示数据。

从 Spark 2.0 以上版本开始,Spark 使用全新的 SparkSession 接口替代 Spark 1.6 中的 SQLContext 及 HiveContext 接口来实现数据的加载、转换、处理等功能。SparkSession 接口实现了 SQLContext 接口及 HiveContext 接口的所有功能。

SparkSession 支持从不同的数据源加载数据,并把数据转换成 DataFrame,同时支持把 DataFrame 转换成 SQLContext 自身中的表,然后使用 SQL 语句来操作数据。SparkSession 还提供了 HQL 以及对其他依赖于 Hive 的功能的支持。

(1)在独立编程时,可以使用以下语句导入支持 SparkSession 的软件包:

```
from pyspark.sql.session import SparkSession
```

在 Spark Shell 界面下,无须导入 SparkSession,可以直接调用。下面我们就介绍在 Spark Shell 界面中如何使用 SparkSession 来创建 DataFrame。

(2)从 JSON 文件中读取数据生成 DataFrame 是比较简单的。启动 pyspark,进入 Spark Shell 界面,执行以下命令:

```
#获取 SparkSession, 创建 SparkSession 对象 spark
>>> spark=SparkSession.builder.getOrCreate()
>>> df = spark.read.json("file:///home/hadoop/people.json")  #将 JOSN 格式数据转换为
DataFrame 数据
>>> df.show()          #显示 DataFrame 数据
```

显示生成 DataFrame 后的结果,如图 8-13 所示。

图 8-13 生成 DataFrame 后的结果

(3)从 HDFS 文件中读取数据并生成 DataFrame,执行以下命令实现:

```
>>> df = spark.read.json("people.json") #在已创建 spark 对象的条件下
>>> df.show()
```

(4)从 CSV 文件中读取数据生成 DataFrame,执行以下命令实现:

```
>>> df = spark.read.csv("file:///home/hadoop/people.csv",header='true')
#显示前 2 行
>>> df.show(2)
#依据 df 创建临时视图 people
>>> df.createOrReplaceTempView("people")
```

createOrReplaceTempView()方法用于创建临时视图,该视图的生命周期与创建临时视图数据集的 SparkSession 相关联。在临时视图上可以执行 spark.sql 查询操作。

显然，从 JSON 文件和 CSV 文件中读取数据生成 DataFrame 比较容易，因为，这两种格式的文件本身具备了表头格式。

从以上操作可以知道，从 JSON 文件和 CSV 文件中读取数据生成 DataFrame 并不需要 RDD，但从不具备表头格式的文本文件中读取数据生成 DataFrame，则需要 RDD 的帮助才能完成（这部分内容将在 8.4.4 节讲解）。

（5）常见的 DataFrame 操作。

假设 df 为 DataFrame 类型变量，有"name"和"age"两列数据，这两列数据分别代表姓名和年龄。现将常见的 DataFrame 操作举例如下。

- df.printSchema()：打印图表信息，以树结构显示表结构信息。
- df.select(df.name,df.age + 2).show()：选择多列，对于数值型列，可以在进行算术操作之后输出相应的结果，如"age"列中的值加"2"之后再输出。
- df.filter(df.age > 20).show()：按照给定的条件进行过滤。
- df.groupBy("age").count().show()：按列分组聚合。
- df.sort(df.age.desc()).show()：排序（降序为 desc()，升序为 asc()）。
- df.sort(df.age.desc(), df.name.asc()).show()：多列排序。
- df.select(df.name.alias("username"),df.age).show()：对列进行重命名。

8.4.4　从普通文本文件中读取数据生成 DataFrame

普通文本文件是指不具备表头格式的文本文件。

从普通文本文件中读取数据生成 DataFrame 有两种方法。第一种方法是利用反射来推断包含特定类型对象的 RDD 的 schema（已知表结构模式），这种方法适合对已知数据结构的 RDD 进行转换；第二种方法是使用编程接口构造一个 schema，并将其应用在已知的 RDD 上。本书仅介绍第二种方法，第二种方法虽然代码量大一些，但是灵活性更高，更适应具体问题的处理需求。对于第一种方法，读者可自行拓展学习。

DataFrame 具有 schema 模式，但普通文本文件不具有 schema 模式，因此就需要将普通文本文件拆分为合适的结构形式，还要添加相应的表头结构。

想要从普通文本文件中读取数据生成 DataFrame，必须先将文本文件转换为 RDD，再将 RDD 转换为 DataFrame。在 pyspark 的 Shell 模式下，使用 createDataFrame(rdd, schema) 编程方式定义 RDD 模式，具体实现过程如下所述。

（1）导入支持软件包。这些软件包分别支持记录操作、结构类型操作、字段操作和各种字段类型。命令如下：

```
>>> from pyspark.sql.types import Row
from pyspark.sql.types import StructType
from pyspark.sql.types import StructField
from pyspark.sql.types import StringType
from pyspark.sql.types import IntegerType
from pyspark.sql.types import DoubleType
from pyspark.sql.types import LongType
from pyspark.sql.types import FloatType
```

（2）生成 RDD，命令如下：

```
#确保启动 Hadoop 后，HDFS 用户目录下存在 people.txt 文件
>>> peopleRDD = sc.textFile("people.txt")
```

此时就可以使用 foreach()方法对该 RDD 对象进行查看。读者可自行查看，这里不再赘述。

（3）设定 schema，即设定 DataFrame 中各列的类型信息，这必须在提前知道 RDD 中所有的类型信息时才能进行。因为我们已经知道文本文件中的内容，而 RDD 对象是由该文件转换过来的，所以 schema 定义如下：

```
>>> schema = StructType([StructField('name', StringType()),
StructField('age', IntegerType()),
StructField('score', DoubleType())])
```

从上面的信息可以看出，schema 描述了模式信息，待后面 DataFrame 转换成功后，可以通过 df.printSchema()方法查看，其中包含了 name、age 和 score 这 3 个字段数据类型的定义。

（4）将 RDD 按字段拆分转换为新 RDD，命令如下：

```
>>> rowRDD = peopleRDD.map(lambda line : line.split(',')).map(lambda zd : Row(zd[0],
int(zd[1]),float(zd[2])))    #注意整型与浮点型的强制转换，这个很重要
```

经 map()函数转换获得新 RDD 对象 rowRDD，读者可自行查看该 RDD 对象。在这里，我们以逗号为分隔符对 peopleRDD 的每行数据进行拆分，对拆分得到的列表元素按其原有的属性定义其数据类型。

注意，转换之后，由 Row 对象元素组成的 RDD 就不能使用 collect()方法显示内容了。

（5）将 RDD 转换为 DataFrame，命令如下：

```
>>> df = spark.createDataFrame(rowRDD, schema)   #将 RDD 配上表头结构
```

经过上述（3）、（4）、（5）这 3 步操作之后，就可以将无表头的 RDD 转换为有表头的 DataFrame，这 3 步操作也可以使用以下方法完成：

```
>>> rowRDD = peopleRDD.map(lambda line : line.split(',')).map(lambda zd : (zd[0],
int(zd[1]),float(zd[2])))   #注意，此时没有使用 Row()函数形成 Row 对象
>>> rowRDD.collect()
[('张三', 29, 78.8), ('李四', 30, 89.9), ('王五', 27, 92.34)]
>>> df=rowRDD.toDF(['name','age','score'])
>>> df.show()
+----+---+-----+
|name|age|score|
+----+---+-----+
| 张三| 29| 78.8|
| 李四| 30| 89.9|
| 王五| 27|92.34|
+----+---+-----+
>>> df.printSchema()
root
 |-- name: string (nullable = true)
 |-- age: long (nullable = true)
 |-- score: double (nullable = true)
```

（6）显示结果和结构，如图 8-14 所示。

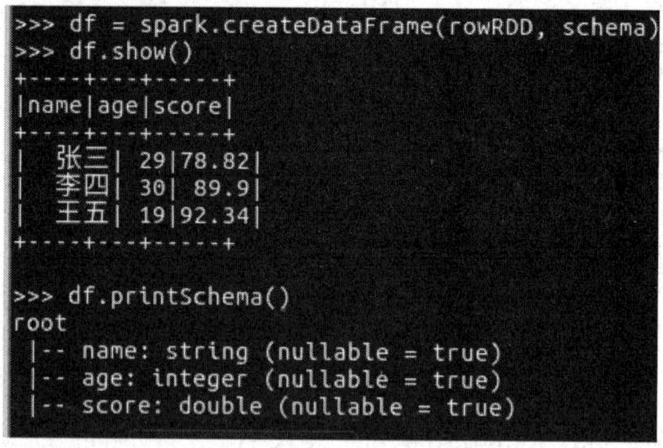

图 8-14　将 RDD 转换为 DataFrame 后的结果及其结构

（7）通过 DataFrame 创建临时视图，供 spark.sql 查询使用，命令如下：

```
>>> df.createOrReplaceTempView("people") #创建临时视图 people
#定义 Spark SQL 语句，只要符合 SQL 语句定义即可，可以使用条件语句（如 WHERE），也可以分组求和等
>>> results = spark.sql("SELECT * FROM people")
>>> results.rdd.map(lambda ar : "name: " +
ar[0]+","+"age:"+str(ar[1])+','+'score:'+str(ar[2])).foreach(print) #将 DataFrame
转换为 RDD 并遍历输出
```

结果如图 8-15 所示。

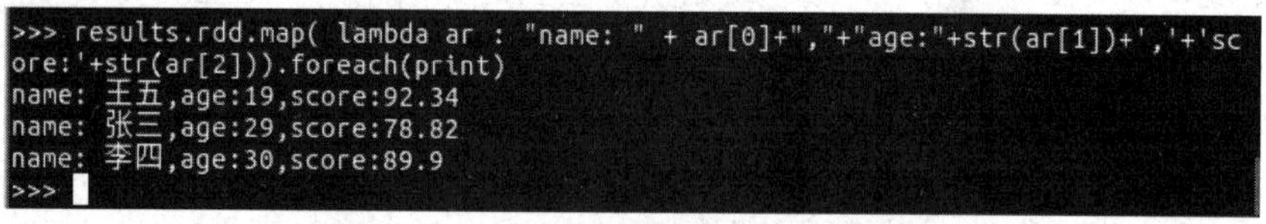

图 8-15　将 DataFrame 转换为 RDD 并遍历输出

上述命令中的 spark.sql 使用的语句是"SELECT * FROM people"，即对临时视图进行 SQL 查询操作。当然，也可以直接对 DataFrame 对象（df）进行 SQL 查询操作。但对于大型数据集合，一般会先使用 SELECT 语句将其转换为目标更明确的视图集合，再进行查询处理，这样不仅效率更高，也更安全。

为什么要将 RDD 转换为 DataFrame？因为当 RDD 进行类似表的相应操作时，需要指定相应的函数，比较烦琐，而在将 RDD 转换为 DataFrame 后，不但书写更简单，而且执行效率更高。

（8）编写读取文本文件中的数据生成 DataFrame 的 Spark 独立应用程序。在 Ubuntu 系统本地自定义目录下，使用 vim 编辑器创建 test6.py 文件，并在该文件中输入下列内容：

```
from pyspark import SparkContext #创建 sc 支持
from pyspark.sql import SparkSession #创建 SparkSession 和 spark 支持
from pyspark.sql.types import Row
from pyspark.sql.types import StructType
from pyspark.sql.types import StructField
from pyspark.sql.types import StringType
```

```
from pyspark.sql.types import IntegerType
from pyspark.sql.types import DoubleType
from pyspark.sql.types import LongType
from pyspark.sql.types import FloatType
sc = SparkContext('local', 'test6')      #设置 sc
peopleRDD = sc.textFile("people.txt")    #RDD 转换
schema = StructType([StructField('name', StringType()),
StructField('age', IntegerType()),
StructField('score', DoubleType())])
rowRDD = peopleRDD.map(lambda line : line.split(',')).map(lambda zd : Row(zd[0],
int(zd[1]),float(zd[2])))    #定义 schema 的表头结构
# === spark 读取文件 =================================================
# 配置 spark(服务器)
# spark = SparkSession.builder.master(服务器_URL).appName("hzy_test_script").
getOrCreate()
# 配置 spark(本机)
spark = SparkSession.builder.master('local').appName("test6").getOrCreate()
#spark=SparkSession.builder.getOrCreate()  #创建 SparkSession 对象
df = spark.createDataFrame(rowRDD, schema) #将 RDD 转换为 DataFrame
df.createOrReplaceTempView("people")   #创建临时视图
results = spark.sql("SELECT * FROM people")  #创建 Spark SQL
results.rdd.map(lambda ar : "name: " + ar[0]+","+"age:"+str(ar[1])+','+'score:'+
str(ar[2])).foreach(print) #将 DataFrame 转换为 RDD 并遍历输出
```

执行以下命令，运行程序：

```
$ python3 test6.py
```

结果如图 8-16 所示。

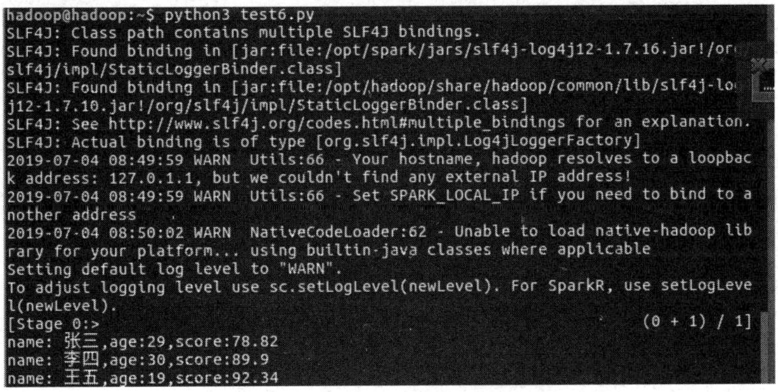

图 8-16　运行 test6.py 文件的结果

8.5　Spark 项目编程与 Python 可视化

本节将通过 Python 实现 Spark 数据的可视化。

8.5.1 Spark 项目编程实践

对网站日志文件进行分析，实现按照省、市对 IP 个数统计进行去重的目标。

1. 编程

先启动 Hadoop，将 data.log 文件上传到 HDFS 中的用户目录下。

在 Ubuntu 系统本地自定义目录下，使用 vim 编辑器创建 test7.py 文件，其程序代码如下：

```python
'''
#前 3 个软件包是为绘图准备的
#要预先安装 Matplotlib、Pandas 软件包
import matplotlib.pyplot as plt
import numpy as np
import pandas as pd
'''
from pyspark import SparkContext
from pyspark.sql import SparkSession
from pyspark.sql.types import Row
from pyspark.sql.types import StructType
from pyspark.sql.types import StructField
from pyspark.sql.types import StringType
from pyspark.sql.types import IntegerType
from pyspark.sql.types import DoubleType
from pyspark.sql.types import LongType
from pyspark.sql.types import FloatType
sc = SparkContext('local', 'test7')
peopleRDD = sc.textFile("data.log")


schema = StructType([StructField('session_id',StringType()),
StructField('cookie_id',StringType()),
StructField('visit_time',StringType()),
StructField('user_id',StringType()),
StructField('age',IntegerType()),
StructField('sex',StringType()),
StructField('visit_url',StringType()),
StructField('visit_os',StringType()),
StructField('browser_name',StringType()),
StructField('visit_ip',StringType()),
StructField('province',StringType()),
StructField('city',StringType()),
StructField('page_id',StringType()),
StructField('goods_id',StringType()),
StructField('shop_id',StringType()),
StructField('flag_id',IntegerType())])
```

```
rowRDD = peopleRDD.map(lambda line : line.split(',')).map(lambda zd : Row(zd[0],
zd[1],zd[2],zd[3],int(zd[4]),zd[5],zd[6],zd[7],zd[8],zd[9],zd[10],zd[11],zd[12],
zd[13],zd[14],int(zd[15]))))
spark = SparkSession.builder.master('local').appName("test7").getOrCreate()
#生成由 RDD 产生的 spark 的 DataFrame 对象
rdd_df = spark.createDataFrame(rowRDD, schema)
rdd_df.createOrReplaceTempView("people")
results = spark.sql("SELECT count(distinct visit_ip) as Count_1,province,city FROM
people group by province,city")
rdd0=results.rdd.map(lambda ar : "省:"+ar[1]+","+"市:"+ar[2]+','+'IP个数:'+str(ar[0]))

for r in rdd0.collect():
        print(r)
#对于很大的 RDD, 当内存不能存放时, 可使用 take(n)方法替代 collect()方法, 仅取部分数据进行查看

'''
#以下是绘图可视化的程序部分
rdd1=results.rdd.map(lambda ar : [ar[1]+ar[2],ar[0]])
line1=rdd1.collect()
#生成 Python 的 DataFrame 数据框
py_df=pd.DataFrame(line1,columns=['省市','IP数'])
print(py_df)
#让 plt 绘图显示汉字
import matplotlib as mpl
zhfont = mpl.font_manager.FontProperties(fname='/usr/share/fonts/opentype/noto/
NotoSansCJK.ttc')

#设置画布编号、大小、画布颜色
plt.figure(num=1, figsize=(8, 5),facecolor='#eeeeff')
#定义 X 轴与 Y 轴的标题、字体大小、旋转角度
plt.ylabel('This is Y',fontsize=14)
plt.xlabel('This is X',fontsize=14,rotation=0)
#定义标题
plt.title(u'各省市 IP 数统计',fontproperties=zhfont,fontsize=25,color='#3546ff')
#添加网格线
plt.grid(True,alpha=0.1,cclor='#ff0000',linewidth=1)
#配置 X 轴与 Y 轴的显示角度和中文显示
plt.xticks(rotation=30,fontproperties=zhfont)
plt.yticks(fontproperties=zhfont)

#绘图: 配置图形样式和 X 轴/Y 轴的显示内容
#plot:折线图
plt.plot(py_df['省市'], py_df['IP数'])

#bar:竖条形图
```

```
#plt.bar(py_df['省市'], py_df['IP数'])
#barh:横条形图
#plt.barh(py_df['省市'], py_df['IP数'])
#scatter:散点图
#s是size,指的是散点的大小；c是color,指的是散点的颜色
#plt.scatter(py_df['省市'], py_df['IP数'],s=80,c='red')
#plt.pie(py_df['IP数'])  #饼图

#绘图显示
plt.show()
'''
```

执行"python3 test7.py"命令，结果如图8-17所示。

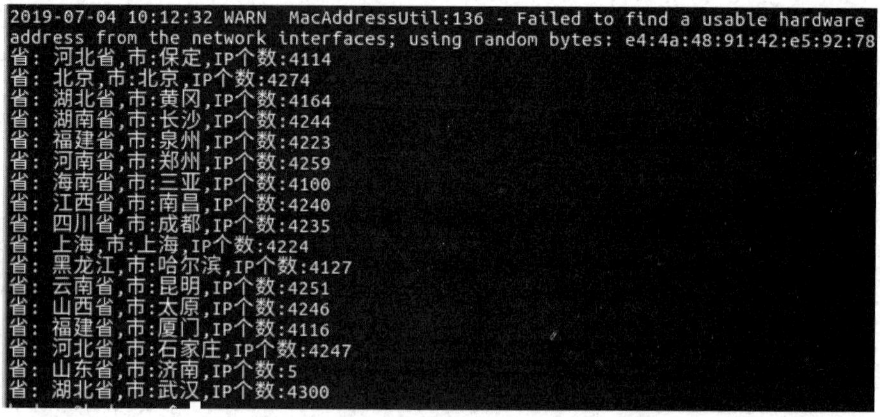

图8-17　对IP个数统计进行去重后的结果

2. 程序解读

（1）导入SparkContext支持软件包，配置本地sc。"sc = SparkContext('local', 'test7')"表示创建SparkContext对象sc，sc是将文件中的数据转换为RDD的入口。如果配置Spark服务器，则要将Spark所在主机的URL（主机IP地址或映射主机名）代替"local"。

（2）导入SparkSession软件支持包。"spark = SparkSession.builder.master('local').appName("test7").getOrCreate()"表示创建SparkSession对象spark，spark是将RDD转换为DataFrame的入口。

（3）"schema = StructType"表示设定schema。schema可以理解为一个表头结构信息，包括字段名称和字段类型，需要注意设定方式。

（4）"rdd_df = spark.createDataFrame(rowRDD, schema)"表示将RDD与schema结合，通过创建好的spark对象创建DataFrame；"rdd_df.createOrReplaceTempView("people")"表示在DataFrame上创建临时视图people。

（5）"SELECT count(distinct visit_ip) as Count_1,province,city FROM people group by province,city"表示该查询从people表中统计每个省（province）和市（city）的唯一访问IP个数（visit_ip）。这个查询使用了GROUP BY来按照province和city进行分组，并用

COUNT(DISTINCT visit_ip)来计算每个分组内的唯一访问 IP 个数（visit_ip）。去重可通过在相关字段名前添加关键字 distinct 来实现；SQL 语句没有大小写字母的区别。

（6）下面的代码表示依据临时视图 people 进行 SQL 查询，并将查询结果转换为 RDD 输出。

```
results = spark.sql("SELECT count(distinct visit_ip) as Count_1,province,city FROM
people group by province,city")
rdd0=results.rdd.map(lambda ar : "省:" + ar[1]+","+"市:"+ar[2]+','+'IP个数:'+str(ar[0]))
```

其余代码则是依据查询 RDD 结果进行可视化展示，8.5.2 节中将会进行详细说明。

读者可自行完成网站日志的其他统计任务。也可以对其他数据源进行不同的统计，自己设定题目进行拓展训练，才能应对不同的需求。

8.5.2　Python 可视化呈现

要将 Spark 获得的结果经由 Python 编程实现可视化呈现，就需要有 Matplotlib、Pandas 等 Python 软件包的支持。

单独对 Python 安装软件支持包是比较麻烦的事情，由于网速、镜像源网站和相互版本之间的统一的问题，都有可能使安装过程出现状况，导致安装失败。因此，本书提供的安装方法仅是在一定的环境和条件下实现的，一定要弄清 Linux 系统的版本、Spark 的版本、Python 的版本等事项，具体安装过程中遇到的问题要具体分析与解决。

1．安装 Python 软件支持包

Python 是一种"胶水"语言，要完成什么样的任务，就需要安装什么样的软件包加以支持。为了完成可视化呈现，需要安装的软件包包括 SciPy、Matplotlib、Pandas、Tkinter 等。

可以使用 pip 下载与安装 Python 软件包，尽量不要使用 apt-get 安装 Python 软件包。这是因为 pip 是 Python 的专有安装软件，可以使 Python 内部配置更完善。

1）安装 pip 和 pip3

通过 apt-get 安装 pip 和 pip3，命令如下：

```
$ sudo apt-get install python-pip
$ sudo apt-get install python3-pip #安装pip3
```

当出现"您希望继续执行吗？［Y/n］"提示信息时，输入"Y"后按 Enter 键继续。

安装结束后，查看 pip 和 pip3 版本信息，结果如图 8-18 所示。由图 8-18 可知，pip 和 pip3 都可以实现对 Python 3.5 的软件安装。如果 pip 版本信息的查看结果中显示 Python 2.X，则只能实现对 Python 2 的安装支持，因此要注意 pip 版本信息查看结果中的 Python 版本号。

图 8-18　查看 pip 和 pip3 版本信息的结果

2）安装 SciPy 软件包

在安装 Matplotlib 软件包前，要先安装 SciPy 软件包，命令如下：

```
$ sudo pip3 install --default-timeout=100 scipy
```

因为从国外镜像源安装软件包的速度较慢，易跳出下载，所以增大延迟（--default-timeout=100），加大超时时间，防止超时中断安装。如果安装速度实在太慢，则可以按 Ctrl+C 组合键强行退出，更换为国内镜像源。示例命令如下：

```
$ sudo pip3 install --default-timeout=100 scipy -i https://pypi.douban.com/simple/
```

如果安装过程中出现如图 8-19 所示的类似提示信息，则表示安装失败。

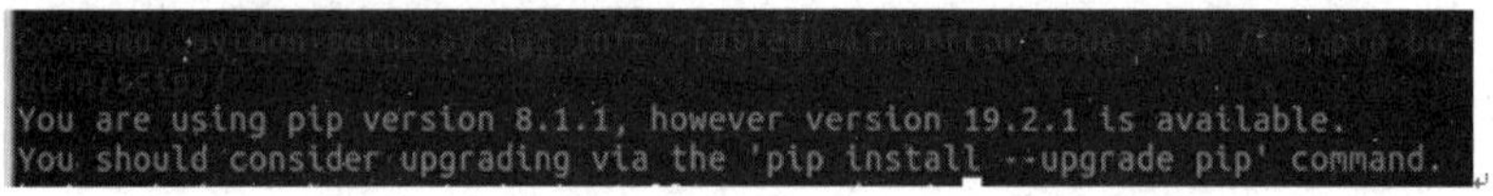

图 8-19　安装失败时出现的提示信息

这时，应升级 pip 和 pip3，执行以下命令：

```
$ sudo pip install --upgrade pip        #升级 pip
$ sudo pip3 install --upgrade pip       #升级 pip3
```

在升级 pip 和 pip3 后，重新安装 SciPy 软件包，直到出现提示信息"Successfully installed"（已成功安装）。

注意，务必以超级用户（sudo）的身份进行 pip 安装，否则安装结果可能出现错误，以下安装亦同。

在升级 pip 和 pip3 后，当重新安装 SciPy 软件包时，可能出现如图 8-20 所示的升级 pip 错误的提示信息。

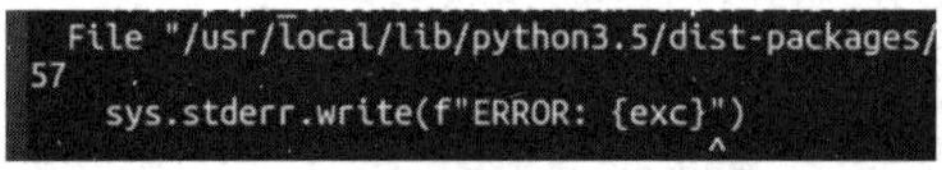

图 8-20　升级 pip 错误的提示信息

解决办法是执行以下命令：

```
$ wget https://bootstrap.pypa.io/pip/3.5/get-pip.py
$ python get-pip.py
```

解决过程如图 8-21 所示。

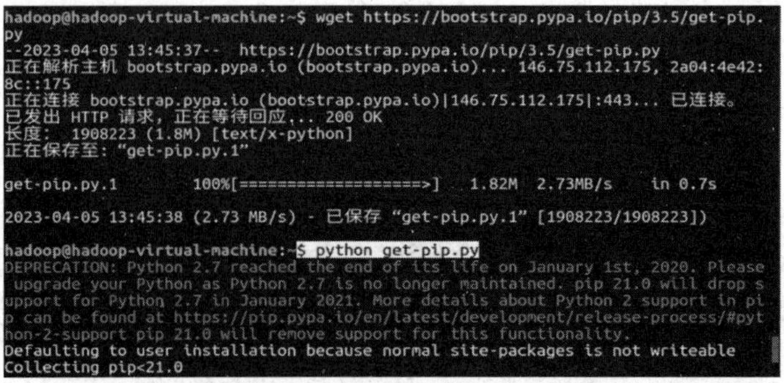

图 8-21　升级 pip 错误的解决过程

3）安装 Matplotlib 软件包

如果之前已经安装 Matplotlib 软件包，则需要先将其卸载，命令如下：

```
$ sudo pip3 uninstall matplotlib
```

卸载后再安装，命令如下：

```
$ sudo pip3 install --default-timeout=100 matplotlib
```

如果出现提示信息"Successfully installed"，则表示安装成功。

4）安装 Pandas 软件包

因为使用 Pandas 的 DataFrame 数据框技术进行图像数据处理比较方便，所以应安装 Pandas 软件包。安装 Pandas 软件包的命令如下：

```
$ sudo pip3 install --default-timeout=100 pandas
```

5）安装 Tkinter 软件包

因为 Tkinter 模块（"Tk 接口"）是 Python 的标准 Tk GUI 工具包的接口，是使用 Python 进行窗口视窗设计的模块，所以应安装 Tkinter 软件包。安装 Tkinter 软件包的命令如下：

```
$ sudo apt install python3-tk
```

要让 Python 支持图形数据可视化呈现，大抵要安装这些软件包予以支持。当然，如果还有其他要处理的需求，还可以再安装其他的软件包。

2. 设计程序

（1）导入图形数据可视化设计的相关支持包，代码如下：

```
import matplotlib.pyplot as plt
import numpy as np
import pandas as pd
```

上述代码中的"matplotlib.pyplot"用于提供图形处理支持，"numpy"和"pandas"用于提供数据处理支持。

（2）生成 Python 的 DataFrame 数据框，代码如下：

```
#将原来的RDD通过map()函数转换为以"省市"和"IP数"两项数据为一组的RDD
rdd1=results.rdd.map(lambda ar : [ar[1]+ar[2],ar[0]])
line1=rdd1.collect() #返回RDD中的所有元素
#以"省市"和"IP数"两项数据为一组的RDD为数据源，定义列名为['省市','IP数']，生成Python的
DataFrame
py_df=pd.DataFrame(line1,columns=['省市','IP数'])
#输出df
print(py_df)
```

运行上述程序，可以得到 DataFrame 数据框的数据，如图 8-22 所示，可知形成了两列数据，为绘图做好了数据准备。

Python 的 DataFrame 数据框为绘制图形提供数据。这里一定要分清 Python 的 DataFrame 数据框和 Spark 的 DataFrame 数据框，尽管两者的概念、结构和操作有类似之处，但是在程序中同时用到时却有不同的分属，进行的处理过程是不同的。

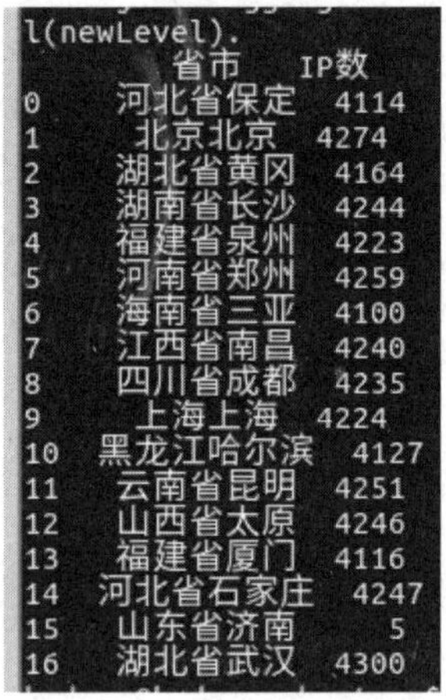
l(newLevel).

	省市	IP数
0	河北省保定	4114
1	北京北京	4274
2	湖北省黄冈	4164
3	湖南省长沙	4244
4	福建省泉州	4223
5	河南省郑州	4259
6	海南省三亚	4100
7	江西省南昌	4240
8	四川省成都	4235
9	上海上海	4224
10	黑龙江哈尔滨	4127
11	云南省昆明	4251
12	山西省太原	4246
13	福建省厦门	4116
14	河北省石家庄	4247
15	山东省济南	5
16	湖北省武汉	4300

图 8-22　DataFrame 数据框的数据

（3）让 plt 绘图显示汉字。Matplotlib 绘图不经过处理是不能直接显示汉字的。要让其正确地显示汉字，需要以下 3 步。

第一步，确认 Ubuntu 系统环境下拥有的中文字体文件。在终端中执行以下命令：

```
$ fc-list :lang=zh    #注意，命令中“:”前有一个空格
```

上述命令执行后，会出现一系列中文字体显示，如图 8-23 所示。

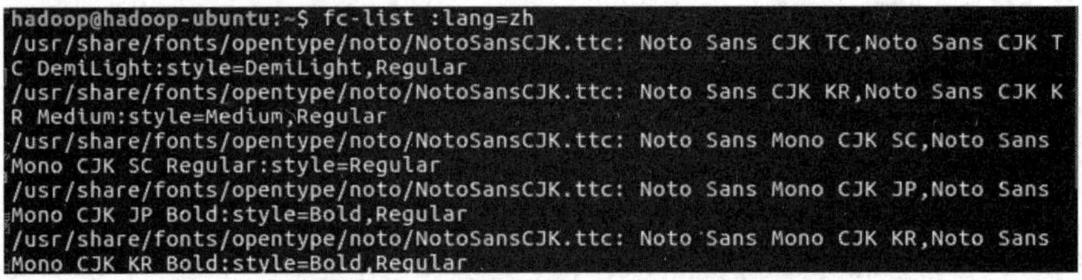
hadoop@hadoop-ubuntu:~$ fc-list :lang=zh
/usr/share/fonts/opentype/noto/NotoSansCJK.ttc: Noto Sans CJK TC,Noto Sans CJK TC DemiLight:style=DemiLight,Regular
/usr/share/fonts/opentype/noto/NotoSansCJK.ttc: Noto Sans CJK KR,Noto Sans CJK KR Medium:style=Medium,Regular
/usr/share/fonts/opentype/noto/NotoSansCJK.ttc: Noto Sans Mono CJK SC,Noto Sans Mono CJK SC Regular:style=Regular
/usr/share/fonts/opentype/noto/NotoSansCJK.ttc: Noto Sans Mono CJK JP,Noto Sans Mono CJK JP Bold:style=Bold,Regular
/usr/share/fonts/opentype/noto/NotoSansCJK.ttc: Noto Sans Mono CJK KR,Noto Sans Mono CJK KR Bold:style=Bold,Regular

图 8-23　Ubuntu 系统已安装的中文字体显示

这些字体中可能有 tcc 模式或 ttf 模式，只要任选一个就可以。

比如，我们从中选择了“NotoSansCJK.ttc”字体，并将其写入程序中字体属性的相关语句定义中（要把路径与字体名称全部复制下来）。

第二步，在 Python 脚本（程序）中加载中文字体的语句说明。代码如下：

```
#让 plt 绘图显示汉字
import matplotlib as mpl
 #定义中文字体的变量为 zhfont
zhfont = mpl.font_manager.FontProperties(fname='/usr/share/fonts/opentype/noto/
NotoSansCJK.ttc')
```

第三步，在有显示汉字的位置应用中文字体的定义，将字体属性（fontproperties）定义为加载的中文字体（zhfont）。代码如下：

```
plt.title(u'各省市 IP 数统计',fontproperties=zhfont)
```

（4）绘制图形。

第一步，设置图形界面的一些属性，包括画布格局、画布标题、X 轴与 Y 轴的标题及显示形式等。

```
#设置画布编号、大小、画布颜色
plt.figure(num=1, figsize=(8, 5),facecolor='#eeeeff')
#定义 X 轴与 Y 轴的标题、字体大小、旋转角度
plt.ylabel('This is Y',fontsize=14)
plt.xlabel('This is X',fontsize=14,rotation=0)
#定义标题，汉字字符串前要加字符 "u"
plt.title(u'各省市 IP 数统计',fontproperties=zhfont,fontsize=25,color='#3546ff')
#添加网格线
plt.grid(True,alpha=0.1,color='#ff0000',linewidth=1)
#配置 X 轴和 Y 轴显示标签的旋转角度（rotation）和中文显示（fontproperties）定义
plt.xticks(rotation=30,fontproperties=zhfont)
plt.yticks(fontproperties=zhfont)
```

第二步，绘制图形，包括图形样式、X 轴和 Y 轴的显示内容。

图形样式包括 bar（竖条形图）、barh（横条形图）、scatter（散点图）、pie（饼图）。

绘制折线图的程序语句如下：

```
#plot:折线图
plt.plot(py_df['省市'], py_df['IP 数'])
```

绘制的折线图如图 8-24 所示。

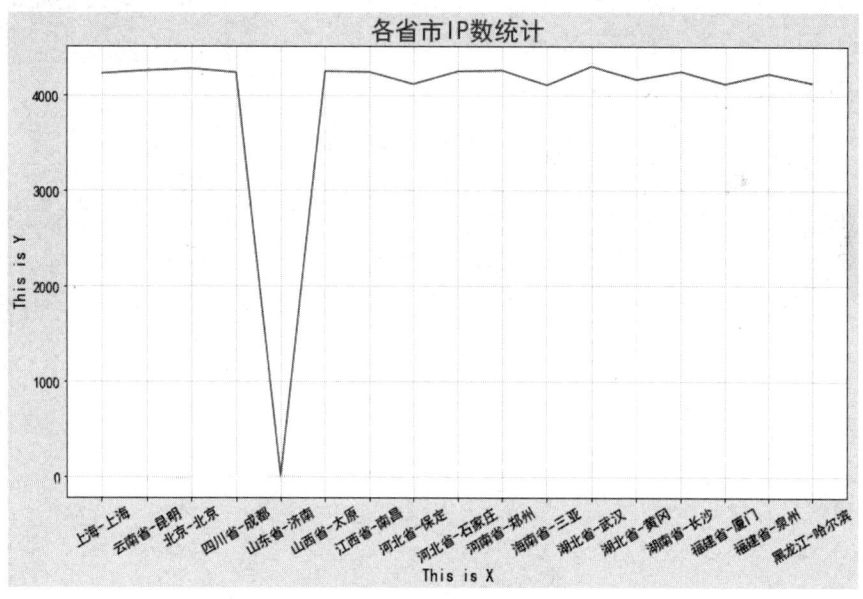

图 8-24　绘制的折线图

绘制条形图的程序语句如下：

```
#bar:竖条形图
#plt.bar(py_df['省市'], py_df['IP 数'])
#barh:横条形图
plt.barh(py_df['省市'], py_df['IP 数'])
```

绘制的横条形图如图 8-25 所示。

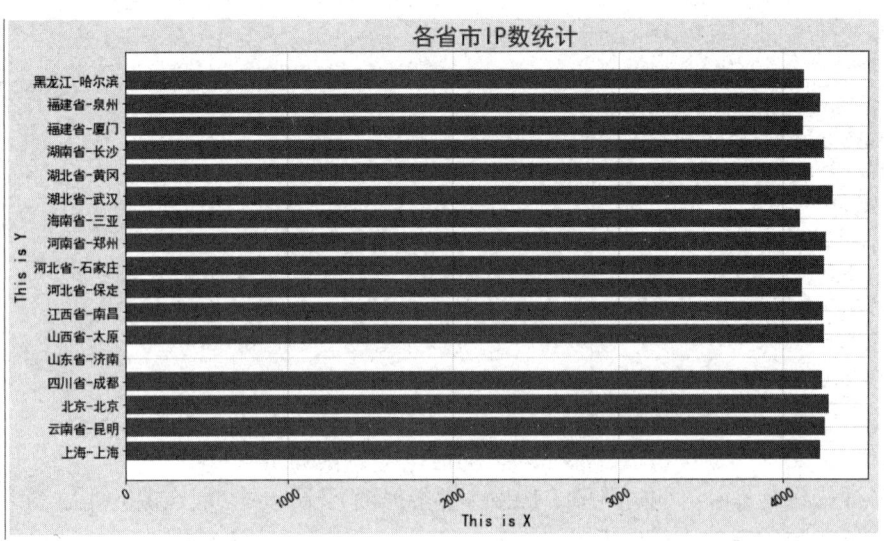

图 8-25　绘制的横条形图

绘制散点图的程序语句如下：

```
#scatter：散点图
#s是size，指的是散点的大小；c是color，指的是散点的颜色
plt.scatter(py_df['省市'], py_df['IP数'],s=80,c='red')
```

绘制的散点图如图 8-26 所示。

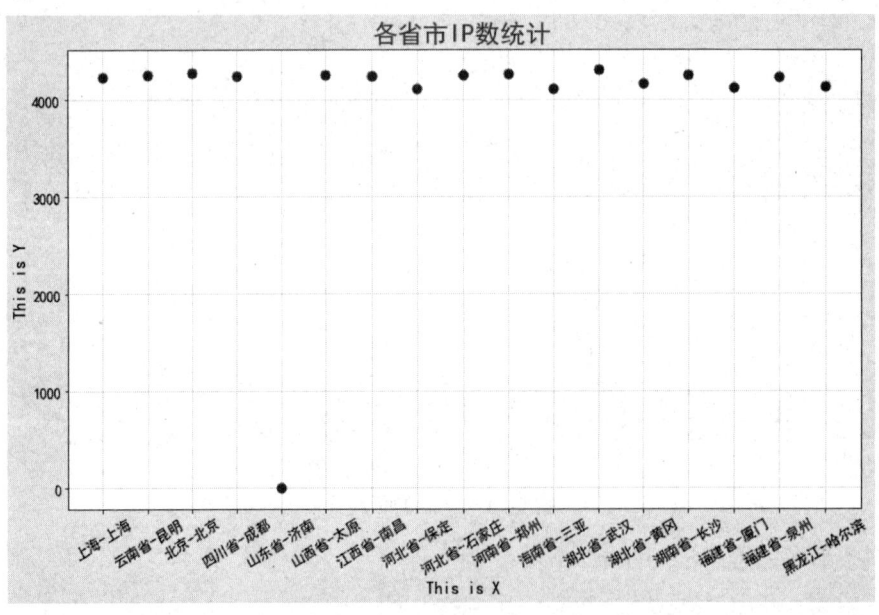

图 8-26　绘制的散点图

绘制饼图的程序语句如下：

```
plt.pie(py_df['IP数'])
```

绘制的饼图如图 8-27 所示。

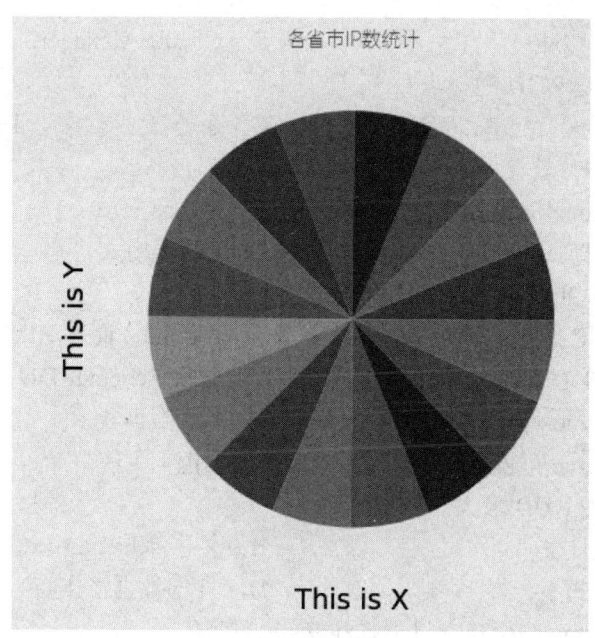

图 8-27　绘制的饼图

3. 程序的具体执行

将 test7.py 文件中有关绘图的软件包导入部分的注释取消，恢复导入；将绘图可视化部分的注释同时取消，分别显示各种图形样式即可。

为了加快可视化程序部分呈现速度，可以把不必要的 RDD 转换操作和行动操作注释掉，示例如下：

```
#rdd0=results.rdd.map(lambda ar : "省: " + ar[1]+","+"市:"+ar[2]+','+'IP 个数:'+str(
ar[0]))
#for r in rdd0.collect():
#      print(r)
```

本项目实现了 Spark 单机模式 Python 版的安装，介绍了与 Spark 编程有关的一些基本概念，特别是对 RDD 的创建、转换和行动操作进行了比较详细的说明，对创建与使用 RDD、将 RDD 转换为 DataFrame 等进行了案例训练，包括从 JSON 文件、CSV 文件、普通文本文件中读取数据生成 Spark DataFrame 的多种练习。最后，详细完成了 Spark 综合编程，特别是对 Python 可视化编程进行了详尽的描述和实现。

8.6　思考与操作

一、单选题

1. 任务是运行在下列哪个选项上的 Executor 上的工作单元？（　　）

　　A．Driver Program　　　　　　　　　B．Spark Master

C. Worker Node   D. Cluster Manager

2. 下面哪个不是 RDD 的特点？（   ）

    A. 可分区   B. 可序列化   C. 可修改   D. 可持久化

3. Spark 的集群部署模式不包括（   ）。

    A. Standalone 模式   B. Mesos 模式

    C. YARN 模式   D. Local 模式

4. 关于 Spark SQL，以下描述错误的是（   ）。

    A. Spark SQL 使用的数据抽象并不是 DataFrame，而是 RDD

    B. 在 Spark 的早期版本中，DataFrame 被称为 SchemaRDD

    C. DataFrame 是一种以 RDD 为基础的分布式数据集

    D. DataFrame 可以完成 RDD 的绝大多数功能

5. DataFrame 和 RDD 最大的区别是（   ）。

    A. 科学统计支持   B. 多了 schema 模式

    C. 存储方式不一样   D. 外部数据源支持

6. 关于 DataFrame 的优势，以下描述错误的是（   ）。

    A. DataFrame 提升了 Spark 框架的执行效率

    B. DataFrame 减少了数据读取时间

    C. DataFrame 可以优化执行计划

    D. DataFrame 可以完全替换 RDD

7. 将一个 RDD 转换为 DataFrame 的方法是（   ）。

    A. dataFrame()   B. toDataFrame()

    C. DF()   D. toDF()

8. Spark SQL 可以处理的数据源包括（   ）。

    A. Hive 表   B. Hive 表、数据文件

    C. Hive 表、数据文件、RDD   D. Hive 表、数据文件、RDD、外部数据库

9. 在下列方法中，不能创建 RDD 的方法是（   ）。

    A. makeRDD()   B. parallelize()   C. textFile()   D. testFile()

10. 在下列选项中，哪个不属于转换操作?（   ）

    A. filter(func)   B. map(func)

    C. reduce(func)   D. reduceByKey(func)

二、多选题

1. Hadoop 框架的缺陷有（   ）。

    A. 表达能力有限，MapReduce 编程框架的限制

    B. 过多的磁盘操作，缺乏对分布式内存的支持

    C. 无法高效地支持迭代式计算

    D. 海量的数据存储

2．可以作为 Spark 编程语言的有（　　　）。

　　A．Java　　　　　　B．Scala　　　　　　C．Ruby　　　　　　D．Python

3．与 Hadoop 相比，Spark 主要有哪些优点？（　　　）

　　A．提供多种数据集操作类型而不仅限于 MapReduce

　　B．数据集中式计算，数据处理更加高效

　　C．提供了内存计算，带来了更高的迭代运算效率

　　D．基于 DAG 的任务调度执行机制

4．YARN 是负责集群资源调度管理的组件。不同的计算框架统一运行在 YARN 框架之上，具有哪些优点？（　　　）

　　A．计算资源按需伸缩

　　B．不同负载应用混搭，集群利用率高

　　C．共享底层存储，避免数据跨集群迁移

　　D．大大降低了运维成本

5．Spark 的特点包括（　　　）。

　　A．快速　　　　　　B．通用　　　　　　C．可延伸　　　　　　D．兼容性

6．Spark Driver 的功能是（　　　）。

　　A．是作业的主进程　　　　　　　　B．负责作业的调度

　　C．负责向 HDFS 申请资源　　　　　D．负责作业的解析

7．SparkContext 可以从哪些位置读取数据？（　　　）

　　A．本地磁盘　　　　B．Web　　　　　　C．HDFS　　　　　　D．内存

8．RDD 有哪些缺陷？（　　　）

　　A．不支持细粒度的写和更新操作（如网络爬虫）

　　B．基于内存的计算

　　C．拥有 schema 信息

　　D．不支持增量迭代计算

9．如果要读取 people.json 文件中的数据生成 DataFrame，则可以使用下列哪些命令？（　　　）

　　A．spark.read.json("people.json")

　　B．spark.read.text("people.json")

　　C．spark.read.format("json").load("people.json")

　　D．spark.read.format("csv").load("people.json")

10．Spark SQL 支持读取哪些类型的文件？（　　　）

　　A．TEXT　　　　　B．JSON　　　　　　C．Parquet　　　　　D．DOC

11．下列属于 RDD 的转换操作的是（　　　）。

　　A．groupByKey()　　　　　　　　　B．reduce()

　　C．reduceByKey()　　　　　　　　　D．map()

12．下列属于 RDD 的行动操作的是（　　）。

A．count()　　　　　B．first()　　　　　C．take()　　　　　D．filter()

三、简答题

1．阐述 Spark 的几个主要概念：RDD、DAG、阶段。

2．Spark 对 RDD 的操作主要分为哪两种类型？这两种类型操作的区别是什么？

四、实操题

1．实验要求

RDD 创建方式练习。

2．实验原理

在调用任何转换操作或行动操作之前，必须先要有一个 RDD。Spark 提供了创建 RDD 的 3 种方法：第一种方法是将现有的集合并行化；第二方法是加载外部存储系统中的数据集，如文件系统；第三种方法是在现有 RDD 上进行转换来得到新的 RDD。前两种方法是由其他数据类型生成 RDD，第三种方法实际上是由 RDD 自身类型转换生成 RDD。

使用本地文件，特别是 HDFS 文件创建 RDD，应该是常用的处理方式，主要可以针对 HDFS 上存储的大数据进行离线批处理操作。

3．实验目的

（1）掌握 Spark 基于内存数据生成 RDD 的方法。
（2）掌握 Spark 基于外部存储数据生成 RDD 的方法。

4．实验工具和环境

HDFS、Spark、pyspark。

5．实验内容

RDD 创建方式练习实验工作与记录手册

任务	执行过程	结果
安装与配置 Spark	使用 jps 命令查看进程，确保 Spark 的 Master 进程和 Worker 进程已经启动	
启动 Hadoop		
启动 pyspark		

续表

任务	执行过程	结果

读取内存数据，构造 RDD	示例数据和示例命令如下，读者可自行操作：
	
	data = [('Alex','male',3),('Nancy','female',6),['Jack','male',9]] #列表元素可以是元组、列表或两者混合，子元素的长度也不一定要一样
	
	rdd_ = spark.sparkContext.parallelize(data)
	print(type(rdd_))
	# support: list uple dict or mixed them
	print(rdd_.take(2))
	rdd_collect = rdd_.collect()
	print(rdd_collect)
	print(rdd_collect[1])	

读取外部存储数据，构造 RDD	仿照案例 8-2 编辑本地文本文件 上传本地文件到 HDFS 仿照案例 8-3 构造 RDD 通过 foreach(print)打印 RDD	

Hadoop 从完全分布式到 HA 安装与使用

Hadoop 的部署包括单机模式、伪分布式模式、完全分布式模式和 HA（高可用）模式。HA 是 High Availability（高可用性）的缩写。

9.1 Hadoop HA 模式介绍

Hadoop HA 模式又称高可用性 Hadoop 模式或容灾性 Hadoop 模式。

9.1.1 Hadoop HA 模式的背景

Hadoop 集群中的 NameNode 节点显然存在单点故障（SPOF）。对于只有一个 NameNode 节点的集群，如果 NameNode 节点的机器出现意外情况，则将导致整个集群无法使用，直到 NameNode 进程重新启动。

影响 Hadoop 集群不可用的情况主要有两种：一是 NameNode 节点的机器宕机，将导致集群不可用，重启 NameNode 进程之后才可使用；二是计划内的 NameNode 节点的软件或硬件升级，导致集群在短时间内不可用。

为了解决上述问题，Hadoop 给出了 HDFS 的高可用（HA）方案：HDFS 通常由两个 NameNode 节点组成，一个 NameNode 节点处于 Active 模式，另一个 NameNode 节点处于 Standby 模式。处于 Active 模式的 NameNode 节点（以下简称 Active NameNode 节点）对外提供服务，如处理来自客户端的 RPC（远程过程调用）请求，而处于 Standby 模式的

NameNode 节点（以下简称 Standby NameNode 节点）则不对外提供服务，仅同步 Active NameNode 节点，以便能够在它失败时快速进行切换。

但是，如果有两个 NameNode 进程同时响应，则肯定会产生数据混乱，也就是"Brain Split"（脑裂）。所以，我们一般不会采用主主模式（Active/Active 模式），而会采用主备模式（Active/Standby 模式）。这样，一旦 Active NameNode 节点宕机，则 Standby NameNode 节点会立即切换到 Active 模式。

9.1.2　Hadoop HA 模式的架构

在一个典型的 HA 集群中，NameNode 节点（简称 NN 节点）会被配置在两台独立的机器上，在任何时间上，一个 NameNode 节点处于活动状态即工作在 Active 模式（Active NameNode 节点），另一个 NameNode 节点处于备份状态即工作在 Standby 模式（Standby NameNode 节点），Active NameNode 节点会响应集群中所有的客户端，Standby NameNode 节点只是作为一个副本，保证在必要时提供一个快速的转移。

为了让 Standby NameNode 节点与 Active NameNode 节点保持同步，这两个节点都与一组称为 JNs（Journal Nodes）的互相独立的进程保持通信。当 Active NameNode 节点上更新了 namespace（命名空间）时，它会将修改日志记录发送给 JNs。Standby NameNode 节点将会从 JNs 中读取这些 edits（记录），并持续关注它们对日志的变更。Standby NameNode 节点将日志变更应用在自己的 namespace 中，当 failover（故障切换或失效接管）发生时，Standby NameNode 节点将会在提升自己为 Active NameNode 节点之前，确保能够从 JNs 中读取所有的 edits，即在 failover 发生之前，处于 Standby 模式的节点持有的 namespace 应该与处于 Active 模式的节点保持完全同步。

Hadoop HA 模式是一种基于 QJM 机制的模式。QJM 的全称是 Quorum Journal Manager（仲裁日志管理器），它由 JournalNode（JN）组成，一般由奇数个节点组成。

为了支持快速 failover，Standby NameNode 节点持有集群中 blocks（所有块）的最新位置是非常必要的。为了达到这个目的，DataNode 节点（简称 DN 节点）上需要同时配置这两个 NameNode 节点的地址，同时和它们都建立心跳链接，并把 block 的位置发送给它们。

在任何时刻，只有一个 Active NameNode 节点是非常重要的，否则将会导致集群操作的混乱。如果两个 NameNode 节点同时接管 HDFS，则集群中不同的 DataNode 节点看到了两个 Active NameNode 节点，必将会有两种不同的数据状态，会导致数据丢失或状态异常，这种"脑裂"现象是必须避免的。对 JNs 而言，任何时候只允许一个 NameNode 节点作为 writer（写入者）；在 failover（失效接管）期间，原来的 Standby NameNode 节点将会接管 Active NameNode 节点的所有职能，并负责向 JNs 写入日志记录，这就有效地解决了其他 NameNode 节点处于 Active 模式的问题。

Hadoop HA 模式的架构如图 9-1 所示，其处理流程为：集群启动后，一个 NameNode 节点处于 Active 模式并提供服务，处理客户端和 DataNode 节点的请求，并把 editlog（负责保存 HDFS 操作记录的文件）写到本地和 share editlog 中。另一个 NameNode 节点处于 Standby 模式，它启动时加载 fsimage（负责保存 HDFS 文件系统元数据的文件），然后周期性地从 share editlog 中获取 editlog，保持与 Active NameNode 节点的状态同步。为了实现 Standby NameNode 节点在 Active NameNode 节点宕机后迅速提供服务，需要 DataNode 节点同时向两个 NameNode 节点汇报，使 Standby NameNode 节点将 block 文件保存到 DataNode 节点中，因为 NameNode 节点启动中最费时的工作是处理所有 DataNode 节点的 blockreport。为了实现热备，增加 FailoverController（失效接管控制器）和 ZooKeeper（简称 ZK），FailoverController 与 ZooKeeper 通信，通过 ZooKeeper 选举机制重新选举产生 Leader 节点，FailoverController 通过 RPC 让 NameNode 节点转换为 Active 或 Standby 模式。

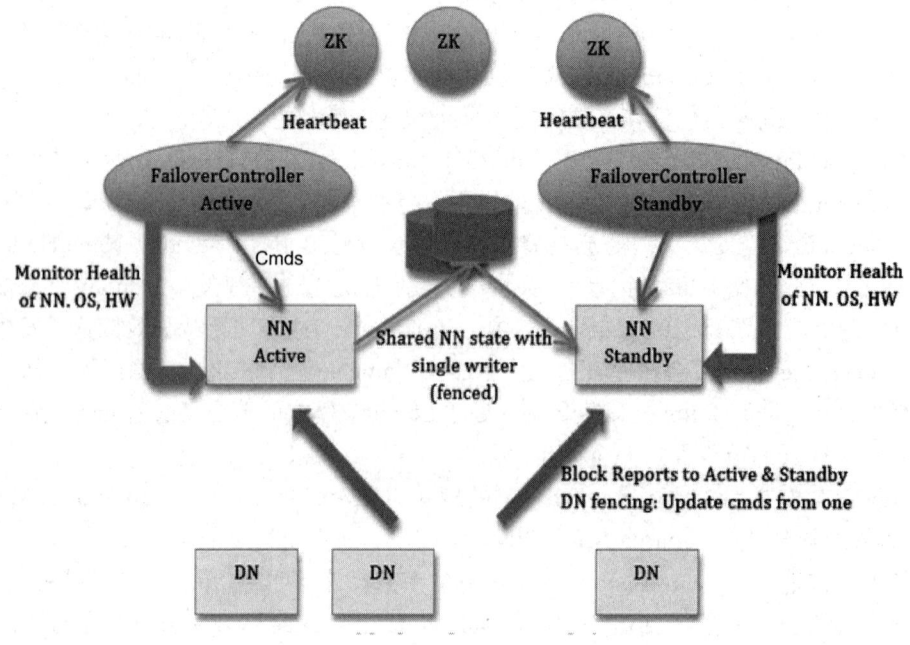

图 9-1　Hadoop HA 模式的架构

9.2　安装虚拟机系统项目实践

在接下来的实验操作中，Hadoop HA 集群的操作系统采用 CentOS 7，不再使用 Ubuntu 系统作为实验操作的环境。这是因为当 Ubuntu 系统作为服务器使用时占有资源较多，效率较低，在多个虚拟机同时启动时，极易使主机崩溃，所以不宜采用。而 CentOS 系统在稳定性和安全性方面表现突出。

CentOS 7 64 位是一款完全免费的开源 Linux 系统的发行版之一，它能够建立一个安全、低维护、稳定、具有高预测性和高重复性的 Linux 环境，被普遍应用于企业服务器的搭建。

可以从 CentOS 官网或其他相关网站下载安装文件。本书中使用的 CentOS 7 安装镜像文件为 CentOS-7-x86_64-DVD-1804.iso。

9.2.1　在 VMware Workstation 中创建虚拟机

（1）打开 VMware Workstation，选择"文件"|"新建虚拟机"命令（或者直接按 Ctrl+N 组合键），在弹出的"新建虚拟机向导"对话框的"欢迎使用新建虚拟机向导"界面中，选中"自定义（高级）"单选按钮，如图 9-2 所示。如果选中"典型（推荐）"单选按钮，则 VMware Workstation 将会自动配置好部分内容。设置完成后，单击"下一步"按钮。

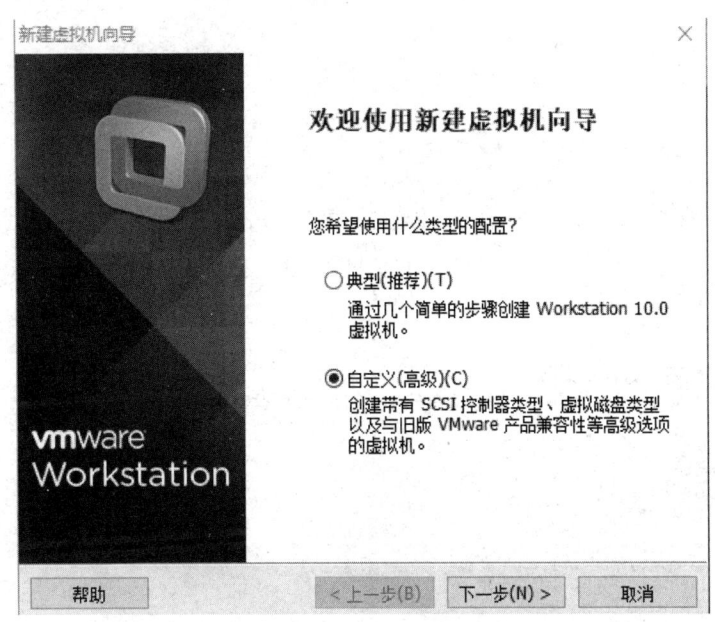

图 9-2　"欢迎使用新建虚拟机向导"界面

（2）进入"选择虚拟机硬件兼容性"界面，安装过程选项配置如图 9-3 所示，无须更改，直接单击"下一步"按钮，进入"安装客户机操作系统"界面，选中"稍后安装操作系统"单选按钮，如图 9-4 所示，单击"下一步"按钮。

（3）进入"选择客户机操作系统"界面，选择安装的操作系统类型，这里选中"Linux"单选按钮，在"版本"下拉列表中选择"CentOS 7 64 位"选项，如图 9-5 所示。旧版本的 VMware Workstation 只要选择 CentOS 64 位就可以了，如果安装镜像文件是 32 位，就不能选择 64 位。设置完成后，单击"下一步"按钮。

（4）进入"命名虚拟机"界面，设置虚拟机名称及虚拟机存储的位置，如图 9-6 所示。虚拟机名称就是在 VMware Workstation 中看到的虚拟机名字；位置就是虚拟机文件在磁盘的位置，强烈推荐一个虚拟机一个文件夹（包括后面克隆的虚拟机也要单独占一个文件夹），这样方便管理（在选择将虚拟磁盘分割成多个文件的情况下尤其如此）。设置完成后，单击

"下一步"按钮。

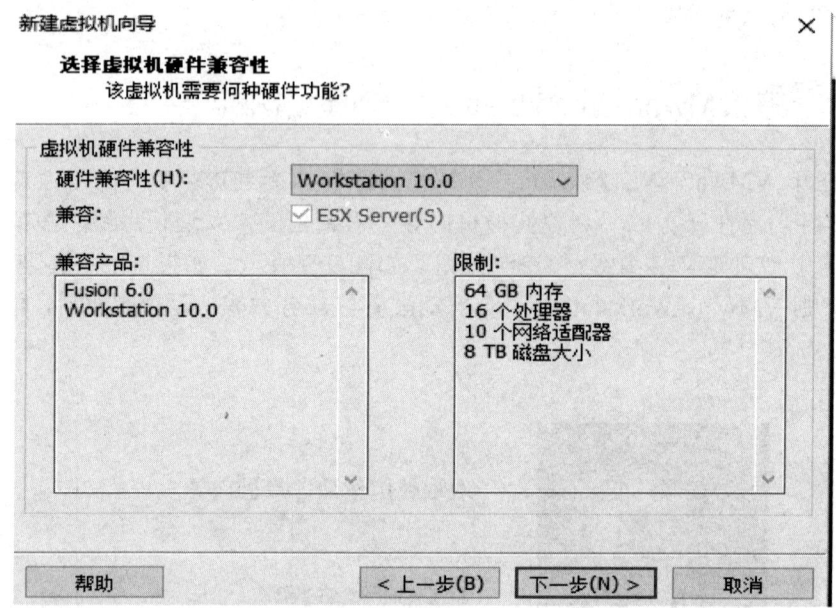

图 9-3   "选择虚拟机硬件兼容性"界面

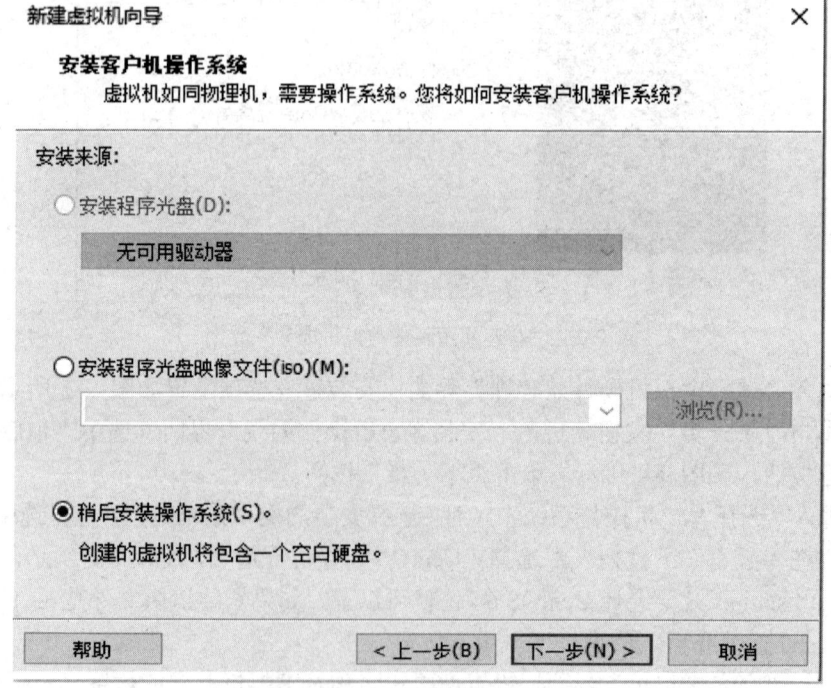

图 9-4   "安装客户机操作系统"界面

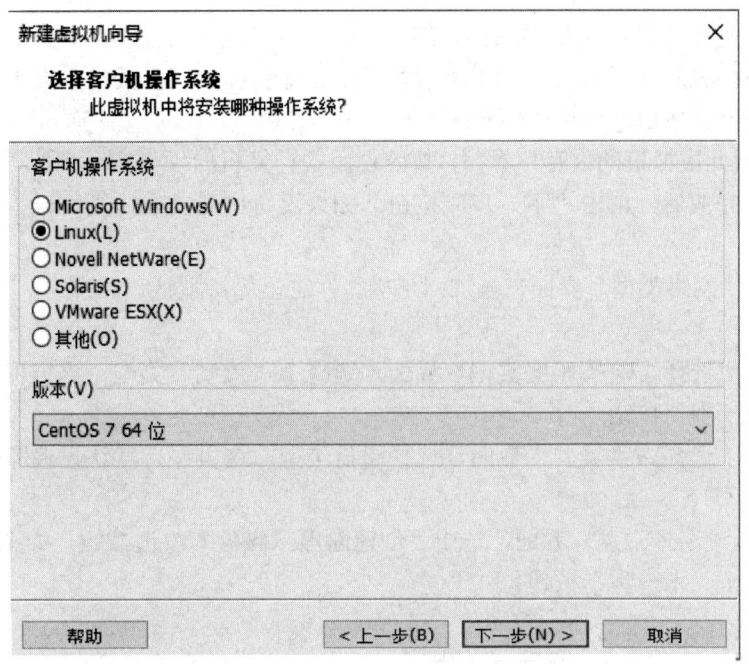

图 9-5　"选择客户机操作系统"界面

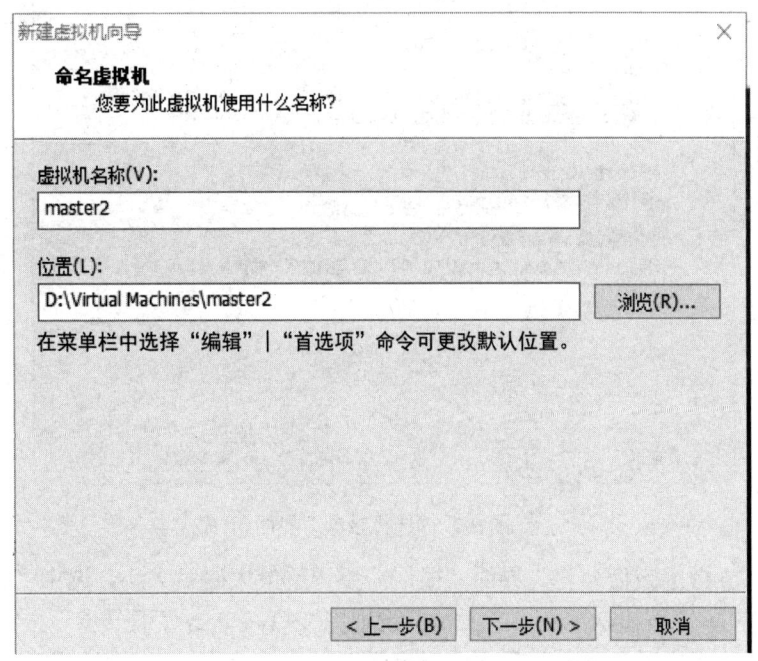

图 9-6　"命名虚拟机"界面

（5）进入"处理器配置"界面，设置处理器数量。处理器数量按照使用的计算机所具备的处理器数量作为上限进行设置，如果设置的处理器数量超出使用的计算机所具备的处理器数量，则会显示提示信息"开启虚拟机将会失败，原因是该虚拟机配置的虚拟机核心数量多于主机所支持的数量"；如果设置的处理器数量没有超出使用的计算机所具备的处理器数量，则不会显示提示信息。如果不清楚使用的计算机所具备的处理器数量，则默认为"1"即可。设置完成后，单击"下一步"按钮。

（6）"进入此虚拟机的内存"界面，按照使用的计算机的硬件实际情况，对内存进行设置即可，设置完成后，单击"下一步"按钮。如果没有特殊要求，则可以直接单击"下一步"按钮。

（7）进入"网络类型"界面，添加网络类型，这里保持默认设置即可，单击"下一步"按钮。

（8）进入"选择 I/O 控制器类型"界面，选择 I/O 控制器类型，这里保持默认设置即可，单击"下一步"按钮。

（9）进入"选择磁盘类型"界面，选择磁盘类型，这里保持默认设置即可，单击"下一步"按钮。

（10）进入"选择磁盘"界面，选中"创建新虚拟磁盘"单选按钮，如图 9-7 所示。设置完成后，单击"下一步"按钮。

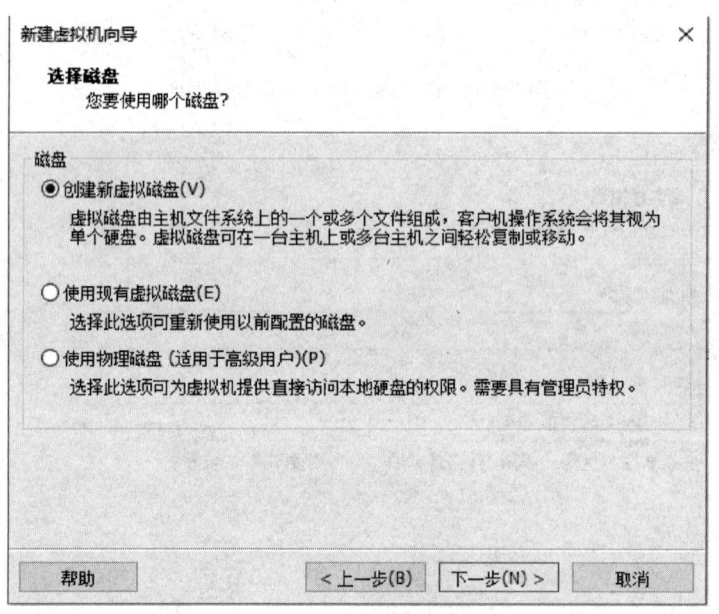

图 9-7 "选择磁盘"界面

（11）进入"指定磁盘容量"界面，根据需要调整最大磁盘大小，选中"将虚拟磁盘存储为单个文件"单选按钮，如图 9-8 所示。设置完成后，单击"下一步"按钮。

（12）进入"指定磁盘文件"界面，指定磁盘文件的名称，这里保持默认设置即可，如图 9-9 所示。设置完成后，单击"下一步"按钮。

（13）进入"已准备好创建虚拟机"界面，如图 9-10 所示。在这里，可以单击"自定义硬件"按钮，打开"虚拟机设置"对话框，在"硬件"选项卡左侧列表框中选择"CD/DVD(SATA)"选项，在右侧的"连接"选区内选中"使用 ISO 映像文件"单选按钮，单击"浏览"按钮，在硬盘中找到 CentOS 7 镜像文件的存放位置，如图 9-11 所示。设置完成后，单击"确定"按钮，返回图 9-10 所示的界面，单击"完成"按钮。

（14）至此，虚拟机创建完成，在 VMware Workstation 中打开的新窗口内可以看到新建的虚拟机的信息，如图 9-12 所示。

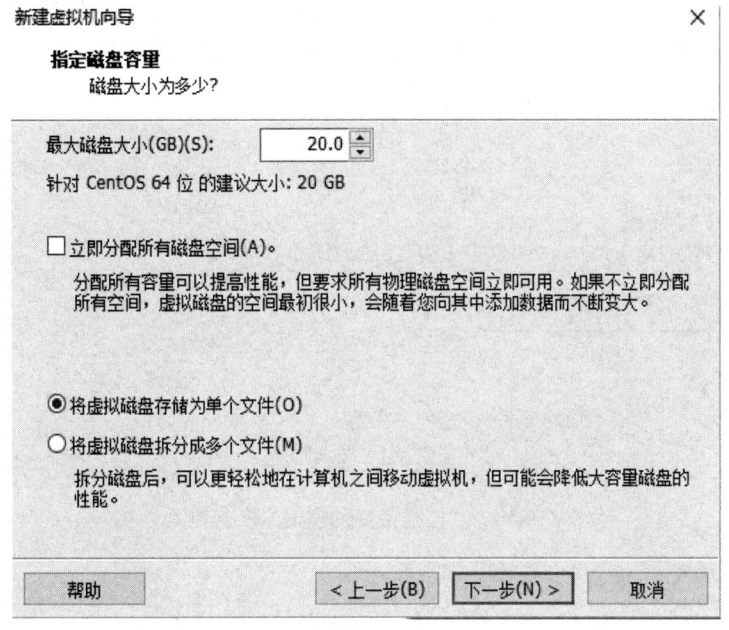

图 9-8　"指定磁盘容量"界面

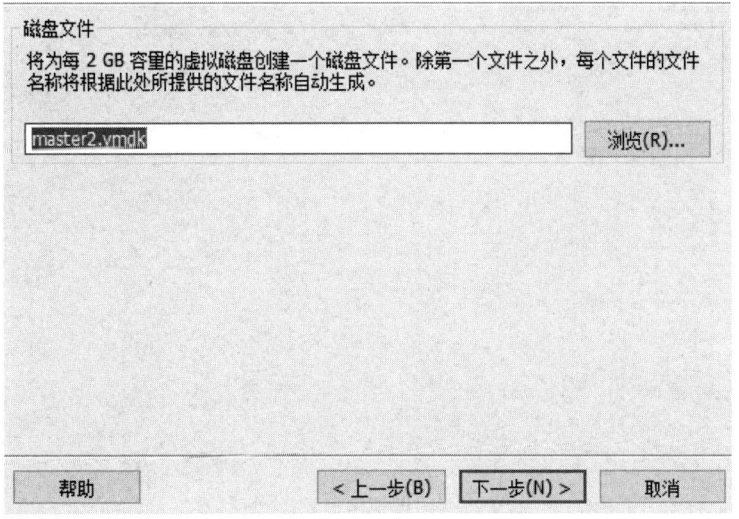

图 9-9　"指定磁盘文件"界面

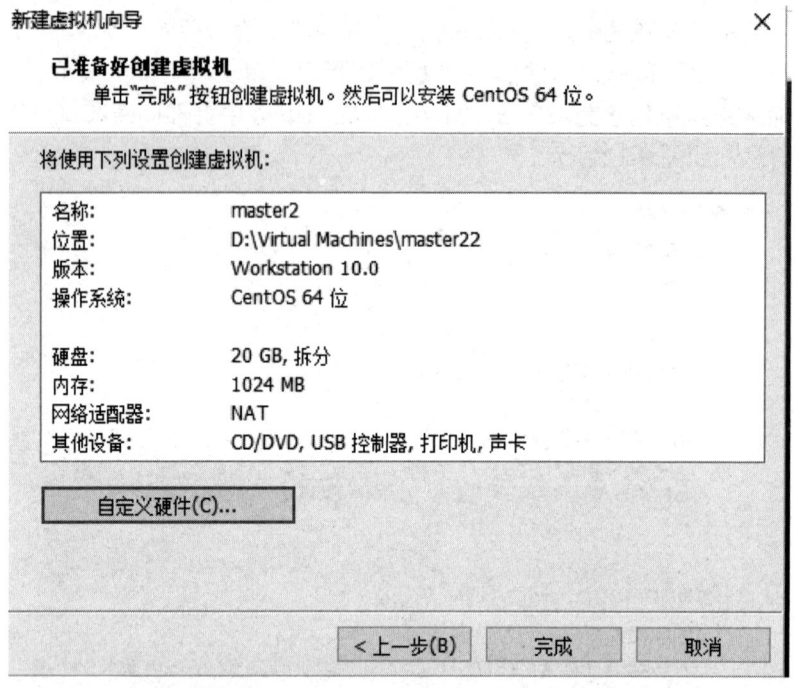

图 9-10 "已准备好创建虚拟机"界面

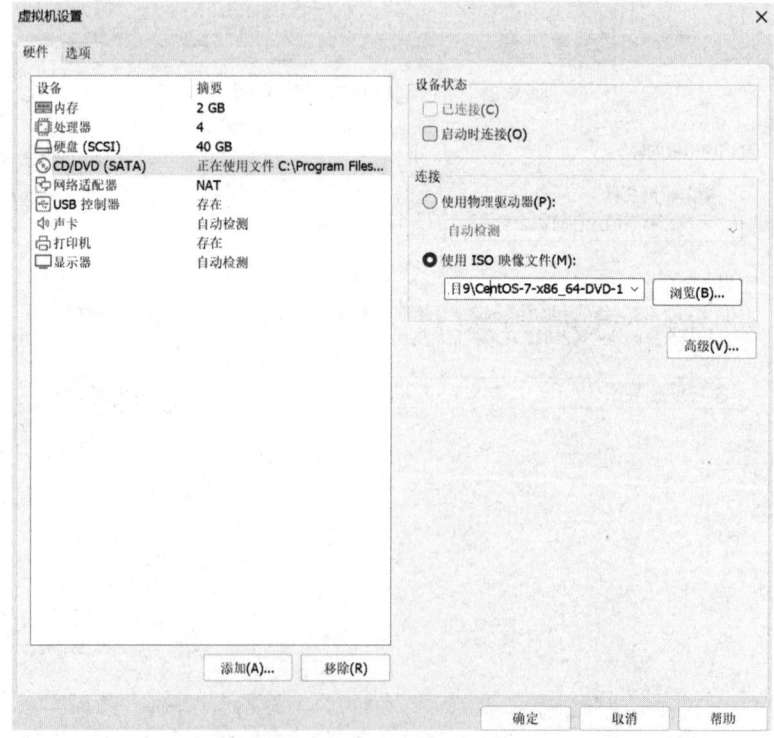

图 9-11 "虚拟机设置"对话框

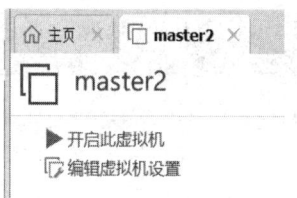

图 9-12　新建虚拟机的窗口

9.2.2　安装 CentOS 7 系统

在安装 CentOS 系统之后，如果在启动 VMware Workstation 时出现蓝屏，则大多是由 VMware Workstation 的版本与 CentOS 的版本冲突造成的，因此要找到合适的版本组合。在第一次开启新建的虚拟机时，虚拟机上并没有安装 CentOS 系统，所以，第一次开启虚拟机实际上是安装 CentOS 系统的过程。

（1）在图 9-12 所示的窗口中单击"开启此虚拟机"文字链接，在开启虚拟机后，稍等会出现如图 9-13 所示的界面，使用键盘上的上下箭头键选择"Install CentOS 7"选项，然后按 Enter 键，进入选择安装语言的界面，这里选择简体中文。设置完成后，单击"继续"按钮。

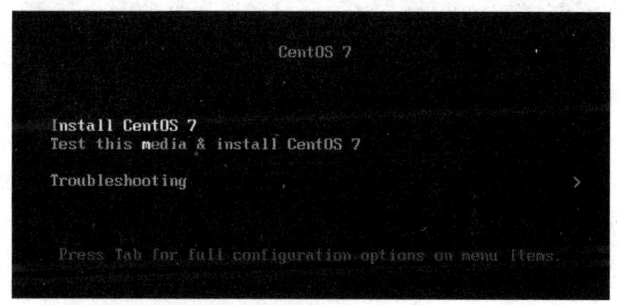

图 9-13　选择"Install CentOS 7"选项

（2）进入"安装信息摘要"界面，如图 9-14 所示，单击"系统"选区中的"安装位置"按钮，进入"安装目标位置"界面，默认选中"自动配置分区"单选按钮，如图 9-15 所示，设置完成后，单击界面左上角的"完成"按钮，返回"安装信息摘要"界面。

图 9-14　"安装信息摘要"界面

图 9-15　"安装目标位置"界面

（3）在完成上面的配置后，单击"安装信息摘要"界面右下角的"开始安装"按钮，进入"配置"界面，即可开始安装 CentOS 7 系统。

（4）在 CentOS 7 系统安装过程中，单击"配置"界面的"用户设置"选区中的"ROOT密码"按钮，如图 9-16 所示，进入"ROOT 密码"界面，密码设置完成后，如图 9-17 所示，单击界面左上角的"完成"按钮（如果设置的密码过于简单，则系统会给出提示信息，只要再次单击一次"完成"按钮即可），返回"配置"界面。

图 9-16　"用户设置"选区

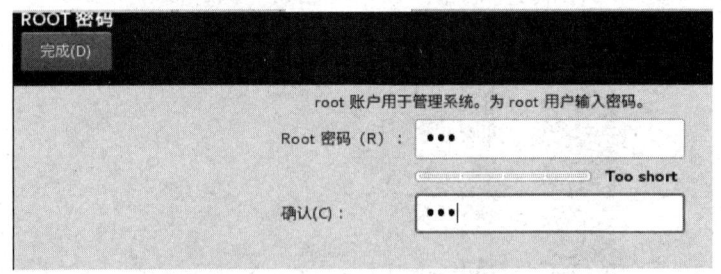

图 9-17　"ROOT 密码"界面

（5）CentOS 7 系统安装过程如图 9-18 所示，等待进度条加载完成。CentOS 7 系统安装完成后，界面如图 9-19 所示，单击界面右下角的"重启"按钮，即可重启操作系统。

图 9-18　CentOS 7 系统安装过程

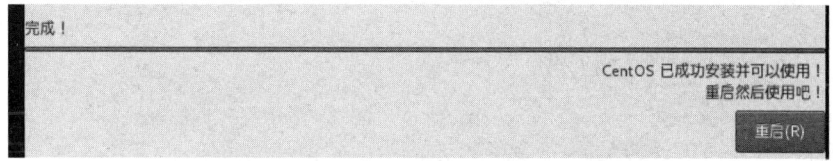

图 9-19　CentOS 7 系统安装完成界面

（6）操作系统重启需要一点时间。操作系统重启后，进入如图 9-20 所示的界面。输入用户名后按 Enter 键，然后输入密码后按 Enter 键（输入密码时是不可见的，连 "*" 符号都没有），即可登录操作系统。

```
CentOS Linux 7 (Core)
Kernel 3.10.0-862.el7.x86_64 on an x86_64

localhost login: root
Password:
[root@localhost ~]#
```

图 9-20　CentOS 7 系统重启后进入的界面

9.2.3　设置网络静态 IP 地址

想要设置网络静态 IP 地址，需要先确定本虚拟机为 NAT 模式，并查清楚本虚拟机在 NAT 模式下的网关和 IP 地址。

1. 查看虚拟机在 NAT 模式下的网关和 IP 地址

在 VMWare Workstation 的 "编辑" 菜单中选择 "虚拟网络编辑器" 命令，打开 "虚拟网络编辑器" 对话框，选择 VMnet8 和 NAT 模式所在的行，如图 9-21 所示。在 "VMnet 信息" 选区中单击 "NAT 设置" 按钮，在弹出的 "NAT 设置" 对话框中查看 IP 地址和网关地址，如图 9-22 所示。

如果读者实验的 IP 地址和网关地址与图 9-21 和图 9-22 中显示的不同（一般也不会相同），是其他网段值，比如网关 IP 地址为 "192.168.19.2"，则有两种方式可以设置静态 IP 地址：一是依据显示的网段值设置下一步的静态 IP 地址；二是固定使用本书中的网段地址，在图 9-21 所示的对话框中，先将子网 IP 地址修改为 "192.168.245.0"，单击 "应用" 按钮后单击 "确定" 按钮，然后在图 9-22 所示的对话框中将显示的不同网关 IP 地址设置为 "192.168.245.2"（如果已经改变，则不用修改）。

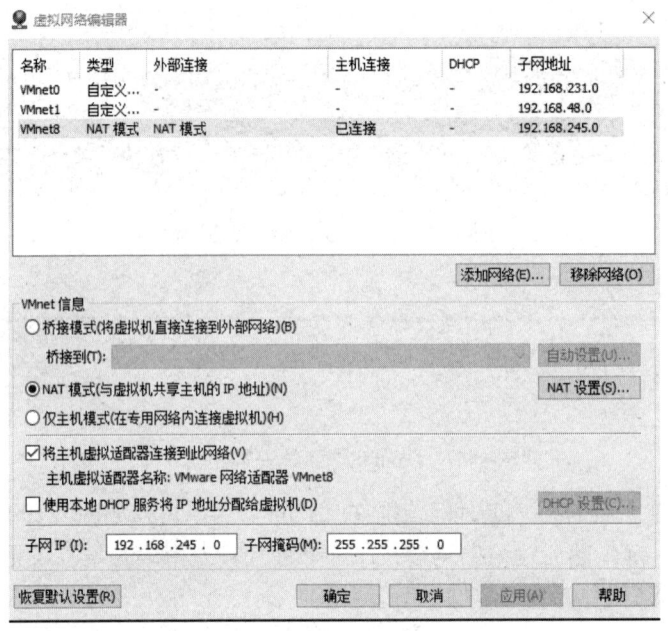

图 9-21   "虚拟网络编辑器"对话框

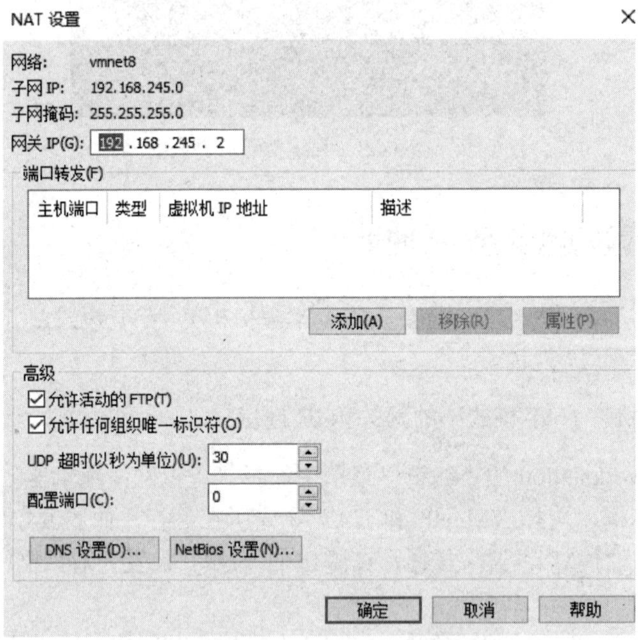

图 9-22   "NAT 设置"对话框

　　记住该网关 IP 地址，在下面设置虚拟机的静态 IP 地址时，一定要在该网段中取合适的值。单击两次"确定"按钮后结束设置。

　　注意，如果将虚拟机的子网 IP 地址修改成了"192.168.245.0"，则在 Windows 系统下，虚拟网卡 VMnet8 要处于启用状态，并且将其 IPv4 地址设置为"192.168.245.1"（在设置正常时，VMnet8 的 IP 地址是会自动生成的）。否则，XShell 也不能链接到虚拟机操作系统。

2. 修改网卡设置，确定静态 IP 地址

虚拟机的静态 IP 地址的设置是通过修改 ifcfg-ens33 文件实现的。使用 vi 编辑器打开 ifcfg-ens33 文件，命令如下：

```
# vi /etc/sysconfig/network-scripts/ifcfg-ens33
```

在该文件中的原内容上做部分修改，如图 9-23 所示。注意，要将最后一条修改成 "ONBOOT=yes"。

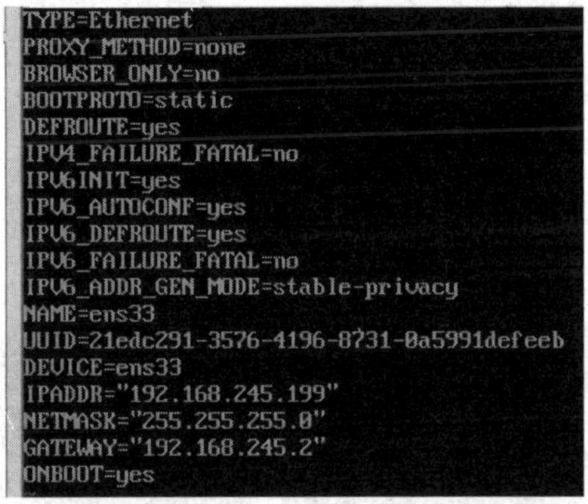

```
TYPE=Ethernet
PROXY_METHOD=none
BROWSER_ONLY=no
BOOTPROTO=static
DEFROUTE=yes
IPV4_FAILURE_FATAL=no
IPV6INIT=yes
IPV6_AUTOCONF=yes
IPV6_DEFROUTE=yes
IPV6_FAILURE_FATAL=no
IPV6_ADDR_GEN_MODE=stable-privacy
NAME=ens33
UUID=21edc291-3576-4196-8731-0a5991defeeb
DEVICE=ens33
IPADDR="192.168.245.199"
NETMASK="255.255.255.0"
GATEWAY="192.168.245.2"
ONBOOT=yes
```

图 9-23　修改 ifcfg-ens33 文件中的内容

修改完成后，执行 ":wq" 命令保存并退出。

3. 重启网卡

在修改 ifcfg-ens33 文件后，需要重启网卡才能使之生效，命令如下：

```
# systemctl restart network
```

4. 查看新设置的 IP 地址

CentOS 系统中查看 IP 地址的命令与 Ubuntu 系统中的命令有所不同，命令如下：

```
# ip addr
```

上述命令执行后，结果如图 9-24 所示。

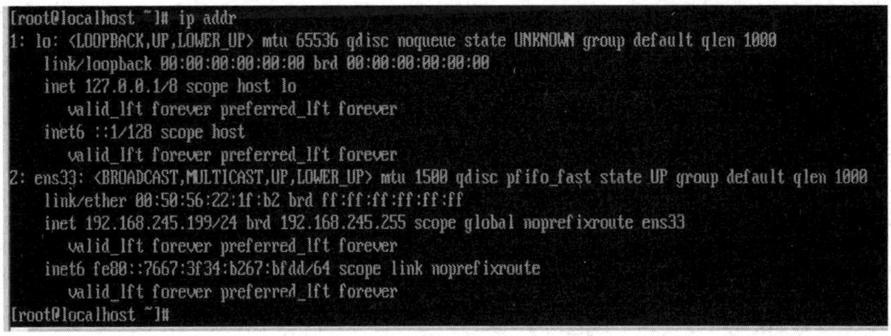

```
[root@localhost ~]# ip addr
1: lo: <LOOPBACK,UP,LOWER_UP> mtu 65536 qdisc noqueue state UNKNOWN group default qlen 1000
    link/loopback 00:00:00:00:00:00 brd 00:00:00:00:00:00
    inet 127.0.0.1/8 scope host lo
       valid_lft forever preferred_lft forever
    inet6 ::1/128 scope host
       valid_lft forever preferred_lft forever
2: ens33: <BROADCAST,MULTICAST,UP,LOWER_UP> mtu 1500 qdisc pfifo_fast state UP group default qlen 1000
    link/ether 00:50:56:22:1f:b2 brd ff:ff:ff:ff:ff:ff
    inet 192.168.245.199/24 brd 192.168.245.255 scope global noprefixroute ens33
       valid_lft forever preferred_lft forever
    inet6 fe80::7667:3f34:b267:bfdd/64 scope link noprefixroute
       valid_lft forever preferred_lft forever
[root@localhost ~]#
```

图 9-24　查看新设置的 IP 地址

由图 9-24 可知，新设置的 IP 地址为 192.168.245.199。

5. 设置域名解析服务器

通过修改 resolv.conf 文件来设置域名解析服务器。使用 vi 编辑器打开 resolv.conf 文件，命令如下：

```
# vi /etc/resolv.conf
```

在 resolv.conf 文件中输入如图 9-25 所示的内容后，保存并退出。

```
nameserver 8.8.8.8
nameserver 4.2.2.2
nameserver 172.19.0.6
```

图 9-25　要在 resolv.conf 文件中输入的内容

6. 验证能否上网（当然主机要先能联网）

验证能否 ping 通百度主页，命令如下：

```
# ping www.baidu.com
```

如果出现如图 9-26 所示的结果，就表示可以上网。

```
[root@localhost ~]# ping www.baidu.com
PING www.a.shifen.com (39.156.66.14) 56(84) bytes of data.
64 bytes from 39.156.66.14 (39.156.66.14): icmp_seq=1 ttl=128 time=23.8 ms
64 bytes from 39.156.66.14 (39.156.66.14): icmp_seq=2 ttl=128 time=35.7 ms
64 bytes from 39.156.66.14 (39.156.66.14): icmp_seq=3 ttl=128 time=26.3 ms
64 bytes from 39.156.66.14 (39.156.66.14): icmp_seq=4 ttl=128 time=23.9 ms
```

图 9-26　ping 通百度主页的结果

如果可以上网，则继续试验 yum 安装是否可行，命令如下：

```
# yum install -y lrzsz    #安装 rz 和 sz
```

至此，虚拟机中的 CentOS 系统的安装就完成了。

yum 是 CentOS 系统的软件包管理工具。yum 通过 RPM 包管理数据库功能自动处理依赖性关系，并且一次安装所有依赖的软件包，无须烦琐地一次次下载、安装。其功能与 Ubuntu 系统中的 apt 或 apt-get 的功能相似。

9.2.4　使用 XShell 6 登录 CentOS 虚拟机

XShell 是一个终端模拟软件，可以在 Windows 系统下访问远端不同系统下的服务器，从而比较好地达到远程控制终端的目的。可以登录官方网站申请 XShell 6 学生版，学生版无须激活，可以免费使用。

XShell 6 的安装比较简便，因此这里就不做文字叙述了。

1. 创建连接

使用 XShell 6 创建 master2 连接。我们已经设置 master2 虚拟机的 IP 地址是 192.168.245.199（XShell 实际连接的就是这个 IP 地址）。

启动 XShell 6，在菜单栏中选择"文件"|"新建"命令，打开"新建会话属性"对话框，在"名称"文本框中修改会话名称（与相连的虚拟机名称一致即可），在"主机"文本

框中输入连接虚拟机的 IP 地址，协议与端口采用默认设置即可，如图 9-27 所示。设置完成后，单击"确定"按钮。

图 9-27 "新建会话属性"对话框

在 XShell 6 左侧的"会话管理器"窗口中，双击新建会话的名称"master2"，如图 9-28 所示。

图 9-28 "会话管理器"窗口

在第一次连接时，会弹出"SSH 安全警告"对话框，提示"接受此主机密钥吗？"，如图 9-29 所示，单击"接受并保存"按钮。在弹出的"SSH 用户名"对话框的"请输入登录的用户名"文本框中输入用户名 root，如图 9-30 所示，单击"确定"按钮，打开"SSH 用户身份验证"对话框，选中"Password"单选按钮，如图 9-31 所示，在"密码"文本框中输入密码后，单击"确定"按钮。也可以勾选"SSH 用户名"对话框中的"记住用户名"复选框和"SSH 用户身份验证"对话框中的"记住密码"复选框，这样下次连接时就不会再被要求输入用户名和密码了。

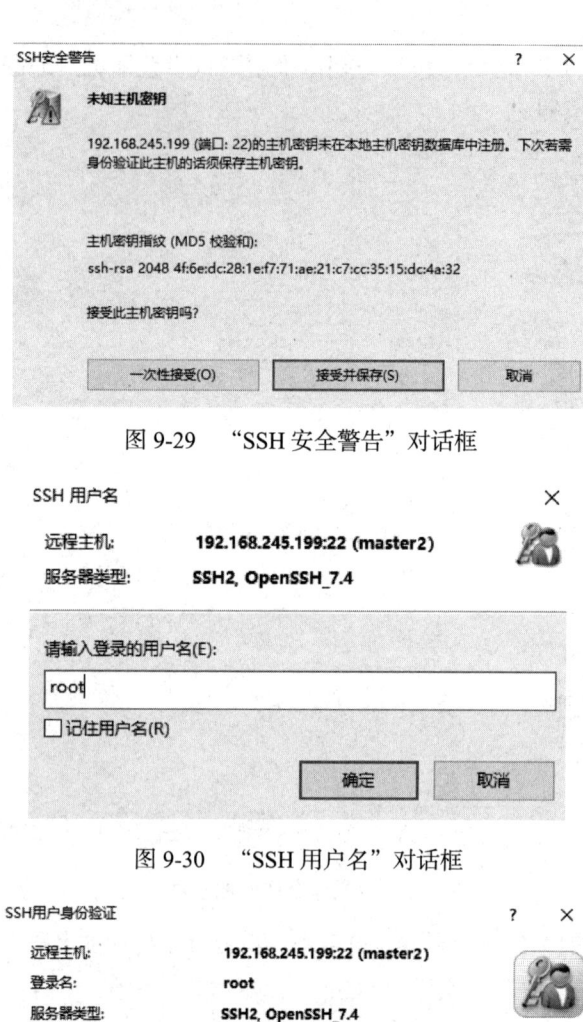

图 9-29　"SSH 安全警告"对话框

图 9-30　"SSH 用户名"对话框

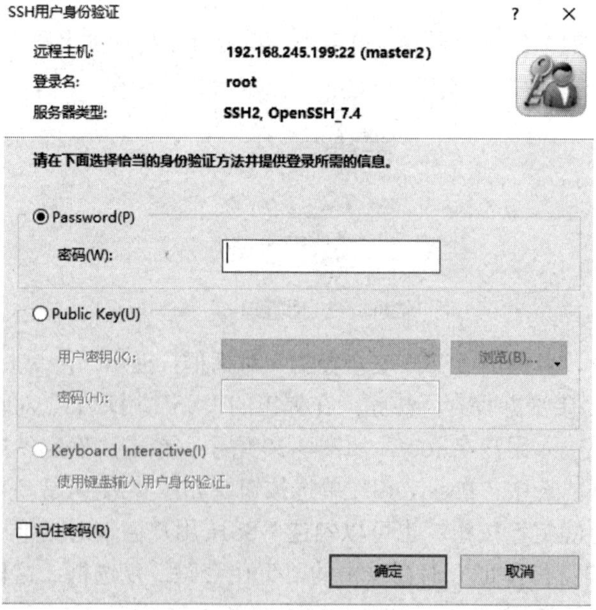

图 9-31　"SSH 用户身份验证"对话框

虚拟机的连接按照以上步骤创建即可，为了方便记忆和操作，建议设置的会话名称最好与虚拟机名称相同。

在 XShell 中的操作与在 Windows 系统中的所有操作可以共享剪贴板，复制、粘贴功能可随意使用。

2. 安装 rz 和 sz

在使用 SSH 工具进行远程访问连接 Linux 服务器时，少不了将文件上传与下载到服务器，这就需要 Linux 系统下的 rz 和 sz 命令。sz 命令用于将选定的文件从服务器发送到本地机器，rz 命令用于从本地选择文件后将文件上传到服务器。

运行 rz 和 sz 命令要比 FTP 容易很多，而且服务器不需要另开 FTP 服务即可完成。

但 rz 和 sz 命令一般需要安装后才能使用。可以使用 yum 安装，命令如下：

```
# yum install -y lrzsz
```

安装完成之后，就可以在 XShell 端使用 rz 和 sz 命令了。rz 命令负责将本地 Windows 端的文件上传到虚拟机端（CentOS），sz 命令负责将虚拟机端（CentOS）的文件下载到本地 Windows 端。

9.2.5   预先统一安装软件命令或预先配置设置

1. 安装 sshpass

Linux 系统自带的 SSH 客户端程序（也就是 ssh 命令）默认不允许以非交互的方式传递密码，在终端界面命令行中直接使用密码进行远程连接和远程拉取文件时，可以使用 sshpass 命令实现非交互的 SSH 密码验证。安装 sshpass 命令的命令如下：

```
# rpm -q sshpass &> /dev/null || yum -y install sshpass &> /dev/null
```

上述命令中的"&> /dev/null"表示把标准输出重定向到/dev/null，也就是不在屏幕上输出。

在 sshpass 命令中使用参数-p 指定明文密码直接登录远程服务器。它支持密码从命令行、文件、环境变量中读取，这里，只对命令行方式传递密码进行以下说明：

```
sshpass -p user_password ssh user_name@192.168.1.2    #登录远程机器
#将远程机器/home/test 文件复制到本机当前目录中
sshpass -p user_password scp -P22 root@192.168.1.2:/home/test ./
```

上述命令中的参数 user_password 是密码。注意：Shell 命令（如 ssh、scp 等）要和 sshpass 命令写在一行中，不可以分开写。也就是说，sshpass 命令的密码只在执行这条语句时起作用。

2. 配置 SSH 服务器配置文件 sshd_config

为了保证后面脚本文件中 SSH 语句的顺利执行，需要在配置文件 sshd_config 中设置"PermitRootLogin yes"（允许 root 用户登录）。使用 vi 编辑器打开 sshd_config 文件，命令如下：

```
# vi /etc/ssh/sshd_config
```

在 sshd_config 文件中设置的内容如图 9-32 所示。

```
#LoginGraceTime 2m
PermitRootLogin yes
#StrictModes yes
#MaxAuthTries 6
#MaxSessions 10
```

图 9-32　在 sshd_config 文件中设置的内容

接下来，可以以这个虚拟机为"蓝本"克隆 3 个虚拟机。在克隆虚拟机后，只需修改各个虚拟机网卡配置的 IP 地址后重启网卡，各个虚拟机就有了不同的 IP 地址。在克隆虚拟机之前先进行网络静态 IP 地址配置（编辑网卡配置文件 ifcfg-ens33），这样可以减轻克隆后其他虚拟机网卡静态 IP 地址配置的编辑工作量。

9.2.6　克隆 3 个虚拟机

我们计划，HA 集群共由 4 个节点组成，配置两台主机 master1 和 master2 作为 NameNode 节点，两台主机 slave11 和 slave22（为了与完全分布式部署中虚拟机的名称进行区分，所以这样命名）作为 DataNode 节点。

使用现有虚拟机 master2 克隆另 3 个虚拟机 master1、slave11、slave22（因机器性能差距，克隆过程需要花费一些时间，可能从几分钟到十几分钟不等）。VMware Workstation 中的克隆操作比较简单，下面以克隆虚拟机 master1 为例，操作步骤说明如下（虚拟机 slave11 和 slave22 的克隆可仿照该操作步骤完成）。

（1）右击当前虚拟机的名称 master2，在弹出的快捷菜单中选择"管理"子菜单中的"克隆"命令，打开"克隆虚拟机向导"对话框，在"欢迎使用克隆虚拟机向导"界面中单击"下一步"按钮，

（2）进入"克隆源"界面，在"克隆自"选区内选中"虚拟机中的当前状态"或"现有快照(仅限关闭的虚拟机)"单选按钮，单击"下一步"按钮。进入"克隆类型"界面，在"克隆方法"选区内选中"创建完整克隆"，单击"下一步"按钮。

（3）进入"新虚拟机名称"界面，在"虚拟机名称"文本框中输入新虚拟机的名称"master1"，在"位置"文本框中输入存放该虚拟机的目录（应先创建），或者通过该文本框右侧的"浏览"按钮进行设置，设置完成后，单击"完成"按钮。

（4）进入"正在克隆虚拟机"界面，开始克隆，克隆完成后，单击"关闭"按钮即可。

（5）生成新的 MAC 地址。右击新建的虚拟机的名称 master1，在弹出的快捷菜单中选择"设置"命令，打开"虚拟机设置"对话框，在"硬件"选项卡内选中"网络适配器"，然后在右侧区域中单击"高级"按钮，在弹出的"网络适配器高级设置"对话框

的"MAC 地址"选区中，单击"生成"按钮（因为克隆虚拟机和被克隆虚拟机的网卡 MAC 地址是相同的，所以要新生成一个不同的 MAC 地址），单击"确定"按钮，使设置生效。

（6）修改新克隆虚拟机的 IP 地址。在打开新克隆的虚拟机后，修改网卡配置文件 ifcfg-ens33。使用 vi 编辑器打开 ifcfg-ens33 文件，命令如下：

```
# vi /etc/sysconfig/network-scripts/ifcfg-ens33
```

将虚拟机 master1 的 IP 地址设置为"192.168.245.100"，代码如下：

```
IPADDR="192.168.245.100" #引号为英文的引号
```

其他语句不用更改。

① 将虚拟机 slave11 的 IP 地址设置为"192.168.245.101"，代码如下：

```
IPADDR="192.168.245.101"
```

② 将虚拟机 slave22 的 IP 地址设置为"192.168.245.102"，代码如下：

```
IPADDR="192.168.245.102"
```

每个虚拟机的网卡配置文件都修改完成后，保存并退出，然后重启网卡。命令如下：

```
# systemctl restart network
```

读者可以在各个虚拟机上使用"ip a"命令自行验证 IP 地址的设置是否正确。

9.3 命名节点主机名称并设置 SSH 免密登录

在 VMware Workstation 中启动 4 个虚拟机，然后使用 XShell 连接启动后的虚拟机。为了方便，应在 XShell 中修改各节点虚拟机主机名、实现主机名与 IP 地址映射、设置 SSH 免密登录等。在这里，各个虚拟机将被配置为 Hadoop HA 集群的节点，所以这些虚拟机也称为节点。

9.3.1 修改各节点虚拟机主机名

查看主机名的命令如下：

```
# hostname
```

主机名未修改前默认是 localhost.localdomain。

修改主机名的方法有两种：使用 set-hostname 命令和修改/etc/hostname 文件。

（1）使用 set-hostname 命令修改主机名。比如将克隆后的虚拟机的主机名修改为 slave22，命令如下：

```
# hostnamectl set-hostname slave22
```

使用 set-hostname 命令修改主机名，无须重启系统就可以完成主机名的修改。

（2）修改/etc/hostname 文件修改主机名。将各个虚拟机的主机名相应地修改为各个虚拟机的名称。修改在/etc/hostname 文件中进行，将该文件中的原有内容删除，然后添加各个虚拟机的名称即可。比如，修改虚拟机 master2 的主机名，使用 vi 编辑器打开/etc/hostname 文件，命令如下：

```
# vi /etc/hostname
```

编辑/etc/hostname 文件，使该文件中只有以下一条记录：

```
master2
```

编辑完成后，执行":wq"命令保存并退出即可。

重启系统后，虚拟机的主机名才能完成修改。

使用上述任意一种方法即可修改虚拟机 master1 和 slave11 的主机名，这里不再赘述。

9.3.2 实现主机名与 IP 地址映射

在实现主机名与 IP 地址映射之后，就可以直接使用主机名代替各自的 IP 地址，记忆主机名要比记住完全是数字的 IP 地址容易得多。

1. 在 master1 节点上修改/etc/hosts 文件

使用 vi 编辑器打开/etc/hosts 文件，命令如下：

```
# vi /etc/hosts
```

保留/etc/hosts 文件中的原内容，然后在后面添加以下内容：

```
192.168.245.100 master1 master1.root
192.168.245.101 slave11 slave11.root
192.168.245.102 slave22 slave22.root
192.168.245.199 master2 master2.root
```

保存并退出。

2. 分发 hosts 文件到各个节点

将 hosts 文件分发到各个节点，命令如下：

```
# scp /etc/hosts 192.168.245.199:/etc/
# scp /etc/hosts 192.168.245.101:/etc/
# scp /etc/hosts 192.168.245.102:/etc/
```

为了在各个虚拟机之间远程登录时避免像这样要求输入密码，就需要设置 SSH 免密登录，实现各个主机间相互免密登录。

各个节点主机名与 IP 地址映射需要在各个节点重启系统才能发生作用。在 4 个节点分别执行以下重启系统的命令：

```
# reboot
```

9.3.3 设置 SSH 免密登录

1. 预备工作

首先，在 master1 节点上创建一个目录"~/bin"，后面创建的 Shell 脚本文件都将存放在该目录下。然后，创建一个脚本文件"sshpass 带密码登录预备工作.sh"，该脚本的作用是对 4 个虚拟机（节点）相互建立登录连接记录，使后面能正常使用 sshpass 命令。命令如下：

```
[root@master1 ~]# mkdir -p ~/bin
[root@master1 ~]# cd ~/bin
[root@master1 bin]# vi sshpass 带密码登录预备工作.sh
```

在脚本文件"sshpass 带密码登录预备工作.sh"中输入以下内容：

```
#!/bin/bash
PASSWORD=123      #登录 CentOS 系统的密码

#在遍历集群中的所有机器之前，应设置好主机名与 IP 地址映射
for i in master1 master2 slave11 slave22
do
      for j in master1 master2 slave11 slave22
      do
      echo "==从主机节点 ${i} 通过 sshpass 带密码登录到 ${j}主机节点建立登录连接记录=="

      sshpass -p $PASSWORD  ssh -o StrictHostKeyChecking=no $i " sshpass -p $PASSWORD
ssh -o StrictHostKeyChecking=no $j hostname"  #登录其他节点显示主机名，试验是否正常，如果
需要密码，则显示"Permission denied, please try again."（权限被拒绝，请重试。）
      done
done
echo ========== 所有节点相互建立链接记录结束! ==================
```

改变脚本文件"sshpass 带密码登录预备工作.sh"的执行模式，使其可执行，并执行该脚本文件，命令如下：

```
[root@master1 bin]# chmod +x ./sshpass 带密码登录预备工作.sh
[root@master1 bin]# ./sshpass 带密码登录预备工作.sh
```

在第一次执行该脚本文件时，会提示类似警告"Warning: Permanently added 'slave11,192.168.245.101' (ECDSA) to the list of known hosts."（警告：已将"slave1192.168.245.101"（ECDSA）永久添加到已知主机列表中。）。这是正常的反馈信息。

该过程是解决后面使用"sshpass -p 密码 ssh root@ip 地址"格式的命令没有任何反应的预备工作，通过对各个节点相互建立链接记录，使后面能正常使用 sshpass 命令。

2. 创建脚本文件"DIR_远程主机批量建立目录.sh"

创建"DIR_远程主机批量建立目录.sh"脚本文件，实现自动在虚拟机 master2、slave11 和 slave22 上创建~/bin 目录，免去手动创建目录的烦琐过程。使用 vi 编辑器打开脚本文件"DIR_远程主机批量建立目录.sh"，命令如下：

```
[root@master1 ~]# cd ~/bin
[root@master1 bin]# vi DIR_远程主机批量建立目录.sh  #可以将 Windows 系统下的"DIR_远程主机批量建立目录.sh"文件中的内容复制过来
```

脚本文件"DIR_远程主机批量建立目录.sh"中的内容如下：

```
# !/bin/bash
#在遍历集群中的所有机器之前，应设置好主机名与 IP 地址映射
#遍历虚拟机 master2、slave11、slave22, 创建~/bin 目录
PASSWORD=123456               #登录 CentOS 系统的密码
```

```
for i in master1 master2 slave11 slave22
do
        echo ===================== $i ===================
        sshpass -p $PASSWORD  ssh -o StrictHostKeyChecking=no $i "mkdir -p /root/
bin"
done
```

改变脚本文件"DIR_远程主机批量建立目录.sh"的执行模式，使其可执行，并执行该脚本文件，命令如下：

```
[root@master1 bin]# chmod +x DIR_远程主机批量建立目录.sh     #使脚本文件可执行
[root@master1 bin]# ./DIR_远程主机批量建立目录.sh  #执行脚本文件，在各个节点上创建目录
```

读者可以自行在各个节点上查看~/bin 目录是否建立成功。

3. 生成密钥脚本

这里采用 dsa 编码，也可以采用 rsa 编码，选择哪一种算法都是可以的。在 master1 节点上执行以下命令，使用 vi 编辑器打开脚本文件"mianmi_集群节点批量生成密钥.sh"：

```
[root@master1 ~]# cd ~/bin
[root@master1 bin]# vi mianmi_集群节点批量生成密钥.sh
```

脚本文件"mianmi_集群节点批量生成密钥.sh"中的内容如下：

```
#!/bin/bash
#在遍历集群中的所有机器之前，应设置好主机名与 IP 地址映射
PASSWORD=123
for i in master1 master2 slave11 slave22
do
        echo =================== $i ===================
        #删除在此之前可能已经创建的密钥文件
        sshpass -p $PASSWORD ssh $i  -o StrictHostKeyChecking=no "rm -f ~/.ssh/id_*"
        sshpass -p $PASSWORD ssh $i  -o StrictHostKeyChecking=no "ssh-keygen -t dsa
-P '' -f ~/.ssh/id_dsa" #创建密钥
done
```

在执行创建密钥命令 ssh-keygen 后，会产生私钥文件（id_dsa）和公钥文件（id_dsa.pub）。注意，在这里多了一个参数"-P"，表示在执行 ssh-keygen 命令创建密钥时提示要求输入部分均会自动填补为空，避免了按 Enter 键的麻烦。继续在 master1 节点上执行以下命令：

```
[root@master1 bin]# chmod +x mianmi_集群节点批量生成密钥.sh
[root@master1 bin]# ./mianmi_集群节点批量生成密钥.sh
```

执行脚本文件后，分别查看在各个节点的"~/.ssh"目录下是否生成了 id_dsa 文件和 id_dsa.pub 文件。

另外，第一次执行"cd ~/.ssh"命令可能发现找不到.ssh 目录，原因是没有用 root 用户做过 SSH 登录，执行一下 ssh 操作就会自动生成.ssh 目录。命令如下：

```
# ssh localhost              #使用 SSH 登录本机
```

执行上述命令后，将出现如图 9-33 的提示信息，输入"yes"后按 Enter 键，接着输入 root 用户密码即可。

```
[root@master1 ~]# ssh localhost
The authenticity of host 'localhost (::1)' can't be established.
ECDSA key fingerprint is SHA256:1F2x19WME2PLdaELiISkNpGacRv3tbV6TiO+F20nZw
ECDSA key fingerprint is MD5:03:8c:cf:9a:9e:6b:0d:00:6b:90:18:5c:aa:54:a6:
Are you sure you want to continue connecting (yes/no)? yes
Warning: Permanently added 'localhost' (ECDSA) to the list of known hosts.
root@localhost's password: _
```

图 9-33　首次使用 SSH 登录本机

再次执行“cd ~/.ssh”命令就会发现.ssh 目录已经存在了。

4. 将公钥复制到目标节点上

使用 ssh-copy-id 命令可以把本地主机的公钥复制到远程主机的 authorized_keys 文件中，ssh-copy-id 命令也会给远程主机的用户主目录（home）、~/.ssh 目录和~/.ssh/authorized_keys 文件设置合适的权限。

第一步，创建脚本文件“ssh-copy-id_各节点分别实现”。使用 vi 编辑器打开该文件，命令如下：

```
[root@master1 bin]# vi ssh-copy-id_各节点分别实现.sh
```

脚本文件“ssh-copy-id_各节点分别实现.sh”中的内容如下：

```
#!/bin/bash
PASSWORD=123
for host in master1 master2 slave11 slave22
do
        echo ==================== $host ==================
        #ssh-copy-id命令遍历集群中的各个节点，将本地各自的公钥文件id_dsa.pub中的内容追加到各个节点的authorized_keys文件中
        sshpass -p $PASSWORD ssh-copy-id $host
done
```

第二步，在 master1 节点上改变脚本文件“ssh-copy-id_各节点分别实现.sh”的执行模式，使其可执行，并执行该脚本文件，命令如下：

```
[root@master1 bin]# chmod +x ssh-copy-id_各节点分别实现.sh
[root@master1 bin]# ./ssh-copy-id_各节点分别实现.sh
```

执行结束后，在各个节点的~/.ssh 目录下查看 authorized_keys 文件中的内容。例如，查看 slave22 节点的 authorized_keys 文件中的内容，结果如图 9-34 所示，可以看到，root@master1 的公钥内容已经添加到 slave22 节点的 authorized_keys 文件中。

```
[root@slave22 .ssh]# cat authorized_keys
ssh-dss AAAAB3NzaC1kc3MAAACBAK3M+5nF770DKOKvIom3vj6y0xYqwppcTKu5laOWr/cGSzEsoLWRj4QVLyHjlL8M1ZRRJH
/ZbvKtDoT93Dqd+B9nzJS/gro67WSYuEUfzKisXHQFVMeVn0/Vn2+rhx6lYlAAAAFQCPs/oq4gGwJK3P9uxlZDTs1HAsVQAAAI
cEYvHwERMInAL7Sas71FHLPan9dr4aiPGEFuIEL7hxOp4oS5XmGLYpt1H/X0Ss3O09pL6ADIop7CccoLifHZ/1miXjpqT2lSTq
Uw69nIY1c/Ve35FkAM3nI3sE+S3uWXxoYb+mq7P/KHvfIezfYmEpaP8qzMebcbNTeZFM/x4bwoXp647pHBJOSK3xUgkRr03CIX
PwoxCg/dUJRfnoNWWfSillQZOg== root@master1
[root@slave22 .ssh]# 
```

图 9-34　slave22 节点的 authorized_keys 文件中的内容 1

第三步，编写将一个文件分发到各个节点的脚本文件，将脚本文件"ssh-copy-id_各节点分别实现.sh"分发到各个节点并执行。使用 vi 编辑器打开脚本文件"scp_远程分发文件_带密码.sh"，命令如下：

```
[root@master1 bin]# vi scp_远程分发文件_带密码.sh
```

脚本文件"scp_远程分发文件_带密码.sh"中的内容如下：

```
#!/bin/bash
#1.判断参数个数
if [ $# -lt 2 ]
then
echo 必须有两个参数，第一个参数表示复制的源文件；第二个参数表示复制的完整目的路径
exit
fi
#接收第一个参数
filename=$1
dir_name=$2
if [ -e $filename ]
then

#在遍历集群中的所有机器之前，应设置好主机名与IP地址映射
PASSWORD=123
for host in master1 master2 slave11 slave22
do
        echo ==========将文件 $filename 远程复制到== $host 的 $dir_name 路径下
==================
        sshpass -p $PASSWORD scp $filename $host:$dir_name
done
fi
```

改变脚本文件"scp_远程分发文件_带密码.sh"的执行模式，使其可执行，并执行该脚本文件，将脚本文件"ssh-copy-id_各节点分别实现.sh"分发到各个节点，命令如下：

```
[root@master1 bin]# chmod +x scp_远程分发文件_带密码.sh
[root@master1 bin]# ./scp_远程分发文件_带密码.sh ssh-copy-id_各节点分别实现.sh
/root/bin/
```

第四步，在 master2、slave11 和 slave22 节点上分别执行以下命令：

```
# ~/bin/ssh-copy-id_各节点分别实现.sh
```

第五步，查看各个节点的 authorized_keys 文件中的内容。例如，再次查看 slave22 节点的 authorized_keys 文件中的内容，结果如图 9-35 所示，可以看到，slave22 节点的 authorized_keys 文件中已经包括各个节点的公钥内容。

```
[root@slave22 .ssh]# cat authorized_keys
ssh-dss AAAAB3NzaC1kc3MAAACBAKMON6hiRY3waxm52rZNmxj9sqVCJ0hv9/oymzKGEdVzGI/j+6ajgkycK7N1Qqbs6HpYwISAAsFbVxRfYrp3Q0
no1GO5ZJTS3twZOAWcx9TUNH61Bqox56zIF5fVfhO0+0KuzqVoNt5eFRS7rPp723Uf5LDeMP3yZAYz8s1uDcahAAAAFQDpgr+dgTvMqibBDp6XzKS3
WRPWpwAAAIEAoI8hy57C/ZxYfXsU4oUdDPBZXUaki7J2ccRAa4lq5CT9d9liBd5Vrix0i2Php65VNADe7BU0hK9odWzn+m/5nJ3T8QYccJBj+wbNT+
CUnKqhkLoBP37l7a3oTL73oDo8VnTdNvnJgAiVp+oWZdA8sDPdLumgKvfWiW/RKvFB7r0AAACADLAmwkejg3GEgiBWbbQiOwf5McMDY2mqXcsG5HX2
5/MI6JDNmFkq+CY5TBQmQMo85lXyMWj+7jjRaAjOjX0aw0ZpyaLaCbIiVLcz+cqPBmxoV3+woYHqGT7Z9ULMO1msEKa2W1KZ8sKZNkUlqiGd+jd5Ck
xw1WQYT8mhTfYbui0= root@master1
ssh-dss AAAAB3NzaC1kc3MAAACBAN/6O3oOP009ArQRpKtquoS0E1wdXV8x0nQU+4ieRMgJsJovWs3jTfFLv28gRPMxyQOLca0i9dN0uvU9rLd1jf
2ThVJ8W5L6bAYOAaGMg03MiT45LG1oDwn08h5G7N/0bQgV1dTBGOULEPsD2oR0oj0a8tEk3NBcZRJ21FjGHxZDAAAAFQDUmKldPwJ8YrDw3Fx1z60I
6JrJjwAAAIEAv9RzSbBV0zhGD5oo6QHsYAIJeIscpZ1g6cNovjgRa5GHco/YF9Y0B0a4twYQenxLshiundsjMMBY0cFrsSyIeKoAznn+09jAG4/Lke
ipYnD/a6cnF0kuazBInLmIWqnUqIfjgt6b8XAwS6GgZjviyOsVhPTAu+5o8zT91H60rhoAAACARwnBKJOsHT0i4R7hMCDI1LUm200vgJ7uuKoDec0J
waILE9vr+HcK269qu1K+GzeNkXVGLKbJxeOakinTazmknWdu6DCiXVu41PIRN4HNrf+GB+rqg2YCdp/NxZlekv15G0mUItAg1fcB7CI/pBQC0WXHC+
TQjqR5b8mZgH33T8Q= root@slave11
ssh-dss AAAAB3NzaC1kc3MAAACBA0ZA7GlaBhCymkB7PC35HUoZsvOW28ovWmghGSTj7N1cPMI1ZKnyarkXc2NjfbcqYl8Egp2HBQ+a3QUL96frf0
Iyfra7TGV8uDCQUnxvSXqUaatYqRXKQmci+1n6y8kb0ufhkgIPmYGFzBLPa04z529HZlRPJ32NTDs7Dssv4V+7AAAAFQDJMZr0u1FJU9PxGUMS+Yq1
W+3MIwAAAIBix0TSFc9c1mNIInR5oZkEcocUvx77dxHooZBugAgud0QBXha4t4pKsMlGvAk7s6vP3oTjrAgNIl01trbUNJ/yDCoSXGyW7b0A16do7v
WGNFdiPV5gtQqxFhRti3otXCxTUHZMZyyVoTKXHYpFkF1Tq45qRlUqGQiXGDJilVNM8wAAAIEAtyKVrvv72zWXToGtKLY6jdFgGuC6nbgl4IhOEZ6o
b3h9WmK2IFaJN11haUJLRXiDUL98Br/TRHAL9vyNOSaRyi4WUwE8SRCAe1MX+9QJV/NDy9Ua0BgyNGYRP7AWISvKRxkSRdSDFmmrRoJNLBZQlSM/On
wolj/Qy0SU6VCHEbA= root@slave22
ssh-dss AAAAB3NzaC1kc3MAAACBAIucJkvEuUWgLhArvHgHKEL+PYp6hlU6haK3/04r5l4BVWbgcncPGMQfnXyjmZ8+781sWw51j+exWh72g+XrSG
hgJrIhIcGg916vUR2/CLa+GLADrtDelLFsw1lF1k7yXKTM3fKojeX8x4XVjUvnGF3VPgjerpjoPgEQhKFg5yeRAAAAFQDCo9G/L0X8VLeBuDZ98c85
/HcpdQAAAIBtqrSHrV2Sawv2nkMBo45bpZeSIMeYCJf6DoGfpA38Jc/lpFciilLjgmkxch/GhsPoR6uXriYU5HXFSHqIYUiMiYcrhC/4ejUxvGONxz
8o5bbRnrxfiPz+nT6GSGL81a8R0RIzgGfH8ghz+07SLSWhlL5EMAs5ZErzbwNB1mvvaQAAAIEAig23zblk8UjQHhFCuSBPWgsjDNdA00iBXUJkFO5o
WDsV8rtK3YuaAPj38j3AGzgWyPNKlkkBT7w4mjiv05s9HIAkmvVD1GrVsS1H0UUIbSj8szXvKd5YFE5tLe//pGv8AVOArFYM7Dwknabn/TWoyqqT5U
U8zHH8nymW9ZMYTIU= root@master2
[root@slave22 .ssh]#
```

图 9-35　slave22 节点的 authorized_keys 文件中的内容 2

第六步，验证各个节点之间相互进行 SSH 登录是否还需要用户密码。编写验证脚本文件"ssh_多机免密验证.sh"，该文件中的内容如下：

```bash
#!/bin/bash
#在遍历集群中的所有机器之前，应设置好主机名地址映射
for i in master1 master2 slave11 slave22
do
        for j in master1 master2 slave11 slave22
        do
        echo "==验证从主机节点 ${i} ssh 免密登录到 ${j}主机节点=="

        ssh $i "ssh $j hostname"  #登录其他节点显示主机名，试验是否正常，如果需要密码，就显
示"Permission denied, please try again."（权限被拒绝，请重试。）
        done
done
echo ========== 验证结束！ ==================
```

4 个节点之间相互进行 SSH 登录，可以在各个节点之间反复试验，如果不再需要用户密码，就表示 SSH 免密设置完成。如果运行以上脚本文件出现提示信息"Permission denied, please try again."（权限被拒绝，请重试。），则表示还没有完全实现各个节点的 SSH 免密设置。

9.4　安装 JDK 实践

我们知道，由于 Hadoop 是使用 Java 语言编写的，因此，我们先在各个虚拟机上安装好 JDK。JDK 的安装采用离线安装方式，与项目 2 中安装 Java 环境（JDK）的方式基本相同。不同之处就是在一个虚拟机上安装之后，还要分发到其他虚拟机上。

在 VMware Workstation 中分别启动虚拟机 master1、master2、slave11 和 slave22，并启

动 XShell 与 4 个虚拟机连接。以下操作在 XShell 中完成。

先在 master1 节点上完成 JDK 安装，然后将其分发到其他节点上。

（1）建立一个存放安装文件的目录，命令如下：

```
[root@master2 ~]# mkdir -p /opt/soft
[root@master2 ~]# cd /opt/soft/     #因为是 root 用户，所以不需要为新建目录授权
```

（2）上传 JDK 安装文件到新建的存放安装文件的目录，命令如下：

```
[root@master2 ~]# rz     #上传 JDK 安装文件 jdk-8u171-linux-x64.tar.gz
```

JDK 安装文件既可以自行下载，也可以从本书提供的电子资源中获得。

（3）建立工作路径/usr/java，命令如下：

```
[root@master2 soft]# mkdir -p /usr/java
```

（4）解压缩 JDK 安装文件到工作路径，命令如下：

```
[root@master2 soft]# tar -zxvf /opt/soft/jdk-8u171-linux-x64.tar.gz -C /usr/java/
```

（5）配置 Java 环境变量。

进入 Java 安装目录，查看完整路径，以供配置使用，如图 9-36 所示。

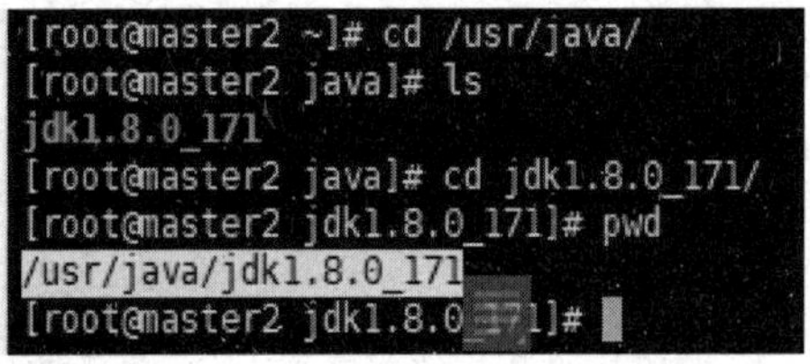

图 9-36　查看 Java 安装目录

由图 9-36 可知，Java 安装目录为/usr/java/jdk1.8.0_171，依据该目录配置 Java 环境变量。使用 vi 编辑器打开/etc/profile 文件，命令如下：

```
[root@master2 ~]# vi /etc/profile     #profile 表示为所有用户配置
```

在/etc/profile 文件中的最后添加以下内容：

```
export JAVA_HOME=/usr/java/jdk1.8.0_171
export JRE_HOME=${JAVA_HOME}/jre
export CLASSPATH=.:${JAVA_HOME}/lib:${JRE_HOME}/lib
export PATH=${JAVA_HOME}/bin:$PATH
```

（6）使环境变量生效，命令如下：

```
[root@master2 ~]# source /etc/profile
```

（7）查看 Java 版本，如图 9-37 所示。

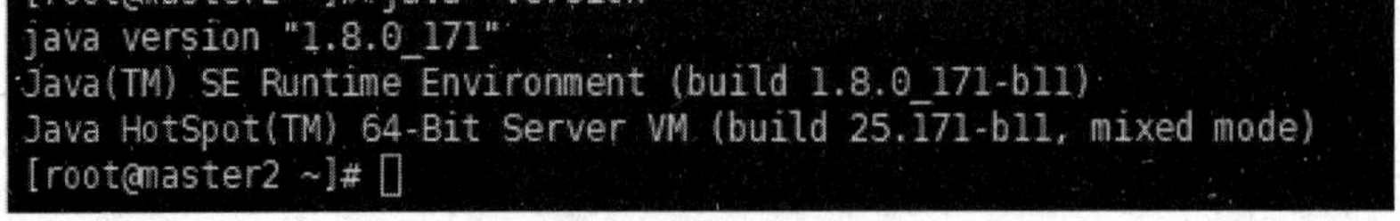

图 9-37　查看 Java 版本

由图 9-37 可知，master2 节点上的 Java 安装与配置正确。

（8）编写一个在 SSH 免密环境下远程分发目录的脚本文件"scp_远程分发目录.sh"，将 Java 安装目录分发到其他节点。使用 vi 编辑器打开脚本文件"scp_远程分发目录.sh"，命令如下：

```
[root@master1 bin]# vi scp_远程分发目录.sh
```

脚本文件"scp_远程分发目录.sh"中的内容如下（该脚本文件是在 SSH 免密设置之后的执行内容）：

```
#!/bin/bash
#!/bin/bash
#1.判断参数个数
if [ $# -lt 2 ]
then
echo 必须有两个参数，第一个参数表示复制的源路径；第二个参数表示复制到远程机器的目的路径
exit
fi
#接收第一个参数
dir1=$1
dir2=$2
if [ -d $dir1 ] #判断源路径是否存在
then

#在遍历集群中的所有机器之前，应设置好主机名与 IP 地址映射
#PASSWORD=123456
for host in master1 master2 slave11 slave22
do
        echo ==========将源路径 $dir1 远程复制到== $host 的 $dir2 路径下
==================
        scp -r $dir1 $host:$dir2 &> /dev/null      #不输出复制内容
done
else
echo ========== $dir1 目录不存在! ==================
fi
```

在 master2 节点上改变脚本文件"scp_远程分发目录.sh"的执行模式，使其可执行，并执行该脚本文件，命令如下：

```
[root@master2 bin]# chmod +x scp_远程分发目录.sh
[root@master2 bin]# scp_远程分发目录.sh /usr/java/ /usr
```

（9）分别在 master1、slave11、slave22 节点上查看 Java 版本。

在 master2 节点上编写一个分发/etc/profile 文件，并一次性使集群中各个节点的 Java 环境配置生效的脚本文件"profile_分发与生效.sh"，使用 vi 编辑器打开该文件，命令如下：

```
[root@master2 usr]# cd ~/bin/
[root@master2 bin]# vi profile_分发与生效.sh
```

脚本文件"profile_分发与生效.sh"中的内容如下：

```
#!/bin/bash
#在 SSH 免密环境下执行，将/etc/profile 文件远程分发，并使环境变量生效
for host in master1 master2 slave11 slave22
do
        echo ====将文件/etc/profile 远程复制到== $host 的/etc 路径下==========
        ssh $host "scp master1:/etc/profile $host:/etc/"
        ssh $host "source /etc/profile" #使环境变量生效
done
```

在 master2 节点上改变脚本文件"profile_分发与生效.sh"的执行模式，使其可执行，并执行该脚本文件，命令如下：

```
[root@master2 bin]# chmod +x profile_分发与生效.sh
[root@master2 bin]# profile_分发与生效.sh
```

在各个节点上查看 Java 版本，命令如下：

```
# java -version    #在任意目录下
```

如果各个节点上均出现如图 9-37 所示的结果，即所安装的 Java 的版本信息，就表明已经成功完成各个节点的 Java 的安装与配置工作。

9.5 安装与配置 ZooKeeper 实践

ZooKeeper 集群在分布式系统中发挥着关键作用，它提供分布式协调服务，确保集群节点的协同工作，实现配置管理、命名服务、分布式锁等功能。ZooKeeper 的高可用性和容错性确保系统稳定运行，是构建可靠分布式应用的重要基石。

ZooKeeper 的运行要依赖 Java，所以在安装 ZooKeeper 之前我们已经安装并配置了 JDK。ZooKeeper 集群节点的个数最好是 $2n+1$，因为 $2n+1$ 台和 $2n+2$ 台机器的容灾能力是相同的。因此，在本次实验中，我们只在 master2、slave11、slave22 节点上安装 ZooKeeper 组建一个 ZooKeeper 集群，在 master1 节点上不安装 ZooKeeper。

9.5.1 安装 ZooKeeper

先在 master2 节点上安装 ZooKeeper，然后将 ZooKeeper 安装目录分发到其他节点上。

1. 上传 ZooKeeper 安装文件

进入安装文件目录，通过 rz 命令将 ZooKeeper 安装文件上传到 master2 节点上的/opt/test 目录中，命令如下：

```
[root@master2 ~]# cd /opt/soft    #进入/opt/soft 目录，如果没有该目录，则需要预先创建
[root@master2 soft]# rz
```

在弹出的"打开"对话框中选择"zookeeper-3.4.10.tar.gz"文件，如图 9-38 所示，然后单击"打开"按钮，进行传输任务。

图 9-38 "打开"对话框

传输结束后会有关闭提示，单击"关闭"按钮即可。

2. 解压缩 ZooKeeper 安装文件

将 ZooKeeper 安装文件解压缩到/opt 目录下，命令如下：

```
[root@master2 soft]# tar -zxvf zookeeper-3.4.10.tar.gz -C /opt
```

3. 修改 zookeeper-3.10.6 安装目录名

解压缩 ZooKeeper 安装文件之后，在/opt 目录下会发现一个 zookeeper-3.10.6 目录，将该目录改名为"zookeeper"，命令如下：

```
[root@master2 soft]# cd /opt
[root@master2 opt]# mv zookeeper-3.4.10 zookeeper
```

此时，ZooKeeper 已经放置到相应位置，下面开始配置。

4. 编辑配置文件 zoo.cfg

zoo.cfg 文件是 ZooKeeper 的配置文件，它包含了 ZooKeeper 服务器运行所需的各种配置参数。这些参数对于 ZooKeeper 集群的正常运行至关重要，它们定义了 ZooKeeper 的基本行为、性能特性及与其他组件的交互方式等。

仍旧在 master2 节点上操作。进入/opt/zookeeper/conf 目录，命令如下：

```
[root@master2 opt]# cd /opt/zookeeper/conf
```

将 zoo_sample.cfg 文件复制为 zoo.cfg 文件，并使用 vi 编辑器打开 zoo.cfg 文件，命令如下：

```
[root@master2 conf]# cp zoo_sample.cfg zoo.cfg
[root@master2 conf]# vi zoo.cfg
```

在 zoo.cfg 文件中的最后添加以下内容：

```
dataDir=/opt/zookeeper/zkdata  #存放 ZooKeeper 数据的位置
dataLogDir=/opt/zookeeper/zkdatalog #存放日志数据的位置
server.1=master2:2888:3888
server.2=slave11:2888:3888
server.3=slave22:2888:3888
```

编辑完成后，保存并退出。

5. 创建 zkdata 和 zkdatalog 目录

在/opt/zookeeper 目录中，手动创建 zkdata 和 zkdatalog 目录。zkdata 目录用于保存数据，zkdatalog 目录用于保存 ZooKeeper 的日志数据。命令如下：

```
[root@master2 conf]# cd /opt/zookeeper/
[root@master2 zookeeper]# mkdir zkdata
[root@master2 zookeeper]# mkdir zkdatalog
```

6. 设置 ZooKeeper 节点对应的 ID

创建文件 myid，用数字标示当前节点。进入刚创建的 zkdata 目录，创建文件 myid。该文件中的内容只有一个数字，用这个数字做 ID 来标识当前主机，集群的各个机器分别对应一个 ID。查看 zoo.cfg 文件内配置的 server.X 中的 X 是什么数字，则当前节点的 myid 文件中就输入这个数字，如 master2 节点对应的 ID 是"1"，则命令如下：

```
[root@master2 zookeeper]# cd /opt/zookeeper/zkdata
[root@master2 zkdata]# echo 1 > myid
[root@master2 zkdata]# cat myid    #一定要查看正确
```

其他机器节点的 myid 文件还要在分发 ZooKeeper 安装文件后进行相应修改。

7. 为 master2 节点设置 ZooKeeper 环境变量并使之生效

在 master2 节点上使用 vi 编辑器打开/etc/profile 文件，在该文件中的最后添加以下 ZooKeeper 环境变量配置内容：

```
export ZOOKEEPER_HOME=/opt/zookeeper
export PATH=$PATH:$ZOOKEEPER_HOME/bin
```

编辑完成后，保存并退出。

还要将环境变量 JAVA_HOME 添加到 zkServer.sh 文件中。使用 vi 编辑器打开该文件，命令如下：

```
# vi /opt/zookeeper/bin/zkServer.sh
```

将"export JAVA_HOME=/usr/java/jdk1.8.0_171"添加到 zkServer.sh 文件中的开始位置，如图 9-39 所示。

```
#!/usr/bin/env bash
export JAVA_HOME=/usr/java/jdk1.8.0_171
# Licensed to the Apache Software Foundation (ASF) under one or more
# contributor license agreements.  See the NOTICE file distributed with
```

图 9-39 在 zkServer.sh 文件中添加环境变量配置内容

编辑完成后，保存并退出。这样设置可以解决使用 ssh 命令远程启动 ZooKeeper 等与 Java 有关的操作时找不到 Java 路径的问题。

8. 使环境变量生效

执行以下命令，使环境变量生效：

```
# source /etc/profile
```

9. 分发 ZooKeeper 安装目录

将 ZooKeeper 安装目录分发到 ZooKeeper 集群的 slave11 和 slaver22 节点上，命令如下：

```
[root@master2 opt]# scp -r /opt/zookeeper/ slave11:/opt/
[root@master2 opt]# scp -r /opt/zookeeper/ slave22:/opt/
```

如果分发的节点多，就需要借助脚本文件完成。

10. 修改 slave11 和 slave22 节点的 myid 文件

修改 slave11 节点的 myid 文件，命令如下：

```
[root@slave11 opt]# cd /opt/zookeeper/zkdata/
[root@slave11 zkdata]# echo 2 > myid
[root@slave11 zkdata]# cat myid   #务必查看到正确结果2
```

修改 slave22 节点的 myid 文件，命令如下：

```
[root@slave22 opt]# cd /opt/zookeeper/zkdata/
[root@slave22 zkdata]# echo 3 > myid
[root@slave22 zkdata]# cat myid   #务必查看到正确结果3
```

如果查看的结果正确，则表示 ZooKeeper 节点对应的 ID 设置正确。

11. 分发环境配置文件/etc/profile

将环境配置文件/etc/profile 分发到 slave11 和 slaver2 节点上，命令如下：

```
[root@master2 opt]# scp /etc/profile slave11:/etc/
[root@master2 opt]# scp /etc/profile slave22:/etc/
```

分别在 slave11 和 slave22 节点上执行以下命令，使 ZooKeeper 环境变量生效：

```
# source /etc/profile
```

或者直接在已经设置好环境变量的主机上（不可以在其他未设置好环境变量的主机上）执行脚本文件"profile_分发与生效.sh"。

9.5.2   启动和关闭 ZooKeeper

1. 在安装 ZooKeeper 的各个节点上关闭防火墙

在启动 ZooKeeper 前应当先关闭防火墙。本实验在 master2、slave11、slave22 节点上安装了 ZooKeeper，所以应当在这 3 个节点上分别关闭防火墙。关闭防火墙的命令如下：

```
# systemctl stop firewalld #分别在master2、slave11、slave22节点上执行
```

查看防火墙当前状态的命令如下：

```
# systemctl status firewalld  #如果显示"Active: inactive (dead)"，就表示关闭
```

也可以写成脚本文件，然后一次性执行该脚本文件即可。该脚本文件中的内容如下：

```
#!/bin/bash
#遍历集群中的所有机器，关闭防火墙
for host in master1 master2 slave11 slave22
do
    echo ================关闭 $host 防火墙==================
    ssh $host systemctl stop firewalld
    ssh $host systemctl status firewalld
done
```

2. 启动 ZooKeeper

在 master2、slave11、slave22 节点上，分别执行启动 ZooKeeper 的脚本文件，命令如下：

```
# zkServer.sh start   #在 3 个节点上分别启动 ZooKeeper
# zkServer.sh status  #查看 ZooKeeper 的状态
```

例如，在 master2 节点上启动 Zookeeper 并查看其状态，如图 9-40 所示，其他节点可仿照进行操作。

图 9-40　启动 ZooKeeper 并查看其状态

在 3 个节点上分别启动 ZooKeeper 后，通过 ZooKeeper 状态查询结果可知，一个节点是 Leader，其他节点是 Follower，表明 ZooKeeper 启动是正确的。

另外，ZooKeeper 的进程名为 QuorumPeerMain。读者可自行通过 jps 命令在各个节点查看 ZooKeeper 进程的启动情况。

3. 关闭 ZooKeeper

切记，ZooKeeper 有启动就要有关闭，要对集群中所有启动 ZooKeeper 的节点均执行以下关闭命令：

```
$ zkServer.sh stop
```

如果不关闭 ZooKeeper 就关机，则下一次使用时会出现问题。如果不能正常关闭 ZooKeeper，则也要使用"kill -9 进程号"格式的命令终止 ZooKeeper 进程"QuorumPeerMain"。该进程号可通过 jps 命令查看到。

4. 编写启动和关闭 ZooKeeper 的脚本文件

在各个节点上分别启动和关闭 ZooKeeper 有些烦琐，为了方便，可以编写一个启动和

关闭集群中所有节点上的 ZooKeeper 的脚本文件 zk_start_stop.sh。使用 vi 编辑器打开脚本
文件 zk_start_stop.sh，命令如下：

```
[root@master1 bin]# vi zk_start_stop.sh
```

脚本文件 zk_start_stop.sh 中的内容如下：

```
#!/bin/bash
case $1 in
"start"){  #接收的第一个参数是 start
for i in master2 slave11 slave22
do
  echo -------------zookeeper $i  启动----------------------
  ssh $i "/opt/zookeeper/bin/zkServer.sh start"
done
};;
"stop"){  #接收的第一个参数是 stop
for i in master2 slave11 slave22
do
  echo -------------zookeeper $i  关闭----------------------
  ssh $i "/opt/zookeeper/bin/zkServer.sh stop"
done
};;
"status"){  #接收的第一个参数是 status
for i in master2 slave11 slave22
do
  echo -------------zookeeper $i  状态----------------------
  ssh $i "/opt/zookeeper/bin/zkServer.sh status"
done
};;
esac
```

可以分别使用参数 start、stop、status 执行脚本文件 zk_start_stop.sh，命令如下：

```
[root@master1 bin]# chmod +x zk_start_stop.sh
[root@master1 bin]# zk_start_stop.sh start
[root@master1 bin]# zk_start_stop.sh status
[root@master1 bin]# zk_start_stop.sh stop
```

5. 启动 ZooKeeper 常见的问题

ZooKeeper 启动命令“zkServer.sh start”的执行没有问题，但在查看 ZooKeeper 的状态
时却出现提示信息“Error contacting service. It is probably not running.”，这说明启动
ZooKeeper 时显示启动成功，但是去查询 ZooKeeper 的状态时发现没有启动成功。

这时应当分析日志文件 zookeeper.out，命令如下：

```
cat /opt/zookeeper/bin/zookeeper.out
```

可能的原因如下：

（1）在 ZooKeeper 集群中，只有当半数的机器能正常运行时，整个集群才能提供服务，
否则就无法提供服务，因此，应检查是否有半数的机器启动 ZooKeeper。

（2）节点的防火墙处于关闭状态。

（3）ZooKeeper 安装目录下配置文件 zoo.cfg 中的 server.ID 与 myid 文件中的数值指定的不一致。

（4）zkdatalog 目录没有在/opt/zookeeper 目录下创建，应注意创建的位置。

（5）在 zkdata 目录下，查看是否有 version-2 目录和 zookeeper_server.pid 文件，如果有，则删除 version-2 目录和 zookeeper_server.pid 文件，在该目录下只保留 myid 文件。

9.6 配置 Hadoop 完全分布式集群

继续在 master2 节点上完成 Hadoop 的相关安装和配置，然后分发到各个节点完善。

9.6.1 上传、解压缩 Hadoop 安装文件与配置环境变量

1. 上传 Hadoop 安装文件

将项目 2 中已经下载的 Hadoop 安装文件 hadoop-2.7.3.tar.gz 通过 rz 命令上传到/opt/soft 目录下。命令如下：

```
[root@master2 ~]# cd /opt/soft/
[root@master2 soft]# rz
```

2. 解压缩 Hadoop 安装文件

将 Hadoop 安装文件解压缩到/opt/目录下，命令如下：

```
[root@master2 opt]# tar -zxvf /opt/soft/hadoop-2.7.3.tar.gz -C /opt/
```

3. 修改 Hadoop 安装目录的名称

将 Hadoop 安装目录的名称/opt/hadoop-2.7.3 修改为/opt/hadoop，命令如下：

```
[root@master2 opt]# mv /opt/hadoop-2.7.3 /opt/hadoop
```

4. 配置 Hadoop 环境变量

使用 vi 编辑器打开/etc/profile 文件，命令如下：

```
[root@master2 opt]# vi /etc/profile
```

在/etc/profile 文件中的最后添加以下内容：

```
export HADOOP_HOME=/opt/hadoop
export CLASSPATH=$CLASSPATH:$HADOOP_HOME/lib
export PATH=$PATH:$HADOOP_HOME/bin:$HADOOP_HOME/sbin
```

5. 使 Hadoop 环境变量生效

在 master2 节点上执行脚本文件"profile_分发与生效.sh"，使 Hadoop 环境变量生效。

9.6.2　将 Hadoop 配置为完全分布式模式

配置目标是：将 master1 节点配置为 NameNode，将 master2 节点配置为 SecondaryNameNode，将 master2、slave11、slave22 节点均配置为 DataNode。

SecondaryNameNode 在 3.1.3 节中有说明。它用于辅助 NameNode，分担其工作量。它定期合并 fsimage 和 fsedits，并推送给 NameNode；在紧急情况下，它可以辅助恢复 NameNode。但它并不是 NameNode 的热备，当 NameNode 宕机时，它并不能马上替换 NameNode 并提供服务。

Hadoop 的配置文件存放在$HADOOP_HOME/etc/hadoop 目录下，在本书中的具体路径为/opt/hadoop/etc/hadoop（下面配置文件的修改均在该目录下进行）。

1.　编辑 Hadoop 环境配置文件 hadoop-env.sh

在本项目中，Java 安装目录是/usr/java/jdk1.8.0_171。使用 vi 编辑器打开 Hadoop 环境配置文件 hadoop-env.sh，命令如下：

```
[root@master2 ~]# cd /opt/hadoop/etc/hadoop/  #Hadoop 配置路径
[root@master2 hadoop]# vi hadoop-env.sh
```

在 hadoop-env.sh 文件中找到 "export JAVA_HOME=${JAVA_HOME}"，将 Java 安装目录赋予环境变量 JAVA_HOME，代码如下：

```
export JAVA_HOME=/usr/java/jdk1.8.0_171
```

编辑完成后，保存并退出。

2.　修改配置文件 core-site.xml

使用 vi 编辑器打开配置文件 core-site.xml，在该文件中配置以下内容（这里将 master1 节点配置为主 NameNode 节点）：

```
<configuration>
<!-- 修改 defaultFS 为 master1-->
<property>
    <name>fs.defaultFS</name>
    <value>hdfs://master1:9000</value>
</property>
<!-- 修改临时文件存放位置-->
<property>
    <name>hadoop.tmp.dir</name>
    <value>/opt/hadoop/hdfs/tmp</value>
</property>
</configuration>
```

3.　修改配置文件 hdfs-site.xml

使用 vi 编辑器打开配置文件 hdfs-site.xml，在该文件中配置以下内容（将 master2 节点配置为 SecondaryNameNode 节点，即第二 NameNode 节点）：

```
<configuration>
```

```
<!-- 将备份数修改为 3, 小于或等于当前 DataNode 数目即可-->
<property>
    <name>dfs.replication</name>
    <value>3</value>
</property>
<!-- 将 Secondary NameNode 修改为 master2-->
<property>
    <name>dfs.namenode.secondary.http-address</name>
    <value>master2:50090</value>
</property>
<property>
    <name>dfs.namenode.name.dir</name>
    <value>file://${hadoop.tmp.dir}/dfs/name</value>
</property>
<property>
    <name>dfs.namenode.data.dir</name>
    <value>file://${hadoop.tmp.dir}/dfs/data</value>
</property>
<property>
    <name>dfs.permissions.enabled</name>
    <value>false</value>
</property>
</configuration>
```

需要注意的是，hdfs-site.xml 文件中的"${hadoop.tmp.dir}"是由 core-site.xml 文件决定的路径，"file://${hadoop.tmp.dir}/dfs/name"的真实路径是指本地文件系统的路径"/opt/hadoop/hdfs/tmp/dfs/name"。

4. 修改 yarn-site.xml 文件

使用 vi 编辑器打开 yarn-site.xml 文件，在该文件中配置以下内容：

```
<configuration>
<!-- YARN 站点特定配置属性 -->
<property>
<!-- 添加 yarn.resourcemanager.hostname 属性-->
    <name>yarn.resourcemanager.hostname</name>
    <value>master1</value>
</property>
<property>
    <name>yarn.nodemanager.aux-services</name>
    <value>mapreduce_shuffle</value>
</property>
<!-- 添加 yarn.nodemanager.auxservices.mapreduce.shuffle.class 属性-->
<property>
    <name>yarn.nodemanager.auxservices.mapreduce.shuffle.class</name>
    <value>org.apache.hadoop.mapred.ShuffleHandler</value>
```

```
</property>
</configuration>
```

5. 配置 workers 文件，设定数据节点

使用 vi 编辑器打开 workers 文件，命令如下：
```
# vi workers    #以前版本是 slaves，新版本为 workers
```
将 workers 文件中的内容修改为以下内容：
```
master2
slave11
slave22
```

6. 分发 Hadoop 配置到所有节点

将 Hadoop 配置分发到所有节点，命令如下：
```
[root@master2 /]# scp -r /opt/hadoop/ slave22:/opt   #可省略
[root@master2 /]# scp -r /opt/hadoop/ slave11:/opt   #可省略
[root@master2 /]# scp -r /opt/hadoop/ master1:/opt   #可省略
[root@master2 /]# scp /etc/profile slave22:/etc   #可省略
[root@master2 /]# scp /etc/profile slave11:/etc   #可省略
[root@master2 /]# scp /etc/profile master1:/etc   #可省略
[root@master2 /]# scp_远程分发目录.sh /opt/hadoop/ /opt
```

7. 启动完全分布式 Hadoop 集群

（1）在 master1 节点上格式化 NameNode。

如果不是第一次格式化，则要在各个节点上分别把 core-site.xml 文件中的临时文件存放路径/opt/hadoop/hdfs/tmp 删除（避免出现 NameNode 能启动、DataNode 不能启动的情况），命令如下：
```
# rm -rf /opt/hadoop/hdfs/tmp
```
然后回到 master1 节点格式化 NameNode，命令如下：
```
[root@master1 ~]# hdfs namenode -format
```
如果出现提示信息"INFO util.ExitUtil: Exiting with status 0"，则表示 NameNode 格式化成功。

（2）在 master1 节点上（且只能在主 NameNode 节点上）启动 Hadoop，命令如下：
```
[root@master1 ~]# start-dfs.sh
```
启动 Hadoop 后，使用 jps 命令查看进程，结果如图 9-41 所示。

图 9-41　在 master1 节点上启动 Hadoop 并查看进程的结果

继续在 master1 节点上启动 YARN，命令如下：

```
[root@master1 ~]# start-yarn.sh
```

使用 jps 命令查看进程，如图 9-42 所示，会发现多了 ResourceManager 进程。

```
[root@master1 opt]# start-yarn.sh
starting yarn daemons
starting resourcemanager, logging to /opt/hadoop/logs/yarn-root-resourcemanager-master1.out
slave11: starting nodemanager, logging to /opt/hadoop/logs/yarn-root-nodemanager-slave11.out
master2: starting nodemanager, logging to /opt/hadoop/logs/yarn-root-nodemanager-master2.out
slave22: starting nodemanager, logging to /opt/hadoop/logs/yarn-root-nodemanager-slave22.out
[root@master1 opt]# jps
3574 Jps
3211 NameNode
3499 ResourceManager
```

图 9-42　在 master1 节点上启动 YARN 并查看进程的结果

（3）在 master2 节点上使用 jps 命令查看进程，结果如图 9-43 所示。

```
[root@master2 opt]# jps
2986 DataNode
3276 Jps
3053 SecondaryNameNode
3150 NodeManager
```

图 9-43　在 master2 节点上查看进程的结果

由图 9-43 可知，master2 节点既是 SecondaryNameNode 节点，也是 DataNode 节点。

（4）分别在 slave11 和 slave22 节点上查看进程，结果是相同的，如图 9-44 所示。

```
[root@slave11 opt]# jps        [root@slave22 opt]# jps
2129 DataNode                  2567 Jps
2225 NodeManager               2344 DataNode
2350 Jps                       2440 NodeManager
```

图 9-44　分别在 slave11 和 slave22 节点上查看进程的结果

由图 9-44 可知，slave11 和 slave22 节点只是 DataNode 节点。进程 DataNode 是 Hadoop 启动后的进程，进行 NodeManager 是 YARN 启动后的进程。

验证正确，表示由 4 个节点组成的完全分布式 Hadoop 集群安装正确。至于 MapReduce 能否完全启动，还要进行相关的运算才能验证，读者可以自行运行 Hadoop 自带的 WordCount 程序进行验证，这里就不做介绍了，在后面 HA 模式中有使用 MapReduce 程序进行单词统计的应用。

注意：关机前，要在 master1 节点或其他节点上使用"stop-all.sh"命令关闭 Hadoop 和 YARN；另外，一定要在除 master1 节点以外的其他各个节点上分别执行"zkServer.sh stop" 命令关闭 ZooKeeper，如果该命令不能关闭 ZooKeeper，则使用"kill -9 进程号"格式的命令终止 ZooKeeper 进程"QuorumPeerMain"。

9.7　部署 Hadoop HA 集群实践

为了简便，我们在 Hadoop 完全分布式集群的基础上完成 Hadoop HA 集群的配置。启动已经被配置为 Hadoop 完全分布式集群的 4 个虚拟机 master1、master2、slave11 和 slave22，并使用 XShell 连接启动后的虚拟机。

9.7.1　编辑 Hadoop HA 集群配置文件

在这里，我们先在 master1 节点上完成相关配置的修改，再将配置分发到其他节点。当然，可以在任意节点上先完成编辑再分发。

1.　进入$HADOOP_HOME/etc/hadoop 目录

Hadoop 的配置文件存放在$HADOOP_HOME/etc/hadoop 目录下，在本书中的具体路径为/opt/hadoop/etc/hadoop/，进入该目录的命令如下：

```
[root@master1 ~]# cd /opt/hadoop/etc/hadoop/
```

2.　修改配置文件 hdfs-site.xml

使用 vi 编辑器打开 hdfs-site.xml 文件，删除该文件中 SecondaryNameNode 的配置信息，配置为双 NameNode 节点模式。配置内容如下：

```
<configuration>
<property>
<!-- 定义 DataNode 备份数目 -->
  <name>dfs.replication</name>
  <value>3</value>
</property>
<!-- 定义 NameServices（名字服务）逻辑名称 -->
<property>
  <name>dfs.nameservices</name>
  <value>mycluster</value>
</property>
<!-- 映射 NameServices 逻辑名称到 NameNode 逻辑名称 -->
<property>
  <name>dfs.ha.namenodes.mycluster</name>
  <value>nn1,nn2</value>
</property>
<!-- 映射 NameNode 逻辑名称 nn1 到真实主机名称（RPC 远程过程调用协议） -->
<property>
  <name>dfs.namenode.rpc-address.mycluster.nn1</name>
  <value>master1:8020</value>
</property>
```

```
<!-- 映射 NameNode 逻辑名称到真实主机名称（RPC）nn2 -->
<property>
  <name>dfs.namenode.rpc-address.mycluster.nn2</name>
  <value>master2:8020</value>
</property>
<!-- 映射 NameNode 逻辑名称到真实主机名称（HTTP）-->
<property>
  <name>dfs.namenode.http-address.mycluster.nn1</name>
  <value>master1:50070</value>
</property>
<!-- 映射 NameNode 逻辑名称到真实主机名称（HTTP）-->
<property>
  <name>dfs.namenode.http-address.mycluster.nn2</name>
  <value>master2:50070</value>
</property>
<!-- 配置 JournalNode 集群位置信息及目录 -->
<property>
  <name>dfs.namenode.shared.edits.dir</name>
<value>qjournal://master1:8485;master2:8485;slave11:8485/mycluster</value>
</property>
<property>
  <name>dfs.JournalNode.edits.dir</name>
  <value>/opt/hadoop/hdfs/ha/jn</value>
</property>
<!-- 配置故障切换（failover）实现类 -->
<property>
  <name>dfs.client.failover.proxy.provider.mycluster</name>
<value>org.apache.hadoop.hdfs.server.namenode.ha.ConfiguredFailoverProxyProvide
r</value>
<!-- 参数 dfs.client.failover.proxy.provider.[nameservice ID]定义 HDFS 客户端用来和活
动的 NameNode 节点联系的 Java 类。ConfiguredFailoverProxyProvider 类是 Hadoop 2.7 中唯一配
置的故障切换类 -->
</property>
<!-- 配置隔离机制方法，一种隔离机制占一行（换行）；指定切换方式为 SSH 免密方式 -->
<property>
  <name>dfs.ha.fencing.methods</name>
  <value>sshfence
shell(/bin/true)</value>
</property>
<property>
  <name>dfs.ha.fencing.ssh.private-key-files</name>
  <value>/root/.ssh/id_dsa</value>
</property>
<!-- 设置故障自动切换 -->
<property>
```

```
    <name>dfs.ha.automatic-failover.enabled.mycluster</name>
    <value>true</value>
</property>
</configuration>
```

配置文件解读如下。

（1）dfs.nameservices：自定义的 NameNode 逻辑服务器名。

在只有一个 NameNode 节点的 Hadoop 集群中，对 Hadoop 集群访问的入口是 NameNode 节点所在的服务器。但是在有两个 NameNode 节点的 Hadoop HA 集群中，无法配置单一服务器入口。所以，需要指定一个逻辑上的服务器名，这个逻辑服务器名是自定义的。当外界访问 Hadoop 集群时，入口就变为这个逻辑服务器。用户不必关心当前具体是哪台服务器在提供服务（处于 Active 状态），只要访问这个逻辑服务器就可以了。在 hdfs-site.xml 文件中，本项的值被设置为"mycluster"，意思是"我的集群"（当然，也可以定义为其他有意义的名字），这个逻辑服务器名会出现在 core-site.xml 文件内配置 fs.defaultFS 的值中。

（2）dfs.ha.namenodes.[nameservice ID]：用于确定每个 NameNode 节点的唯一标识。

前面 hdfs-site.xml 文件中的配置内容如下：

```
<property>
    <name>dfs.ha.namenodes.mycluster</name>
    <value>nn1,nn2</value>
</property>
```

上述语句用于配置 Hadoop HA 集群主备 NameNode 节点的唯一标识（标识名可以自定义），逻辑服务器的名称为"mycluster"，并且由标识名为"nn1"和"nn2"的 NameNode 节点组成该逻辑服务器。也可以说，是将逻辑服务器 mycluster 映射到两个 NameNode 的逻辑名称上。

（3）dfs.namenode.rpc-address.[nameservice ID].[name node ID]：用于指定每个 NameNode 节点的 RPC 服务完整监听地址（hostname+端口号）。

该设置是将逻辑名称 mycluster.nn1 和 mycluster.nn2 通过 RPC（远程过程调用）协议与真实的主机发生联系（映射）。

真实的 NameNode 节点分别是主机 master1 和 master2，RPC 服务完整监听地址分别是 master1:8020 和 master2:8020。

8020 是 NameNode 节点处于 Active 模式下的端口号，是 HDFS 的内部通信端口。

（4）dfs.namenode.http-address.[nameservice ID].[name node ID]：用于指定两个 NameNode 的 HTTP 服务地址（hostname+端口号）。

前面 hdfs-site.xml 文件中的 dfs.namenode.http-address.mycluster.nn1 和 dfs.namenode.http-address.mycluster.nn2 表示分别映射 NameNode 逻辑名称到真实主机名称 master1 和 master2。这里的端口号为 50070，50070 端口是用于访问和监控 HDFS 运行状态的 Web 管理界面默认端口。

（5）dfs.namenode.shared.edits.dir：用于配置 JournalNode 集群位置信息及目录。

在没有配置 HA 模式的 HDFS 中，这个值应该置空。

仲裁日志管理器（Quorum Journal Manager，QJM）由 JournalNode（JN）组成，一般

由奇数个节点组成。每个 JournalNode 对外有一个简易的 RPC 接口，以供 NameNode 节点读写 editlog 到 JournalNode 本地磁盘。当写 editlog 时，NameNode 节点会同时向所有 JournalNode 并行写文件，只要有 $n/2+1$ 个节点写成功，就认为此次写操作成功。

JournalNode 的作用：在 HA 模式中，它用来对两个 NameNode 节点的元数据进行同步，实现 NameNode 节点之间共享数据。两个 NameNode 节点为了数据同步，会通过一组称作 JournalNodes（JNs）的独立进程进行相互通信。当处于 Active 模式的 NameNode 节点的命名空间有任何修改时，会告知大部分的 JournalNodes 进程。处于 Standby 模式的 NameNode 节点有能力读取 JournalNodes 中的变更信息，并且一直监控 editlog 的变化，把变化应用于自己的命名空间。处于 Standby 模式的 NameNode 节点可以确保在集群出错时，命名空间的状态已经完全同步了。

在上面配置的 hdfs-site.xml 文件中，dfs.namenode.shared.edits.dir 参数的值为"qjournal://master1:8485;master2:8485;slave11:8485/ mycluster"，8485 端口是 JournalNode 节点的默认端口，用于提供 RPC 服务。

（6）dfs.JournalNode.edits.dir：用于指定 JournalNode 文件存储地址。

（7）dfs.client.failover.proxy.provider.[nameservice ID]：用于定义 HDFS 客户端用来和活动的 NameNode 节点联系的 Java 类。ConfiguredFailoverProxyProvider 是目前唯一可以指定的类。

（8）dfs.ha.fencing.methods：用于配置隔离机制。

在 Hadoop HA 集群配置中，sshfence 是一种重要的隔离机制。它的主要作用是通过 SSH 连接到目标机器，并利用 fuser 命令来识别和终止特定的进程。

具体来说，当 Hadoop 集群中的 NameNode 节点发生故障，需要将备用 NameNode 节点切换为主用状态时，sshfence 机制就会发挥作用。它通过 SSH 连接到旧的处于 Active 模式的 NameNode 节点，并终止 NameNode 进程，防止发生"脑裂"。这样可以避免失效的 NameNode 节点仍然向保持连接的 DataNode 节点和客户端提供错误的数据服务。

在配置隔离机制时，如果需要配置多种隔离机制，则要用换行分隔，即每种隔离机制暂用一行。上面 hdfs-site.xml 文件中的配置如下：

```
<value>sshfence
Shell(/bin/true)</value>
```

3. 修改配置文件 core-site.xml 文件

使用 vi 编辑器打开 core-site.xml 文件，将该文件中原有的配置内容替换为以下内容：

```
<configuration>
<!-- 设置 fs.defaultFS 为 nameservices 的逻辑主机名 -->
<property>
    <name>fs.defaultFS</name>
    <value>hdfs://mycluster</value>
</property>
<!-- 设置临时数据存放目录 -->
<property>
```

```
    <name>hadoop.tmp.dir</name>
    <value>/opt/hadoop/hdfs/ha/data</value>
</property>
<!-- 设置 ZooKeeper 位置信息 -->
<property>
    <name>ha.zookeeper.quorum.mycluster</name>
    <value>master2:2181,slave11:2181,slave22:2181</value>
</property>
</configuration>
```

core-site.xml 文件中的配置比较简单，配置默认的文件系统是在 hdfs-site.xml 文件中定义的"mycluster"逻辑服务器，还设置了 ZooKeeper 服务的节点，2181 是 ZooKeeper 的端口号。

另外，yarn-site.xml 文件中的配置内容仍使用 Hadoop 完全分布式集群配置的内容，不做修改。

9.7.2　将修改后的 Hadoop HA 集群配置文件分发到各个节点

将脚本文件"scp_远程分发文件_带密码.sh"复制为"scp_远程分发文件_免密.sh"，修改该脚本文件，完成在免密环境下分发文件的任务。命令如下：

```
[root@master1 hadoop]# cd bin
[root@master1 bin]# cp scp_远程分发文件_带密码.sh scp_远程分发文件_免密.sh
[root@master1 bin]# vi scp_远程分发文件_免密.sh
```

将脚本文件"scp_远程分发文件_免密.sh"中的内容修改为以下内容：

```
#!/bin/bash
#1.判断参数个数
if [ $# -lt 2 ]
then
echo 必须有两个参数，第一个参数表示复制的源文件；第二个参数表示复制的完整目的路径
exit
fi
#接收第一个参数
filename=$1
dir_name=$2
if [ -e $filename ]
then

#在遍历集群中的所有机器之前，应设置好主机名与 IP 地址映射
for host in master1 master2 slave11 slave22
do
      echo ==========将文件 $filename 远程复制到== $host 的 $dir_name 路径下
=================
      scp $filename $host:$dir_name
done
```

```
else
echo =========文件 $filename 不存在！！！============
fi
```

执行分发，将 hdfs-site.xml 和 core-site.xml 文件分发到其他节点，命令如下：

```
[root@master1 hadoop]# cd bin
[root@master1 bin]# scp_远程分发文件_免密.sh /opt/hadoop/etc/hadoop/hdfs-site.xml
/opt/hadoop/etc/hadoop/
[root@master1 bin]# scp_远程分发文件_免密.sh /opt/hadoop/etc/hadoop/core-site.xml
/opt/hadoop/etc/hadoop/
```

9.7.3　第一次启动 Hadoop HA 集群

1. 启动 ZooKeeper

在 Hadoop 完全分布式集群配置中，我们已经在（且只在）master2、slave11、slave22 这 3 个虚拟机上安装与配置了 ZooKeeper。因此，在 master2、slave11、slave22 节点上先关闭防火墙，再启动 ZooKeeper。命令如下：

```
# stop_firewalld_批量关闭防火墙.sh          #关闭集群中各个节点的防火墙
# zk_start_stop.sh start                    #启动 3 个节点中的 ZooKeeper
# zk_start_stop.sh status                   #查看 3 个节点中 ZooKeeper 的状态
```

2. 启动本机的 JournalNode 进程

我们在 hdfs-site.xml 文件中将 qjournal 配置在 master1、master2、slave11 节点，因此，可以在这 3 个节点上分别启动本机的 JournalNode 进程，也可以通过编写启动集群的 JournalNode 进程的脚本文件 jn_start.sh 完成。使用 vi 编辑器打开 jn_start.sh 文件，命令如下：

```
[root@master1 bin]# vi jn_start.sh
```

jn_start.sh 文件中的内容如下：

```
# !/bin/bash
case $1 in
"start"){  #接收的第一个参数是 start
for i in master1 master2 slave11
do
  echo ------------ $i  启动 JournalNode ---------------------
  ssh $i "/opt/hadoop/bin/hdfs --daemon start journalnode"
  ssh $i "/opt/java/jdk1.8/bin/jps"  #必须与自己机器上的 Java 安装路径一致
done
};;
"stop"){  #接收的第一个参数是 stop
for i in master1 master2 slave11
do
echo ------------ $i  关闭 JournalNode ---------------------
  ssh $i "/opt/hadoop/bin/hdfs --daemon stop journalnode"
  ssh $i "/opt/java/jdk1.8/bin/jps"  #必须与自己机器上的 Java 安装路径一致
```

```
done
};;
esac
```

执行启动 JournalNode 进程的脚本文件 jn_start.sh，执行过程如图 9-45 所示。

```
[root@master1 bin]# jn_start.sh start
------------ master1 启动JournalNode -------------------
10535 Jps
10488 JournalNode
------------ master2 启动JournalNode -------------------
4386 Jps
4212 QuorumPeerMain
4364 JournalNode
------------ slave11 启动JournalNode -------------------
3011 Jps
2968 JournalNode
2813 QuorumPeerMain
[root@master1 bin]#
```

图 9-45　执行启动 JournalNode 进程的脚本文件 jn_start.sh

3. 在 master1 节点（只能在 master1 节点）上格式化 NameNode

如果不是第一次执行 HA 模式的 NameNode 格式化，则应先将所有节点的临时数据存放目录删除，否则会出现能启动 NameNode、但不能启动 DataNode 的情况，删除命令如下：

```
#不是首次格式化时使用，在各个节点都要执行一次
#以下过程已经写成脚本文件"ha_再次格式化前删除目录准备.sh"，可在本书提供的电子资源中查找
#临时数据存放目录在 core-site.xml 文件中的<name>hadoop.tmp.dir</name>设置
# rm -rf /opt/hadoop/hdfs/ha/
# rm -rf /tmp/hadoop/dfs/journalnode
```

执行格式化的命令如下：

```
[root@master1 ~]# hdfs namenode -format
```

如果 NameNode 格式化成功，则会显示如图 9-46 所示的提示信息。

```
2022-11-17 10:48:34,745 INFO namenode.NNStorageRetentionManager: Going to retain 1 images with txid >= 0
2022-11-17 10:48:34,832 INFO namenode.FSImage: FSImageSaver clean checkpoint: txid = 0 when meet shutdown
2022-11-17 10:48:34,832 INFO namenode.NameNode: SHUTDOWN_MSG:
/************************************************************
SHUTDOWN_MSG: Shutting down NameNode at master1/192.168.245.100
************************************************************/
```

图 9-46　NameNode 格式化成功后的提示信息

如果 NameNode 格式化失败，则应检查是否在各个节点关闭了防火墙，检查所有的 JournalNode 节点是否启动了相应的 JournalNode 进程。

4. 格式化完成后在 master1 节点上启动 NameNode

启动 NameNode 的命令如下：

```
[root@master1 ~]# hdfs --daemon start namenode
```

在启动 NameNode 后，在 master1 节点上使用 jps 命令查看进程，结果如图 9-47 所示。

```
[root@master1 ~]# jps
1457 JournalNode
1651 Jps
1577 NameNode
```

图 9-47　启动 NameNode 后查看进程的结果

5. 双 NameNode 节点同步：master2 与 master1 节点同步操作

同步前应将 master1 节点的防火墙关闭（因为 master2 节点要访问 master1 节点），命令如下：

```
[root@master1 ~]# systemctl stop firewalld    #在 master1 节点上执行
[root@master2 zkdata]# hdfs namenode -bootstrapstandby #在 master2 节点上执行
```

同步的显示结果是对 master2 节点做了一次 NameNode 的格式化，如果显示如图 9-48 所示的提示信息，则表示同步正确。

```
2022-11-17 10:50:12,275 INFO namenode.TransferFsImage: Downloaded file fsimage.ckpt_0000000000000000000 size 391 bytes.
2022-11-17 10:50:12,302 INFO namenode.NameNode: SHUTDOWN_MSG:
/************************************************************
SHUTDOWN_MSG: Shutting down NameNode at master2/192.168.245.199
************************************************************/
```

图 9-48　master2 节点同步元数据正确后的提示信息

NameNode 节点同步实际上是将 Active NameNode 节点的{dfs.namenode.name.dir}（如果在 hdfs.xml 文件中没有配置该项，则默认在/tmp/dfs 目录下）目录下的内容，复制到 Standby NameNode 节点的{dfs.namenode.name.dir}目录下，同步一次元数据的过程。

6. 启动 Hadoop 集群

在 master1 节点上启动 HDFS 和 YARN，命令如下：

```
[root@master1 ~]# start-dfs.sh
#如果 NameNode 能够启动，DataNode 不能启动，则可以在 master2、slave11、slave22 节点上分别执行 "hdfs --daemon start datanode" 命令
[root@master1 ~]# start-yarn.sh
```

启动 Hadoop HA 集群的过程如图 9-49 所示。可以看到启动了 NameNode 的节点是 master1、master2，启动了 DataNode 的节点有 master2、slave11、slave22，启动了 JournalNode 的节点有 master1、master2、slave11。

```
[root@master1 ~]# start-dfs.sh
Starting namenodes on [master1 master2]
master2: starting namenode, logging to /opt/hadoop/logs/hadoop-root-namenode-master2.out
master1: starting namenode, logging to /opt/hadoop/logs/hadoop-root-namenode-master1.out
slave11: starting datanode, logging to /opt/hadoop/logs/hadoop-root-datanode-slave11.out
master2: starting datanode, logging to /opt/hadoop/logs/hadoop-root-datanode-master2.out
slave22: starting datanode, logging to /opt/hadoop/logs/hadoop-root-datanode-slave22.out
Starting journal nodes [master1 master2 slave11]
master1: starting journalnode, logging to /opt/hadoop/logs/hadoop-root-journalnode-master1.out
master2: starting journalnode, logging to /opt/hadoop/logs/hadoop-root-journalnode-master2.out
slave11: starting journalnode, logging to /opt/hadoop/logs/hadoop-root-journalnode-slave11.out
```

图 9-49　启动 Hadoop HA 集群的过程

7. 启动 ZKFC

在图 9-49 中没有看到启动 ZKCF，应该有"starting zkfc"信息才正常。只有启动了 ZKFC，才能保证两个 NameNode 节点中的一个处于 Active 模式，另一个处于 Standby 模式，否则两个 NameNode 节点将都处于 Standby 模式。

我们知道，ZKFC（ZooKeeper Failover Controller）是一个 ZooKeeper 集群的客户端，其作用是监控 NameNode 节点的状态信息，每个 NameNode 节点必须运行一个 ZKFC。ZKFC 会周期性地向它监控的 NameNode 节点（只有 NameNode 节点才有 ZKFC 进程，并且每个 NameNode 节点均有一个）发出健康探测命令，从而鉴定某个 NameNode 节点是否处于正常工作状态，如果机器宕机，心跳失败，则 ZKFC 就会标记它处于不健康的状态。

既然没有启动 ZKFC，就必须在 master1 和 master2 节点上分别启动 ZKFC，命令如下：

```
[root@master1 ~]# hdfs zkfc -formatZK
[root@master1 ~]# hdfs --daemon start zkfc
[root@master2 ~]# hdfs --daemon start zkfc
```

分别在 master1 和 master2 节点上查看进程，如果进程的查看结果中存在进程"DFSZKFailoverController"，就表示 ZKFC 启动成功。进程的查看结果如图 9-50 所示。

```
[root@master1 ~]# jps
1456 JournalNode
3864 DFSZKFailoverController
1755 NameNode
2572 ResourceManager
3951 Jps

[root@master2 ~]# jps
2162 DataNode
2934 DFSZKFailoverController
2983 Jps
1562 JournalNode
1485 QuorumPeerMain
2061 NameNode
2303 NodeManager
```

图 9-50　分别在 master1 和 master2 节点上查看进程的结果

另外，停止 ZKFC 的命令如下：

```
# hdfs --daemon stop zkfc
```

注意：经过试验，启动 ZFCK 与 HDFS 的顺序有先后，应先启动 HDFS，再启动 ZFCK。一定不能颠倒顺序，否则，就有 DataNode 节点不能启动的可能。

8. 查看 NameNode 节点的状态

查看 NameNode 节点的状态的命令如下：

```
# hdfs haadmin -getServiceState NameNode标识符
```

可在任意一个 NameNode 节点上执行上述命令。例如，图 9-51 所示为在 master1 节点上执行上述命令后的结果。

```
[root@master1 ~]# hdfs haadmin -getServiceState nn1
standby
[root@master1 ~]# hdfs haadmin -getServiceState nn2
active
```

图 9-51　查看 NameNode 节点的状态的结果

如果两个 NameNode 节点都处于 Standby 状态，一般是由没有启动 ZKFC 造成的。只要一个 NameNode 节点处于 Active 模式，另一个 NameNode 节点处于 Standby 模式，就说明 Hadoop HA 集群配置的双 NameNode 节点启动正常。

也可以通过浏览器访问 master1:50070 和 master2:50070，查看集群的状态，两个 NameNode 节点应该一个处于 Active 模式，另一个处于 Standby 模式。如果是，则表示部署成功。如果不是，则表示没有部署成功，需要检查配置是否正确。

9. 查看各个节点中的进程

（1）查看 master1 节点中的进程，结果如下：

```
[root@master1 ~]# jps
1456 JournalNode
3864 DFSZKFailoverController
1755 NameNode
2572 ResourceManager
3951 Jps
```

（2）查看 master2 节点中的进程，结果如下：

```
[root@master2 hadoop]# jps
2162 DataNode
2934 DFSZKFailoverController
2983 Jps
1562 JournalNode
1485 QuorumPeerMain
2061 NameNode
2303 NodeManager
```

（3）查看 slave11 节点中的进程，结果如下：

```
[root@slave11 hadoop]# jps
1648 JournalNode
1777 DataNode
1578 QuorumPeerMain
2106 Jps
1919 NodeManager
```

（4）查看 slave22 节点中的进程，结果如下：

```
[root@slave22 hadoop]# jps
1648 DataNode
1767 NodeManager
1483 QuorumPeerMain
1934 Jps
```

由上述查看结果可知，master1 和 master2 节点均为 NameNode 节点，同时启动了 ZKFC 进程（DFSZKFailoverController）；master2、slave11 和 slave22 节点均为 DataNode 节点，都启动了 QuorumPeerMain 进程；master1、master2 和 slave11 节点均为 JournalNode 节点，都启动了 JournalNode 进程。所有 DataNode 节点均启动了 NodeManager 进程，只有 master1 节点这个纯粹的 NameNode 节点启动了 YARN 的 ResourceManager 进程。

读者可自行编写脚本文件查看各个节点中的进程。

9.7.4 常规启动 Hadoop HA 集群

Hadoop HA 集群配置完成之后，首次启动是为了完成双 NameNode 的格式化任务。之后的启动就是常规启动，这与首次启动还是有一些区别的。

1. 在 Hadoop HA 集群的所有节点上均关闭防火墙

在 Hadoop HA 集群的所有节点上均关闭防火墙的命令如下：

```
# stop_firewalld_批量关闭防火墙.sh
```

关闭防火墙是为了启动 ZooKeeper 进行正常管理，master1 节点没有配置 ZooKeeper，可以不必关闭防火墙。当然，在 master1 节点上关闭防火墙也无妨。

2. 启动 ZooKeeper

（1）在 master2、slave11、slave22 节点上分别启动 ZooKeeper，命令如下：

```
[root@master1 ~]# zk_start_stop.sh start    #使用脚本文件启动 ZooKeeper
[root@master1 ~]# zk_start_stop.sh status   #使用脚本文件查看状态
```

（2）在 master2、slave11、slave22 节点上分别查看进程，结果如下：

```
[root@master2 ~]# jps
1489 Jps
1433 QuorumPeerMain
[root@slave11 ~]# jps
1434 Jps
1374 QuorumPeerMain
[root@slave22 ~]# jps
1428 QuorumPeerMain
1482 Jps
```

3 个节点的进程查看结果中都有 QuorumPeerMain 进程，表明 3 个节点的 ZooKeeper 均已启动。

3. 启动 Hadoop 集群

在 master1 节点（只能在 master1 节点）上启动 Hadoop 集群，命令如下：

```
[root@master1 ~]# start-dfs.sh
```

4. 启动 ZKFC

在 master1 和 master2 节点上分别启动 ZKFC，命令如下：

```
[root@master1 ~]# hdfs --daemon start zkfc
[root@master2 ~]# hdfs --daemon start zkfc
```

在启动 ZKFC 后，可以查看 master1 和 master2 节点的主备状态，命令如下：

```
[root@master1 ~]# hdfs haadmin -getServiceState nn1    #查看 nn1 的主备状态
[root@master1 ~]# hdfs haadmin -getServiceState nn2    #查看 nn2 的主备状态
```

5. 在 master1 节点上启动 YARN

在 master1 节点上启动 YARN 的命令如下：

```
[root@master1 ~]# start-yarn.sh
```

6. 查看各个节点中的进程

完成全部启动后，查看各个节点中的进程，结果如图 9-52 所示。

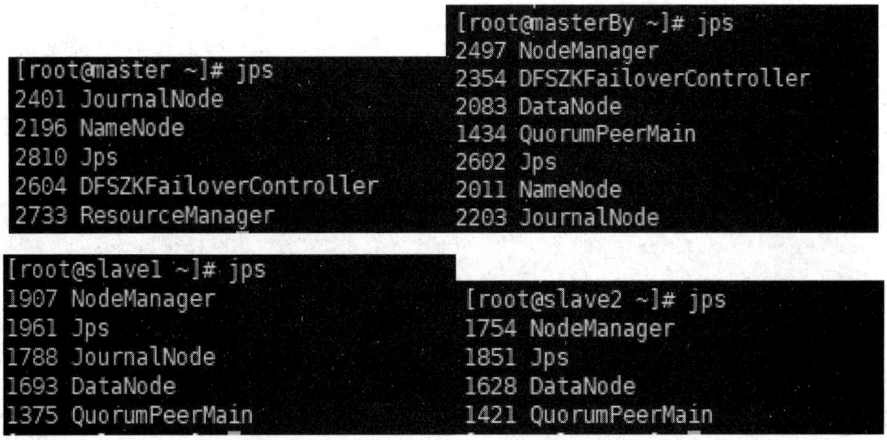

图 9-52　查看各个节点中的进程的结果

由图 9-52 可知，master1 和 master2 节点均启动了 NameNode 进程，master2、slave11、slave22 节点均启动了 DataNode 进程，master1、slave11、slave22 节点均启动了 JournalNode 进程，master1 和 master2 节点均启动了 ZKFC 进程（DFSZKFailoverController）。master1 节点还启动了 ResourceManager 进程；slave11 和 slave22 节点还启动了 NodeManager 进程。

读者可自行将上面的第 4、5、6 步编写成脚本文件。

通过对第一次启动 Hadoop HA 集群和常规启动 Hadoop HA 集群的比较，可以发现，在第一次启动 Hadoop HA 集群进行 NameNode 格式化时，要在相应节点单独启动本机的 JournalNode 进程；但在常规启动 Hadoop HA 集群时并不需要单独启动 JournalNode 进程，因为在常规启动 Hadoop HA 集群时会自动启动配置的 JournalNode 节点的相应进程。

9.7.5　Hadoop HA 集群部署完成后的常规启动和关闭顺序

1. 启动过程

（1）在 Hadoop HA 集群的所有节点上均关闭防火墙，命令如下：

```
# stop_firewalld_批量关闭防火墙.sh
```

（2）在配置了 ZooKeeper 的节点（master2、slave11、slave22）上均启动 ZooKeeper，命令如下：

```
# zk_start_stop.sh start
```

其中一个节点为"Mode:leader"，其余节点为"Mode:follower"。

（3）在 master1 节点上启动 Hadoop，命令如下：

```
[root@master1 ~]# start-dfs.sh
```

（4）分别在 master1 和 master2 节点上启动 ZKFC，并在启动 ZKFC 后，查看 master1 和 master2 节点的主备状态，命令如下：

```
[root@master1 ~]# hdfs --daemon start zkfc
[root@master2 ~]# hdfs --daemon start zkfc
[root@master1 ~]# hdfs haadmin -getServiceState nn1
[root@master1 ~]# hdfs haadmin -getServiceState nn2
```

（5）在 master1 节点上启动 YARN（如果需要），命令如下：

```
 [root@master1 ~]# start-yarn.sh
```

（6）查看各个节点中的进程，验证 Hadoop HA 集群是否启动成功，命令如下：

```
# jps    #在各个节点上分别查看
```

2．关闭过程

（1）在 master1 节点上关闭 YARN，命令如下：

```
[root@master1 ~]# stop-yarn.sh
```

（2）分别在 master1 和 master2 节点上关闭 ZKFC，命令如下：

```
[root@master1 ~]# hdfs --daemon stop zkfc
[root@master2 ~]# hdfs --daemon stop zkfc
```

（3）在 master1 节点上关闭 Hadoop，命令如下：

```
[root@master1 ~]# stop-dfs.sh
```

（4）分别在 master2、slave11、slave22 节点上关闭 ZooKeeper，命令如下：

```
# zk_start_stop.sh stop
```

（5）验证关闭进程情况。如果在各个节点上使用 jps 命令查看进程时均只出现"jps"这一个进程，则说明各个节点上的进程已经全部关闭。

可以将上述启动和关闭 Hadoop HA 集群的过程编写成完整的脚本文件 ha.sh，该脚本文件可以接受两个参数，分别是"start"和"stop"，表示启动 Hadoop HA 集群和关闭 Hadoop HA 集群的完整命令序列。

启动和关闭 Hadoop HA 集群的脚本文件 ha.sh 中的代码如下：

```
#!/bin/bash
case $1 in
"start"){  #接收的第一个参数是start，常规启动 Hadoop HA 集群
#关闭防火墙
ssh master1 "~/bin/stop_firewalld_批量关闭防火墙.sh"
#启动 ZooKeeper
for i in master2 slave11 slave22
do
    echo ------------zookeeper $i 启动----------------------
    ssh $i "/opt/zookeeper/bin/zkServer.sh start"
done
```

```
for i in master2 slave11 slave22
do
      echo -------------zookeeper $i  状态----------------------
      ssh $i "/opt/zookeeper/bin/zkServer.sh status"
done


#启动 HDFS
ssh master1 "/opt/hadoop/sbin/start-dfs.sh"
#在 master1 和 master2 两个 NameNode 上分别启动 ZKFC
#ssh master1 "/opt/hadoop/bin/hdfs --daemon start zkfc"  #新版本支持
#ssh master2 "/opt/hadoop/bin/hdfs --daemon start zkfc"  #新版本支持
ssh master1 "/opt/hadoop/sbin/hadoop-daemon.sh start zkfc"
ssh master2 "/opt/hadoop/sbin/hadoop-daemon.sh start zkfc"


for i in nn1 nn2
do
      echo -------------查看 $i  主备状态----------------------
      ssh master1 "/opt/hadoop/bin/hdfs haadmin -getServiceState $i"
done


#在 master1 节点上启动 YARN（如果需要）
ssh master1 "/opt/hadoop/sbin/start-yarn.sh"
#查看启动后的进程
for i in master1 master2 slave11 slave22
do
      echo -------------启动 HA 集群后 $i  节点的状态----------------------
      ssh $i "/usr/java/jdk1.8.0_171//bin/jps"  #必须与自己机器上的 Java 安装目录一致
done


};;
"stop"){  #接收的第一个参数是 stop
ssh master1 /opt/hadoop/sbin/stop-yarn.sh
ssh master1 /opt/hadoop/bin/hdfs --daemon stop zkfc
ssh master2 /opt/hadoop/bin/hdfs --daemon stop zkfc
#ssh master1 /opt/hadoop/sbin/hadoop-daemon.sh stop zkfc #旧版本支持
#ssh master2 /opt/hadoop/sbin/hadoop-daemon.sh stop zkfc #旧版本支持


ssh master1 /opt/hadoop/sbin/stop-dfs.sh


for i in master2 slave11 slave22
do
      echo -------------zookeeper $i  关闭----------------------
      ssh $i "/opt/zookeeper/bin/zkServer.sh stop"
done
```

```
for i in master1 master2 slave11 slave22
do
    echo -------------关闭 HA 集群后 $i  节点的状态----------------------
    ssh $i "/usr/java/jdk1.8.0_171//bin/jps"  #必须与自己机器上的 Java 安装目录一致
done

};;
esac
```

在编写好启停 Hadoop HA 集群的脚本文件 ha.sh 之后，改变该脚本文件的执行模式，使其可执行，就可以使用该脚本文件关闭 Hadoop HA 集群了。命令如下：

```
# ha.sh stop
```

使用脚本文件 ha.sh 启动 Hadoop HA 集群的命令如下：

```
# ha.sh start
```

我们应养成良好的上机习惯，关机前应先按照顺序关闭已经打开的系统，再完成关机，不要每次都贸然关机。

9.7.6　在 Hadoop HA 集群上测试 WordCount 程序

hadoop-mapreduce-examples-2.7.3.jar 是 Hadoop 2.7.3 自带的一个进行单词统计的示例程序，是用 Java 语言编写的 Hadoop JAR 包，采用了 MapReduce 编程。我们使用该 JAR 包进行单词统计。

（1）选定任意一个节点，在本地文件系统中创建测试单词的文件 file1.txt 和 file2.txt，命令如下：

```
# echo "hello world" > file1.txt
# echo "hello 中国" > file2.txt
```

（2）上传文件到 HDFS 中的/input 目录下。在启动 Hadoop HA 集群的 HDFS 之后，在 HDFS 中的根目录下创建 input 目录，命令如下：

```
# hdfs dfs -mkdir /input    #在任意节点均可执行
```

将新创建的两个文件上传到 HDFS 中的/input 目录下，命令如下：

```
# hdfs dfs -put file*.txt /input
```

（3）在 master1 节点进入/opt/hadoop/sharc/hadoop/mapreduce 目录，命令如下：

```
[root@master1 ~]# cd /opt/hadoop/share/hadoop/mapreduce/
```

（4）运行 WordCount 测试程序，并将结果输出到/output 目录中，命令如下：

```
[root@master1 mapreduce]# hadoop jar hadoop-mapreduce-examples-2.7.3.jar wordcount
/input /output
```

这里的/output 目录会自动生成，不能提前创建，否则会报错。因此，在进行重复统计时，应先删除该目录。

（5）查看单词统计结果，命令如下：

```
[root@master1 mapreduce]# hdfs dfs -cat /output/*
```

单词统计结果如图 9-53 所示。

```
[root@master mapreduce]# hdfs dfs -cat /output/*
hello   2
world   1
中国    1
```

图 9-53　单词统计结果

到这里，我们就成功安装、启动和使用了 Hadoop HA 集群。

至于在 Hadoop HA 集群中如何安装 Flume 采集海量数据、如何安装 Spark 处理流式数据，以及将 Spark 分析统计的结果通过可视化工具 ECharts 形成企业级数据图表，将在以后改版中逐步补充与完善。

本项目的内容比较多，我们介绍了 Hadoop HA 集群的背景和架构，使用最多篇幅讲解了如何在 CentOS 环境下配置 4 个虚拟机、如何安装 Java、如何对虚拟机进行 ZooKeeper 配置管理。最重要的部分是先配置了 Hadoop 完全分布式集群，在 Hadoop 完全分布式集群的基础上完成了 Hadoop HA 集群的配置。这里，最重要的区别是，Hadoop 完全分布式集群只有一个 NameNode 节点和一个 SecondaryNameNode 节点（第二 NameNode 节点），而 Hadoop HA 集群则是由两个 NameNode 节点组成的。

9.8　思考与操作

一、单选题

1. 以下关于 FailoverController（故障转移控制器）的说法正确的是（　　）。
   A. 当集群启动时，主备节点的概念是很模糊的，当 ZKFC 检查到任意一个节点处于健康状态时，会直接将其设置为主节点
   B. 当 ZKFC 检查到两个 NameNode 节点均处于健康状态时，会发起投票机制，选出一个主节点和一个备用节点，并修改主备节点的状态
   C. 当 ZKFC 检查到只有一个节点处于健康状态时，会直接宣布 HA 机制无法维持
   D. 不管 ZooKeeper 有没有启动，都可以选出主 NameNode 节点

2. 以下关于 Hadoop 和 Hadoop 生态系统的描述中正确的是（　　）。
   A. 与 Hadoop 相比，Hadoop 生态系统是指 Hadoop 框架本身
   B. Hadoop 生态系统不仅包含 Hadoop，还包括保证 Hadoop 框架正常高效运行的其他框架
   C. 常见的 Hadoop 生态系统组件有 ZooKeeper、Flume、Redis、Hive、Flink 等
   D. Hadoop 的含义范围大于 Hadoop 生态系统

3. 在 Hadoop 集群的配置文件中有以下配置内容：

```
<property>
    <name>dfs.heartbeat.interval</name>
    <value>3</value>
</property>
<property>
```

```
    <name>heartbeat.recheck.interval</name>
    <value>2000</value>
</property>
```

假如集群中的一个节点宕机，主 NameNode 需要多长时间才能感知到？（　　　）

　　A．26 秒　　　　　B．34 秒　　　　　C．30 秒　　　　　D．20 秒

4．以下关于基于 ZooKeeper 实现主备 NameNode 节点自动切换的描述中不正确的是（　　　）。

　　A．两个 NameNode 节点启动后都会去 ZooKeeper 进行注册，ZooKeeper 会分配主节点（Active）和备节点（Standby）

　　B．主用 NameNode 节点对外提供服务，备用 NameNode 节点同步主用 NameNode 节点的元数据，通过集群 JN（JournalNode）以待切换

　　C．备用 NameNode 节点也会帮助主用 NameNode 节点合并 editlog 文件和 fsimage 产生新的 fsimage，并推送给主用 NameNode 节点

　　D．ZKFC（与 NameNode 节点在同一机器上）的作用是监控 NameNode 节点的状态，当主用 NameNode 节点宕机之后，备用 NameNode 节点的 ZKFC 会得到消息，然后会将备用 NameNode 节点的状态修改为 Active，并将原来的主 NameNode 节点修改为备用 NameNode 节点

5．在 Hadoop HA 集群配置文件中有以下配置内容：

```
<property>
    <name>dfs.nameservices</name>
    <value>mycluster</value>
</property>
```

以下说法中正确的是（　　　）。

　　A．NameNode 节点所在的服务器 mycluster 是一个机器节点

　　B．NameNode 节点所在的服务器 mycluster 是一个逻辑存在

　　C．NameNode 节点所在的服务器 mycluster 是一个物理存在

　　D．HDFS 集群访问的入口是无法确定的

6．在 Hadoop HA 集群配置文件中有以下配置内容：

```
<property>
    <name>dfs.ha.namenodes.mycluster</name>
    <value>nn1,nn2</value>
</property>
```

以下说法中不正确的是（　　　）。

　　A．逻辑服务器 mycluster 是由标识名为"nn1"和"nn2"的 NameNode 节点组成的

　　B．"nn1"和"nn2"是两个 NameNode 节点的真实名称

　　C．"nn1"和"nn2"是两个 NameNode 节点的逻辑名称

　　D．将"mycluster"逻辑服务器映射到两个 NameNode 节点的逻辑名称上

7．在 Hadoop HA 集群配置文件中有以下配置：

```
<property>
```

```
 <name>dfs.namenode.http-address.mycluster.nn1</name>
 <value>master1:50070</value>
</property>
<!-- 映射 NameNode 逻辑名称到真实主机名称（HTTP） -->
<property>
 <name>dfs.namenode.http-address.mycluster.nn2</name>
 <value>master2:50070</value>
</property>
```

以下说法中不正确的是（　　）。

  A．逻辑服务器 mycluster 由逻辑 NameNode 节点 nn1 和 nn2 组成

  B．逻辑服务器 mycluster 的两个 NameNode 节点分别映射到主机 master1 和 master2

  C．HDFS 入口事实上同一时间只有一个主机发挥作用

  D．HDFS 入口逻辑服务器 mycluster 事实上是由主机 master1 和 master2 同时承担的

二、简答题

1．Hadoop 集群为什么引入高可用？

2．简述 Hadoop HA 集群的启动步骤。

3．在 Hadoop HA 集群中会出现"脑裂"现象吗？怎么解决"脑裂"现象？

三、实操题

1．实验要求

部署 Hadoop HA 集群。

2．实验目的

（1）掌握 Hadoop HA 集群配置文件 hdfs-site.xml 和 core-site.xml 的配置内容。

（2）熟悉 Hadoop HA 集群第一次启动与常规启动的区别。

（3）掌握 Hadoop HA 集群的常规启动和关闭顺序。

3．实验工具和环境

CentOS 7.0、XShell 6、JDK、zookeeper-3.4.10.tar.gz、hadoop-2.7.3.tar.gz。

4．实验内容

部署 Hadoop HA 集群实验工作与记录手册

任务	执行过程	结果
安装 CentOS 7	参见 9.2.2 节	
设置网络静态 IP 地址	参见 9.2.3 节	
克隆 3 个虚拟机	参见 9.2.6 节	
修改各节点虚拟机主机名	参见 9.3.1 节	

续表

任务	执行过程	结果
实现主机名与 IP 地址映射	参见 9.3.2 节	
设置 SSH 免密登录	参见 9.3.3 节	
安装 Java	参见 9.4 节	
安装与配置 ZooKeeper	参见 9.5 节	
配置 Hadoop 完全分布式集群	参见 9.6 节	
编辑 Hadoop HA 集群配置文件	参见 9.7.1 节	
将修改后的 Hadoop HA 集群配置文件分发到各个节点	参见 9.7.2 节	
第一次启动 Hadoop HA 集群	参见 9.7.3 节	
常规启动 Hadoop HA 集群	参见 9.7.4 节	
在 Hadoop HA 集群上测试 WordCount 程序	参见 9.7.6 节	

反侵权盗版声明

　　电子工业出版社依法对本作品享有专有出版权。任何未经权利人书面许可，复制、销售或通过信息网络传播本作品的行为；歪曲、篡改、剽窃本作品的行为，均违反《中华人民共和国著作权法》，其行为人应承担相应的民事责任和行政责任，构成犯罪的，将被依法追究刑事责任。

　　为了维护市场秩序，保护权利人的合法权益，我社将依法查处和打击侵权盗版的单位和个人。欢迎社会各界人士积极举报侵权盗版行为，本社将奖励举报有功人员，并保证举报人的信息不被泄露。

举报电话：（010）88254396；（010）88258888

传　　真：（010）88254397

E-mail：dbqq@phei.com.cn

通信地址：北京市万寿路 173 信箱

　　　　　电子工业出版社总编办公室

邮　　编：100036